低碳生态城市建设中的
绿色建筑与绿色校园发展

刘伊生 著

中国建筑工业出版社

图书在版编目（CIP）数据

低碳生态城市建设中的绿色建筑与绿色校园发展 /
刘伊生著. — 北京：中国建筑工业出版社，2022.1
ISBN 978-7-112-26981-5

Ⅰ. ①低… Ⅱ. ①刘… Ⅲ. ①生态建筑-建筑设计②
高等学校-生态建筑-建筑设计 Ⅳ. ①TU201.5
②TU244.2

中国版本图书馆 CIP 数据核字（2021）第 266932 号

我国力争在 2030 年前实现"碳达峰"，2060 年前实现"碳中和"，这是党中央经过深思熟虑作出的重大战略决策，事关中华民族永续发展和人类命运共同体构建。低碳生态城市建设、绿色建筑规模化发展及高校绿色校园建设三个方面，对于实现"碳达峰"和"碳中和"战略目标具有十分重要的意义。

本书共分三篇 11 章，第一篇低碳生态城市建设包括 3 章，分别阐述低碳生态城市发展历程及研究综述、低碳生态城市建设实施路径、低碳生态城市发展评价；第二篇绿色建筑规模化发展包括 5 章，分别阐述绿色建筑发展历程及研究综述、绿色建筑规模化发展机理、绿色建筑规模化发展支撑技术、绿色建筑规模化发展主体行为及经济激励机制、绿色建筑规模化发展投资效益评价；第三篇高校绿色校园建设包括 3 章，分别阐述我国绿色校园和节约型校园建设现状、高校绿色校园建设内容、高校绿色校园建设实施路径及措施。

责任编辑：牛　松　毕凤鸣
责任校对：党　蕾

低碳生态城市建设中的
绿色建筑与绿色校园发展
刘伊生　著
*
中国建筑工业出版社出版、发行(北京海淀三里河路 9 号)
各地新华书店、建筑书店经销
北京鸿文瀚海文化传媒有限公司制版
北京建筑工业印刷厂印刷
*
开本：787 毫米×1092 毫米　1/16　印张：12½　字数：286 千字
2022 年 2 月第一版　　2022 年 2 月第一次印刷
定价：**50.00 元**
ISBN 978-7-112-26981-5
(38621)

前　言

进入 21 世纪以来，资源短缺和气候变化受到全球广泛关注，成为世界各国经济社会可持续发展的重大制约因素。现代城镇为人类社会创造了巨大物质财富，同时消耗了世界 70% 的能源、产生了 75% 的垃圾、约 80% 的 CO_2 和 90% 的 COD（化学含氧量），导致了全球气候变化，土地资源、水资源和能源短缺，环境恶化等一系列问题。为应对由此带来的挑战，转变传统高能耗、高污染的经济增长方式，实现以低能耗、低排放为标志的低碳、可持续发展，成为当前全球性共识。

城市作为低碳发展、绿色发展的重要载体，在全球城镇化进程不断加快的今天，将城市发展目标与低碳、生态、绿色目标融合，转变城市发展模式，已成为当前各大城市必须面对和思考的问题，也是其必须承担的责任和使命。在此背景下，低碳生态城市的概念应运而生，许多国家纷纷开展了低碳生态城市的实践活动。

低碳生态城市建设是一个系统工程，绿色建筑是其非常重要的组成部分，规模化发展绿色建筑不仅影响城市的节能减排，还会影响城市的人口结构、产业结构、市政基础设施、土地利用、资源环境、交通系统和能源供给等诸多方面。规模化发展绿色建筑已成为建设低碳生态城市的重要推动力。

高校不仅拥有功能各异的建筑和设施，消耗大量能源资源，而且在培养绿色人才、创新和驱动节能减排方面承担着重要责任。深入推进绿色校园建设，不仅可以有效带动高校校园乃至整个建筑领域节能减排工作的开展，促进国家绿色发展战略的实施；而且可以将绿色理念更好融入教学科研，推动绿色人才培养和绿色技术的产学研用。这对于促进全社会绿色发展具有十分重要的现实意义。

本书共分三篇 11 章，第一篇低碳生态城市建设包括 3 章，分别阐述低碳生态城市发展历程及研究综述、低碳生态城市建设实施路径、低碳生态城市发展评价；第二篇绿色建筑规模化发展包括 5 章，分别阐述绿色建筑发展历程及研究综述、绿色建筑规模化发展机理、绿色建筑规模化发展支撑技术、绿色建筑规模化发展主体行为及经济激励机制、绿色建筑规模化发展投资效益评价；第三篇高校绿色校园建设包括 3 章，分别阐述我国绿色校园和节约型校园建设现状、高校绿色校园建设内容、高校绿色校园建设实施路径及措施。

2021年3月15日，中央财经委员会第九次会议提出，我国力争在2030年前实现"碳达峰"，2060年前实现"碳中和"。这是党中央经过深思熟虑作出的重大战略决策，事关中华民族永续发展和人类命运共同体构建。低碳生态城市建设、绿色建筑规模化发展及高校绿色校园建设，对于实现"碳达峰"和"碳中和"战略目标具有十分重要的意义。

本书受国家自然科学基金（项目编号：71173011和71871014）与住房和城乡建设部建筑节能与科技司委托课题资助。在编写过程中，李欣桐、武朋、万诗羽、魏帆、严云开、王昕、王璐等在资料搜集、文稿整理等方面进行了大量工作，在此表示衷心感谢！同时，对引用资料的作者表示诚挚谢意！

2021年7月

目　录

第一篇　低碳生态城市建设

第1章　低碳生态城市发展历程及研究综述 ………………………………… 2

1.1　低碳生态城市发展历程 ……………………………………………… 2

　　1.1.1　国外低碳生态城市发展历程 ………………………………… 2

　　1.1.2　国内低碳生态城市发展历程 ………………………………… 4

1.2　低碳生态城市研究综述 ……………………………………………… 7

　　1.2.1　低碳生态城市发展必要性及实现路径 ……………………… 7

　　1.2.2　低碳生态城市发展评价 ……………………………………… 9

参考文献 …………………………………………………………………… 10

第2章　低碳生态城市建设实施路径 …………………………………… 14

2.1　低碳生态城市建设规划 ……………………………………………… 14

　　2.1.1　建设规划理念及原则 ………………………………………… 14

　　2.1.2　建设规划相关理论 …………………………………………… 17

　　2.1.3　建设规划指标体系 …………………………………………… 22

2.2　低碳生态城市建设技术支撑体系 …………………………………… 24

　　2.2.1　低碳产业技术 ………………………………………………… 26

　　2.2.2　绿色建筑技术 ………………………………………………… 28

　　2.2.3　绿色交通技术 ………………………………………………… 31

　　2.2.4　低碳能源与资源利用技术 …………………………………… 33

　　2.2.5　城市智慧管理技术体系 ……………………………………… 34

2.3　低碳生态城市建设驱动机制 ………………………………………… 35

　　2.3.1　低碳生态城市建设各方参与主体的识别与界定 …………… 36

　　2.3.2　基于权利矩阵的各方参与主体行为博弈分析 ……………… 37

　　2.3.3　推动低碳生态城市建设的激励政策及措施 ………………… 40

参考文献 …………………………………………………………………… 43

第3章　低碳生态城市发展评价 ………………………………………… 47

3.1　国内外主要评价体系 ………………………………………………… 47

　　3.1.1　国外主要评价体系 …………………………………………… 47

   3.1.2　国内主要评价体系 ··· 51
  3.2　低碳生态城市评价主要内容 ··· 56
   3.2.1　经济发展水平 ·· 56
   3.2.2　社会发展水平 ·· 57
   3.2.3　生态环境发展水平 ··· 58
   3.2.4　低碳发展水平 ·· 59
   3.2.5　资源节约水平 ·· 59
  参考文献 ··· 60

第二篇　绿色建筑规模化发展

第4章　绿色建筑发展历程及研究综述 ······························· 64
  4.1　绿色建筑发展历程 ·· 65
   4.1.1　国外绿色建筑发展历程 ·· 65
   4.1.2　国内绿色建筑发展历程 ·· 67
  4.2　绿色建筑研究综述 ·· 69
   4.2.1　绿色建筑技术体系研究 ·· 70
   4.2.2　绿色建筑综合评价研究 ·· 71
   4.2.3　绿色建筑经济性分析研究 ······································· 72
  参考文献 ··· 74

第5章　绿色建筑规模化发展机理 ····································· 78
  5.1　绿色建筑规模化发展的内涵及实施现状 ······················· 78
   5.1.1　绿色建筑规模化发展的内涵和特征 ··························· 78
   5.1.2　绿色建筑规模化发展的重要意义 ······························ 81
   5.1.3　绿色建筑规模化发展实践 ······································· 82
   5.1.4　绿色建筑规模化发展中存在的主要问题 ····················· 86
  5.2　绿色建筑规模化发展影响因素 ····································· 87
   5.2.1　宏观影响因素 ·· 87
   5.2.2　微观影响因素 ·· 89
  5.3　绿色建筑规模化发展的动力机制及战略路径 ················· 91
   5.3.1　绿色建筑规模化发展的动力机制 ······························ 91
   5.3.2　推进绿色建筑规模化发展的战略路径 ························· 93
  参考文献 ··· 95

第6章　绿色建筑规模化发展支撑技术 ······························· 98
  6.1　绿色建筑技术及标准化综述 ··· 98
   6.1.1　绿色建筑技术发展现状 ·· 98

6.1.2 绿色建筑技术标准化现状 ································· 104

6.1.3 绿色建筑技术发展及标准化中存在的主要问题 ········· 105

6.2 发展绿色建筑技术的理论基础 ····························· 106

6.2.1 可持续发展理论 ····································· 106

6.2.2 循环经济理论 ······································· 108

6.2.3 全寿命期管理理论 ··································· 109

6.3 绿色建筑技术的标准化和集成化路径 ····················· 110

6.3.1 标准化路径 ··· 110

6.3.2 集成化路径 ··· 111

参考文献 ··· 112

第7章 绿色建筑规模化发展主体行为及经济激励机制 ········· 114

7.1 基于博弈论的绿色建筑参与主体行为分析 ················· 114

7.1.1 博弈论基本原理 ····································· 114

7.1.2 绿色建筑参与主体及其行为分析 ····················· 115

7.2 基于均衡理论的绿色建筑规模化发展经济激励机制 ········· 117

7.2.1 政府与绿色建筑开发单位的博弈分析 ················· 117

7.2.2 绿色建筑开发单位与使用者的博弈分析 ··············· 120

7.2.3 绿色建筑规模化发展的经济激励机制设计 ············· 124

参考文献 ··· 128

第8章 绿色建筑规模化发展投资效益评价 ··················· 131

8.1 绿色建筑全寿命期成本估算 ······························· 131

8.1.1 绿色建筑全寿命期成本估算研究现状 ················· 131

8.1.2 绿色建筑全寿命期成本构成分析 ····················· 132

8.1.3 绿色建筑全寿命期成本估算方法 ····················· 133

8.2 绿色建筑规模化发展综合效益分析 ······················· 134

8.2.1 综合效益评价指标体系的构建 ······················· 134

8.2.2 综合效益评价系数的确定 ··························· 139

8.3 绿色建筑规模化发展投资效益评价方法 ··················· 141

8.3.1 价值工程基本原理 ··································· 141

8.3.2 基于价值工程的投资效益评价方法 ··················· 142

参考文献 ··· 142

第三篇 高校绿色校园建设

第9章 我国绿色校园和节约型校园建设现状 ················· 146

9.1 发展历程及建设成效 ··································· 146

9.1.1 发展历程 ········· 146

9.1.2 建设成效 ········· 148

9.2 适应绿色发展的建设需求 ········· 151

9.2.1 国家绿色发展理念 ········· 151

9.2.2 绿色校园建设要求 ········· 151

9.3 目前存在的问题和障碍 ········· 152

9.3.1 存在问题 ········· 152

9.3.2 发展障碍 ········· 153

参考文献 ········· 154

第10章 高校绿色校园建设内容 ········· 156

10.1 绿色建筑 ········· 156

10.1.1 国内外高校绿色建筑发展经验 ········· 156

10.1.2 高校绿色建筑建设要点 ········· 157

10.2 绿色环境 ········· 159

10.2.1 国内外高校绿色环境发展经验 ········· 159

10.2.2 高校绿色环境建设要点 ········· 161

10.3 绿色教育 ········· 163

10.3.1 国内外高校绿色教育发展经验 ········· 163

10.3.2 高校绿色教育建设要点 ········· 165

10.4 绿色科技 ········· 167

10.4.1 国内外高校绿色科技发展经验 ········· 167

10.4.2 高校绿色科技建设要点 ········· 171

10.5 绿色文化 ········· 171

10.5.1 国内外高校绿色文化发展经验 ········· 172

10.5.2 高校绿色文化建设要点 ········· 173

参考文献 ········· 175

第11章 高校绿色校园建设实施路径及措施 ········· 177

11.1 实施路径 ········· 177

11.1.1 推进新建建筑科学规划，加强既有建筑节能改造 ········· 177

11.1.2 开展高校生态工程建设，改造既有园林景观 ········· 179

11.1.3 完善高校绿色制度建设，创新绿色教学模式 ········· 180

11.1.4 发挥绿色精神引领作用，深化高校绿色文化内涵 ········· 181

11.1.5 利用智慧能源管理平台，全面监测高校运行能耗 ········· 182

11.2 相关政策及措施 ········· 183

11.2.1 加大金融财税政策支持力度，探索新型市场化模式 ········· 183

11.2.2 健全政策保障机制，全面建立校园节能管理制度 ·········· 183

11.2.3 完善相关法律法规，加强绿色教育政策及财政支持 ·········· 185

11.2.4 大力开展节能节水技术研发，科学规划校园景观环境建设 ·········· 185

11.2.5 加快校园软硬件改造与升级，营造绿色校园良好环境 ·········· 186

11.2.6 鼓励不同领域共同参与合作，促进地方与高校多方互动 ·········· 187

11.2.7 强化绿色校园目标责任考核，加强绿色文化宣传培训 ·········· 187

11.2.8 加强高校智慧能源管理平台建设，实现监管控一体化 ·········· 187

参考文献 ·········· 188

第一篇　低碳生态城市建设

　　"低碳生态城市"是一个复合概念，作为一种新型城市发展模式，"低碳"主要体现在低污染、低排放、低能耗、高能效、高效率、高效益等方面；"生态"则主要体现在资源节约、环境友好、居住适宜、运行安全、经济健康发展和民生持续改善等方面。"低碳生态城市"的提出，是可持续发展思想在城市建设中的具体化，同时也是低碳模式和生态化理念在城市发展中的落实。

　　本篇将分3章阐述低碳生态城市建设。包括：低碳生态城市发展历程及研究综述、低碳生态城市建设实施路径和低碳生态城市发展评价。着重阐述了国内外低碳生态城市发展历程及研究现状，以及低碳生态城市建设规划、技术支撑体系及驱动机制等方面阐述低碳生态城市建设实施路径。最后，提出低碳生态城市建设评价内容及指标体系。

第1章 低碳生态城市发展历程及研究综述

"低碳生态城市"作为"低碳城市"和"生态城市"复合而成的概念，由我国在 2009 年城市发展和规划国际会议上首次提出，这是低碳经济发展模式与生态化发展理念在城市发展中的结合。在此之前，"低碳城市"是指以低碳经济为发展模式及方向、市民以低碳生活为理念和行为特征、政府公务管理层以低碳社会为建设标本和蓝图的城市。"生态城市"概念正式产生于 20 世纪 80 年代，它是指生态上健康的城市，将技术与自然充分地融合，使创造力和生产力得到最大限度的发挥，居民的身心健康和环境质量得到最大限度的保护。国内外低碳生态城市建设有着不同的发展时期，但其发展历程是相似的。

1.1 低碳生态城市发展历程

1.1.1 国外低碳生态城市发展历程

纵观国外低碳生态城市发展历程，大体可分为启蒙及设想、探索研究及建设实施三个阶段。

1. 启蒙及设想阶段（16—20 世纪初）

"生态城市"是在城市生态学的基础上发展起来的一种人居环境模式，生态城市的思想最早可追溯到 16 世纪英国空想社会主义者托马索·康帕内拉（Tommaso Campanella）的《太阳城》及托马斯·莫尔（Thomas More）的《乌托邦》等作品中，但这些早期想法并未付诸实际行动，也未能留下城市遗迹，只能作为纯粹的社会伦理精神体现。18 世纪末到 19 世纪，工业革命给城市带来的人口拥挤、交通阻塞、环境污染等弊端日益严重，这也是生态城市首先在西方国家出现的原因。由于诸多条件限制，大多数关于生态城市的规划并未得到实施。人们要求与大自然融合、恢复良好生态环境的愿望日益强烈，如法国夏尔·傅立叶（Charles Fourier）的"法郎吉实验"、欧文（R. Owen）的"新协和村"及英国霍华德（Ebenezer Howard）的《明日的田园城市》等，无不体现了这一美好愿望。但限于当时条件，这些愿望未能很好地得到实施。但是，一系列城市生态规划和改造的新设想逐渐出现，如法国柯布西耶（Le Corbusier）的"光明城"及英国恩维（R. Unwin）的"卧城"（或卫星城）等。

2. 探索研究阶段（20 世纪初—20 世纪 80 年代）

生态城市真正进行有意识、有组织、系统性的研究始于 20 世纪 20～30 年代芝加哥学派的城市社会学研究。第二次世界大战之后，城市生态研究和城市生态学（urban ecology）迅速发展，这期间许多有影响的城市生态学著作问世。如1952 年帕克（R. E. Park）出版的《城市和人类生态学》，该书将城市作为一个类似植物群落的有机体，用生物群落的观点研究城市环境，进一步完善了城市与人类生态学研究的思想体系。20 世纪 60～70 年代的环境和资源危机引起的系统生态学研究，再一次使生态城市成为研究热点，麦克哈格（Ian L. Mcharg）在其出版的《结合自然的设计》（Design with Nature，1969）一书中，提出用生态学理论解决人工环境与自然环境协调的问题，并阐述了"适应性分析"方法的工作原理和成功应用案例，明确将生态学与规划、设计联系起来，为城市生态学开辟了一条技术路线。1971 年，联合国教科文组织发起的"人与生物圈计划（MAB）"研究过程中，首次提出了"生态城市"这一重要概念。随着这一概念的提出，在20 世纪 80～90 年代全球气候变化和可持续发展的研究热潮中，国际上对生态城市的研究也更加繁荣。

3. 建设实施阶段（20 世纪 80 年代至今）

自 20 世纪 80 年代，苏联科学家、生态学家奥·延尼斯基（O. Yanitsy，1984）正式提出生态城市（eco－city 或 ecopolis，ecological city）的定义，认为生态城市是一种理想城模式，使技术与自然充分融合，人的创造能力和生产能力得到最大限度的保护，物质、能量、信息高速利用，生态良性循环。低碳生态城市建设从此真正开始进入实施阶段。

美国 1992 年的加州伯克利生态城市计划的宗旨是重建与自然相平衡的城市，此研究将生态城市建设的整体实践建立在一系列具体行动之上，如建设慢行街道、恢复废弃河道、建造利用太阳能的绿色居所等。同期，各种有关生态城市的会议开始在世界各地召开，如在澳大利亚的阿德莱德（Adelaide）举行的第二届国际生态城市研讨会、1992 年在巴西举行的联合国环境与发展大会、1997 年在德国莱比锡召开的国际城市生态学研讨会等。2001 年，英国政府成立碳信托基金会（Carbon Trust），负责联合企业与公共部门，发展低碳技术，协助各种组织降低碳排放。碳信托基金会与能源节约基金会（EST）联合推动了英国低碳城市项目（Low Carbon Cities Programme），帮助布里斯托尔（Bristol）、利兹（Leeds）和曼彻斯特（Manchester）三个城市实现低碳城市发展策略。墨西哥的哈利斯科州（Jalisco）和塔巴斯科州（Tabasco）、马来西亚的必打灵查亚（Petaling Jaya）也在此计划中。2003 年，英国政府发表了《能源白皮书》，题为《我们未来的能源：创建低碳经济》，首次提出了"低碳经济"概念（Low Carbon Economy），引起了国际社会广泛关注。

至今，低碳生态城市不再仅限于理论研究，越来越多的实体城市开始出现。例如：2008 年，横滨市被评为日本生态示范城市之一，取得了显著的环境效益和经济效益；西班牙的巴利亚多利德东部开发计划（Valladolid East Project），创造了容纳 15900 个住户，并具有住宅区、大型购物和商业区、大规模区域公共建筑、旅游和休闲区域及大型市政公园等多种用途的生态城市。该项目全部设计都以节约能源、提高自然资源利用效率为原则，并且为了达到家庭用水量节约 50% 的目标，采取了最大限度地减少水消耗量、雨水利用、重复使用处理过的废水用于灌溉和观赏喷泉等措施。此外，还有 2011 年建成的约旦死海开发区（Dead Sea Development Zone），以及正在实施的越南守添新城区域规划（Thu Thiem New Urban Area）等，这些都是低碳生态城市的具体实践。

1.1.2 国内低碳生态城市发展历程

我国低碳生态发展的理念也由来已久，作为农耕文明历史最为悠久的文明古国，中华民族理想的人居环境在《桃花源记》这类文学作品中反复展现；中国古代的风水理论，其科学合理部分是古人类通过观察自然现象和生活经验，研究城市和建筑的人居环境如何与自然共生。纵观国内低碳生态城市发展历程，大体可分为探索研究、实践试点和快速发展三个阶段。

1. 探索研究阶段（20 世纪 80 年代—20 世纪末）

我国低碳生态城市的探索始于 1984 年，江西省宜春市首次提出创建生态城市的构想，并开始争取成为生态试点城市的准备工作，1986 年完成了《宜春生态市整体规划》。1987 年，江苏省大丰县运用"社会-经济-自然复合生态系统"理论，开展了全国第一个生态县建设规划的实证研究，并提出了以生态农业为基础、以生态工业为主导、以社会调控为保障，坚持依靠科技进步，社会、经济、环境协调的发展战略。大丰县建立的生态县建设指标体系包括了经济发展、生态建设、环境保护、社会进步 4 类 58 项指标，体现了对生态城市建设目标更加综合、更加体系化的理解。

1987 年至 1993 年间，长沙市、伊春市、沈阳市先后制定了城市生态建设总体规划，进一步探索生态城市建设。城市生态建设规划的编制和实施是我国城市生态应用研究从分析、评价阶段向综合规划、统筹建设阶段又迈进了一步的重要表现。20 世纪 80 年代后期，上海市进行了城乡环境保护和生态设计研究，提出了上海市生态环境建设指标体系。1999 年，上海市委、市政府提出争取用 15 年左右的时间，将上海初步建成清洁、优美、舒适的生态型城市，至 2020 年，全市森林覆盖率达到 30% 以上，绿化覆盖率达到 35% 以上，达到国际生态环境优质城市标准。

从上述发展过程可以看出，我国低碳生态城市的探索开始较早，到 20 世纪末，"低碳生态城市"的建设基本围绕"生态"展开，对生态城市的建设规划研究基本停留在对森林覆盖率、绿化率等标准的制定上，并未从生态学角度出发注重社会、经济、环境的协调发展，物质能量信息的开放和利用，以及人与社会的可持续发展等，尽管如此，这些举措仍在一定程度上推动了生态城市发展。

2. 实践试点阶段（20 世纪末—2010 年）

进入 21 世纪，我国生态城市建设进入广泛的实践试点阶段，在全国范围内开展生态示范区建设试点工作，并积极参与国际合作，汲取国际先进的建设与管理经验。

（1）全国生态示范区建设试点

从 20 世纪末开始，生态城市建设逐步得到重视，在之后的 10 年中，国家先后批准了多批生态省、生态示范区建设试点，并组织考核验收，这些措施将生态城市建设推向了新的高度。1999 年，国家环保总局组织开展了第一批全国生态示范区建设试点的考核验收，并于 2000 年对通过考核验收的 33 个试点单位进行了表彰。同年，海南省率先获得国家批准建设生态省。2003 年，国家环境保护总局颁布了《生态县、生态市、生态省建设指标（试行）》（环发〔2003〕91 号），海南、吉林、黑龙江、福建、浙江、山东、安徽等省先后被列为生态省建设试点。北京市怀柔区等 86 个省、县（市、区）也被批准成为第八批全国生态示范区建设试点地区。

2004 年，国家环境保护总局批准宜春市列为全国生态示范区建设试点市，使宜春市成为中国第一个生态试点城市。2007 年 6 月 7 日，建设部《关于公布国家生态园林城市试点城市的通知》（建城函〔2007〕196 号）确定了青岛、南京、杭州、威海、扬州、苏州、绍兴、桂林、常熟、昆山、张家港等城市为国家生态园林城市试点地区，并提出了"以巩固国家园林城市成果为基础，以创建生态园林城市为目标，以改善城市人居环境为重点，结合本地实际情况，推动生态园林城市建设"的发展要求。

2008 年 1 月 28 日，全球性保护组织 WWF（世界自然基金会）在北京正式启动"中国低碳城市发展项目"，上海、保定入选首批试点城市，率先开始了国内低碳城市建设。2009 年，住房和城乡建设部将"生态城市"与"低碳经济"这两个关联度高、交叉性强的发展理念结合起来，在国际城市规划与发展论坛上首次明确提出"低碳生态城市"的概念，即以低能耗、低污染、低排放为标志的节能、环保型城市，是一种强调生态环境综合平衡的全新城市发展模式，是建立在人类对人与自然关系更深刻认识基础上，以降低温室气体排放为主要目的而建立起的高效、和谐、健康、可持续发展的人类聚居环境。

（2）国际合作试点

进入 21 世纪，低碳生态城市建设不仅受到国家政策的大力扶持，同时也进入了国际合作的新阶段。国际社会逐鹿中国生态城试验场，国内低碳生态城市建设逐渐呈现出百花齐放的态势。

2007 年 11 月，我国与新加坡共同签署《中华人民共和国政府与新加坡共和国政府关于在中华人民共和国建设一个生态城的框架协议》，标志着中新天津生态城的诞生，中新天津生态城借鉴新加坡的先进经验，在城市规划、环境保护、资源节约、循环经济、生态建设、可再生能源利用、中水回用、可持续发展及促

5

进社会和谐等方面进行广泛合作。除中新天津生态城外，唐山曹妃甸国际生态城、无锡中瑞低碳生态示范区、南京江心洲中心生态科技岛等，都是与国际进行合作建设的生态城市。

然而，低碳生态城市建设市场的繁荣并不代表我国低碳生态城市的建设发展已趋于成熟稳定。有些生态城（村）由于政策、资金等原因，并没有按照预期良好发展。总结和积累实践试点阶段中的经验教训，有利于将这些探索实践转变为可普及、可运营的生态城市，从而促进我国低碳生态城市的全面健康发展。

3. 快速发展阶段（2010 年至今）

住房和城乡建设部在 2010 年正式启动了低碳生态城市建设工作，与深圳市政府共同签订《关于共建国家低碳生态示范市合作框架协议》，深圳成为全国首个"国家低碳生态示范市"。此后，国家发展改革委分别于 2010 年 7 月 19 日和 2012 年 11 月 26 日发布《关于开展低碳省区和低碳城市试点工作的通知》（发改气候〔2010〕1587 号）和《国家发展改革委关于开展第二批低碳省区和低碳城市试点工作的通知》（发改气候〔2012〕3760 号），先后确定广东、辽宁、湖北、山西、云南等省份，天津、重庆、深圳、厦门等两批共 10 个省份（含直辖市）和 32 个城市开展低碳省区和低碳城市试点工作。此外，还成立低碳生态城市建设领导小组，组织研究低碳生态城市的发展规划、政策建议、指标体系、示范技术等工作，引导国内低碳生态城市的健康发展。国家发展改革委开展的低碳省区和低碳城市试点展览显示，试点省市温室气体排放成绩显著。在 2012 年碳强度排放评级考核中，列入试点的 10 个省（包含直辖市）2012 年碳强度比 2010 年平均下降约 9.2%，显著高于全国 6.6% 的平均降幅水平。在 2013 年（第八届）城市发展与规划大会上，与会者呼吁国内城市积极参与低碳生态城市国际合作，增强低碳生态发展能力，提高城市知名度和影响力，积极引进、学习、吸收国外先进理念、技术和管理经验，促进我国低碳生态城市健康蓬勃发展。

经过多年来的发展，我国低碳生态城市建设取得了良好成绩，但与此同时，也出现诸多问题。2015 年 9 月 10 日，中国社会科学院社会发展研究中心及社会科学文献出版社等单位联合发布了 2015 年度生态城市绿皮书《中国生态城市建设发展报告（2015）》，报告对 2013 年我国 284 个生态城市健康状况进行了综合排名，并指出违背自然规律、超越生态承载能力和环境容量建设的"伪生态建设"或"伪生态文明建设"在局部范围出现甚至蔓延，诸多生态城市发展的重大理论和实践问题亟待深入研究解决。

总之，我国的城市建设已从早期的"绿色城市"逐步向"以低碳为切入点的生态城市"发展，强调低碳目标与生态理念相融合，实现"人-城市-自然环境"的和谐共生。同时，将低碳生态城市的涵义拓展为以绿色建筑、绿色交通、绿色基础设施和循环经济等为标志的节能、环保型城市。国家对低碳生态城市建设的重视及相关政策的完善大力促进了低碳生态城市建设的健康发展。

1.2　低碳生态城市研究综述

　　城市作为低碳发展的重要载体，在全球城镇化进程不断加快的今天，将城市发展目标与低碳、生态目标融合，转变城市发展模式，已成为当今各大城市必须面对和思考的问题，也是其必须承担的责任和使命。在此背景下，各国纷纷开展了低碳生态城市的实践活动，如美国的西雅图低碳城市建设、英国伦敦南部萨顿区贝丁顿零能耗生态村建设、日本富士山市的低碳城市建设和丹麦哥本哈根市的低碳城市实践等。2006 年以来，我国在借鉴国外发展经验基础上，依托国际合作积极开展低碳生态城市建设，低碳生态城市建设理念在国内已被广泛接受，涌现出保定市低碳城市、天津中新生态城、长沙大河西先导区、深圳光明新区等一批试点城市（区）。

　　低碳生态城市是以低碳理念为核心，以绿色建筑规模化发展为载体，功能分区完善，资源能源利用有效，产业结构合理，生态环境宜居，公共管理高效的城市。近年来，国内外一些研究机构和学者对低碳生态城市的发展也进行了初步探索，主要包括低碳生态城市发展必要性、低碳生态城市实现路径及发展评价等。

1.2.1　低碳生态城市发展必要性及实现路径

　　1. 低碳生态城市发展必要性研究

　　低碳生态城市的概念是由"低碳经济（Low carbon Economy）"和"生态城市（Eco-city）"这两个关联度高、交叉性强的发展理念复合起来的综合概念。其中，生态城市的概念来源于"人与生物圈（MBA）"计划，强调从生态学角度来研究和发展城市。而低碳经济则是 2003 年由英国政府在题为"我们未来的能源：低碳经济"的《能源白皮书》中提出，旨在探索能源利用、改善气候的变化。围绕低碳及生态这两个核心概念，国外学者进行了大量理论研究工作。Grimm N B，Faeth S H（2008）研究全球变化和城市本身存在的生态环境问题，提出了解决途径。Doherty，Gareth（2010）从城市生态系统角度探讨城市，认为生态城市并没有统一模式和路径，只是提供多种可供选择的途径、方法和技术。Joss S（2011）认为，生态城市是城市可持续发展的主流和关键特性，也是驱动因素。Pickett S T A，Zhou W（2015）研究认为，在全球城市化和一体化背景下，应用生态科学引领可持续发展的生态城市建设。E Jong M，Joss S（2015）探讨了可持续城市、智能韧性城市、低碳生态城市、生态城市相关概念，强调要增强可持续发展的城市化意识。

　　国内对于低碳生态城市必要性的研究较多。《中国低碳生态城市发展战略》报告（中国城市出版社，2009.8）指出，发展低碳生态城市是我国可持续城镇化的必然选择。仇保兴（2009）在"我国城市发展模式转型趋势——低碳生态城市"中,从城市发展历史和当前资源环境入手,分析了以低碳生态城作为我国城市发展模式转型目标的必然性,进而从我国经济社会发展趋势、文明历史、多种城市发展形态等方面阐述了低碳生态城市的特点和发展优势。刘琰(2010)从控制碳排放角度,分析论证了气候变化、碳排放与城市化的关系,认为大力发展低碳生态城市建设,走低能耗、低污染、低排放的城市发展道路是推动碳减排目标实现、塑造新的国家竞争优势的重要内容。王建国(2011)在"绿色城市设计与低碳城市规划——新型城市化下的趋势"中,从高碳化城市现状出发,提出我国当前城市发展模式的不可持续性;并从转变发展方式角度分析了从绿色城市到低碳城市设计的必要性和紧迫性。《中国低碳生态城市发展报告》(中国建筑工业出版社,2015.7)结合城镇化发展历程及"一带一路"的机遇和挑战,分析了城市转型发展路径、城乡融合方法,梳理了生态文明建设环境下的低碳生态城市发展模式,通过分析不同类型城市化的演化路径,初步呈现出中国城市近五年生态宜居发展规律。

肖华斌等(2015)总结低碳生态城市空间规划研究,提出低碳导向的空间规划途径,包括高效率的空间结构组织与形态、高效能的土地资源开发与利用、高效益的交通系统规划与管理、高碳汇的城乡绿地评估与规划等。杜海龙、李迅等(2020)基于可持续发展理论,应用系统工程方法论从目标准则、结构组织、运行机制三个维度构建"绿色生态城市系统模型",为绿色生态城市建设发展提供了方法工具。

2. 低碳生态城市实现路径研究

国内外学者主要从低碳生态城市建设规划、技术应用、管理模式等方面研究低碳生态城市实现路径。在低碳生态城市建设规划方面,Jenny Crawford 和 Will French(2008)研究了英国空间规划与低碳目标之间的关系,认为对新技术的理解和适应性是实现低碳空间的重要前提。Glaeser 和 Kahn(2008)通过实证研究认为,城市规模与居民生活的碳排放量存在一定的正相关关系,新增人口的人均碳排放量要高于存量人口,说明城市增长会导致更高的碳排放水平。Jain(2009)与 Janice(2011)认为城市的空间形态决定着城市交通、产业布局、土地资源利用程度,进而影响城市碳排放,科学合理的城市空间规划是缓解城市气候变化与低碳城市建设的关键。那鲲鹏等(2013)探讨了低碳生态城市规划的内涵和原则,认为低碳生态城市规划的编制要点应包括区域规划、总体规划、详细规划等,并提出不同层面的规划编制需要把握不同的工作重点。王富平等(2013)研究了复杂性科学在低碳生态城市规划中的应用,探索以协同高效为特征的生态城市规划编制方法。朱俊华等(2014)针对现有低碳生态城市指标体系与城乡规划体系缺乏融合、难以实施等问题,提出要构建融入型低碳生态规划指标体系。

在低碳生态城市建设技术应用方面,中国城市科学研究会在《低碳生态技术发展的挑战与展望》(2012)中探讨了低碳生态城市微循环技术体系的发展趋势,在《中国低碳生态城市发展》系列报告中指出，应从生态预警、绿色建筑、绿色交通、能源管理、资源管理、生态环境保护、碳排放和低碳城市建设的价值评估等方面全面把握低碳核心技术及应用，并认为低碳生态城市的技术应侧重于集成发展。此外，贾健民（2013）对低碳生态交通系统评价进行了研究。尹文超等（2014）探讨了低碳生态城市的水资源综合利用。Tan S et al.（2015）则通过实证分析，认为提高低碳技术创新投入和提高能源效率，有助于改善能源结构和降低能源强度，进而抑制碳排放增长。

在低碳生态城市建设管理模式方面，王东等（2013）研究了深圳国际低碳城开发管理体制，提出低碳城市可按照"小政府大社会、小管理大服务"的思路创新管理体制，采取"A＋1＋2＋N"的开发建设新模式。其中，"A"是指国家层面低碳城市建设指导委员会，主要起到领导监督作用；"1"是指低碳城开发建设领导小组及其办公室，代表政府对低碳城进行整体规划与决策；"2"是指地区政府相关部门和低碳城建设龙头企业及其关联企业，并采用政府与龙头企业成立投资建设开发公司形式，联合打造低碳城投资、建设、运营、维护主体；"N"是指市内外、国内外投资开发和落户于低碳城的企业、大学、研发机构、中介机构、非政府组织等，形成市场化多元利益主体。田永英等（2013）探讨了低碳社区建设的公众参与机制。朱婧等（2015）提出资源型城市应采取传统资源型产业进行扶持和优化升级改造、政府制度推动、创新低碳科学技术，大力开发资源产业低碳发展关键技术、加快低碳社会建设的发展路径。

近年来，我国学者思考如何将低碳生态理念纳入城市发展规划建设中，探索更为普适的低碳生态城市建设路径。如苗泽惠（2019）、魏刚（2020）等探索在低碳生态城市理念下绿色建筑发展路径、城市设计方法与实施路径、城市综合交通规划方法及技术研究等。徐从广等（2020）探索碳平衡导向下的低碳生态城市发展规划策略。在碳达峰碳中和背景下，低碳生态城市建设理念也将更多融入碳减排因素，并成为推动建设领域碳达峰碳中和目标实现、转变城市建设发展方式的重要内容。

1.2.2　低碳生态城市发展评价

评价是引领低碳生态城市建设发展的重要工具，国内外学者及相关机构从不同角度构建低碳生态城市发展评价指标体系，以推动低碳生态城市发展。联合国就生态城市提出的评价标准包括战略规划和生态学理论指导、工业产品绿色化、居住区标准提高、文化古迹保护等方面内容；联合国可持续发展委员（UNCSD）则从社会、经济、环境和制度四个方面入手，以驱动力-状态-反应模式构建了58个生态城市建设指标。美国耶鲁大学和哥伦比亚大学合作开发了环境可持续发展指数（ESL），包括67个基础指标；欧盟资助的"生态城市计划"提出了完整的生态城市评价指标体系，涵盖城市结构、交通、能源与物流及社会经济等方面。意大利学者 Franco Archibugi（1997）提出容量指标和参数体系，包含水平方向和垂直方向指标，开展生态城市的规划评价，并作为生态城市规划的先决条件之一。米格尔·鲁亚诺对全球 60 座生态城市优秀案例进行研究评价，并从灵活性、资源、公众参与、城市社区、生态旅游等方面探讨可持续发展的人居环境建设。

国内外学者对低碳生态城市的政策制定、实施策略及建设成效也进行了一定研究。唐建青等（2013）构建了包括经济高效、生态良好、社会和谐三方面内容的低碳生态城市评价指标体系。Florianna L. Michael（2014）在分析马来西亚城市发展特点的基础上，构建了包含经济、环境、能源和社会四方面内容的低碳评价指标，并将其细化为 21 个评价指标。时蒙蒙（2014）从环境友好水平、低碳化水平、社会和谐能力与经济发展能力来构建低碳生态城市评价指标体系。钟永德等（2014）构建了低碳生态城市基础评价指标体系，具体包括经济发展、社会和谐和低碳生态三个方面。Wang et al.（2015）提出了一种新的生态城市评估方法，包括生态脆弱性评估指标体系和经济、社会及环境评估指标体系。美国劳伦斯伯克利国家实验室（2015）基于能源、气候、水资源、空气、废弃物、交通、经济健康、土地利用、社会健康的分析框架，构建了包含 33 个指标的低碳城市发展水平评价指标体系。吴乘月等（2017）通过梳理低碳生态城市规划方法，形成一致性、可行性、准确性、本土性、创新性相结合的低碳生态城市规划系统评价方法。朱婧（2017）等从低碳、生态、绿色、可持续性四个维度构建了包含 30 个指标的低碳城市评价指标体系。Lin（2018）等构建了关键绩效评价指标体系，对比分析日本九州与天津市生态城市建设成效。刘禹（2018）构建了低碳生态城市发展水平评价体系，主要运用主成分分析法和熵权法，从经济发展、人居环境、能耗节约、生态可持续四个方面，对天津市低碳生态发展情况进行量化评价。肖华斌等（2019）从城市规划方案和规划建成后两方面，构建碳排放潜力评价指标，从碳排放视角评价对比城市规划方案及建成后碳排放潜力。陈柔珊、王枫（2021）以珠三角 9 市为例，构建了基于低碳生态城市视角的土地利用效益评价指标体系。

参考文献

[1] 陈柔珊，王枫. 低碳生态城市视角下珠三角土地利用效益评价及障碍诊断 [J]. 水土保持研究，2021，28（2）：351-359.

[2] 都秉红. 低碳生态城市规划评价体系研究 [J]. 地产，2019（16）：43-59.

[3] 杜海龙，李迅，李冰. 绿色生态市理论探索与系统模型构建 [J]. 城市发展研究，2020，27（10）：1-8.

[4] 郭芳，王灿，张诗卉. 中国城市碳达峰趋势的聚类分析 [J]. 中国环境管理，2021，13（1）：40-48.

[5] 贾健民. 城市低碳生态交通系统综合评价体系研究 [D]. 山东：山东大学，2013.

［6］姜玉佳，黄富民，曹国华，王树盛 . 低碳生态的城市综合交通规划关键方法和技术研究［J］. 建设科技，2020（10）：80-82.

［7］刘斌，角元昊，王伟 . 基于能源规划机制的低碳生态城市规划建设评价体系初探——以芜湖市为例［J］. 城乡建设，2020（23）：67-69.

［8］刘琰 . 低碳生态城市——全球气候变化影响下未来城市可持续发展的战略选择［J］. 城市发展研究，2010（5）：41-47.

［9］刘禹 . 天津低碳生态城市发展现状评价及对策研究［D］. 天津：天津大学，2018.

［10］米格尔·鲁亚诺 . 生态城市：60个优秀案例研究［M］. 中国电力出版社，2007.

［11］苗泽惠，孔玉蓉，王野 . 低碳生态城市视角下绿色建筑的发展探究［J］. 绿色环保建材，2019（8）：71，73.

［12］那鲲鹏，李迅 . 低碳生态城市规划要点［J］. 建设科技，2013，（16）：28-30.

［13］仇保兴 . 我国城市发展模式转型趋势—低碳生态城市［J］. 城市发展研究，2009，16（8）：1-6.

［14］屈冰冰，徐晓霞 . 河南省低碳生态城市评价研究［J］. 绿色科技，2015（8）：315-318.

［15］时蒙蒙 . 山东省低碳生态城市发展战略研究［D］. 山东：山东师范大学，2014.

［16］唐建青，刘金锤，李姗姗 . 郑州市低碳生态城市评价与发展保障机制研究［J］. 科技创新导报，2013，（12）：134-138.

［17］田永英，张峰 . 低碳社区建设的公众参与机制研究［J］. 建设科技，2013（2）：56-58.

［18］王灿 . 碳中和愿景下的低碳转型之路［J］. 中国环境管理，2021，13（1）：13-15.

［19］王东，郭昊 . 深圳国际低碳城开发管理体制研究［J］. 华北电力大学学报（社会科学版），2013（6）：13-17.

［20］王富平，王登云，栗德祥等 . 基于复杂性科学的低碳生态城规划实践与探索［J］. 城市发展研究，2013，20（1）：9-13.

［21］王建国，王兴平 . 绿色城市设计与低碳城市规划——新型城市化下的趋势［J］. 城市规划，2011（2）：20-21.

［22］王琪 . 低碳生态视角下的城市滨水景观设计方法分析［J］. 工程建设与设计，2021（2）：33-34.

［23］魏钢，申晨 . 低碳生态发展背景下的城市设计方法与实施路径初探［J］. 建筑设计管理，2020，37（12）：65-74.

［24］吴乘月，刘培锐，闫雯，赵哲 . 低碳生态城市规划评价体系研究［J］. 城市规划学刊，2017（S2）：222-228.

［25］肖华斌，盛硕，刘嘉 . 低碳生态城市空间规划途径研究综述与展望［J］. 城市发展研究，2015，22（12）：8-12.

［26］徐彩云 . 低碳生态城市视角下的绿色建筑规划方法分析［J］. 住宅与房地产，2018（34）：31.

［27］徐从广，张思敏，章慧明 . 碳平衡导向下的低碳生态城市发展规划策略研究［J］. 安徽建筑大学学报，2020，28（5）：58-64.

［28］徐怡珊，周典，张丹阳，宋越，高晗 . 低碳生态社区空间形态评价体系与应用［J］. 规划师，2016，32（7）：87-91.

［29］杨光 . 低碳生态城市评价研究初探［J］. 黑龙江科学，2018，9（11）：154-155.

［30］尹文超，赵昕，刘鹏．城市低碳生态化建设中的水资源综合利用研究［J］．建设科技，2014（15）：43-45.

［31］中国城市科学研究会．2011—2012中国低碳生态城市发展//中国城市科学研究会，中国低碳生态城市发展报告（2012）［C］．北京：中国建筑工业出版社，2012，5：29-47.

［32］中国城市科学研究会．低碳生态技术发展的挑战与展望//中国城市科学研究会，中国低碳生态城市发展报告（2012）［C］．北京：中国建筑工业出版社，2012，5：219-221.

［33］中国城市科学研究会．2012—2013中国低碳生态城市发展//中国低碳生态城市发展报告（2013）［C］．北京：中国建筑工业出版社，2013：19-39.

［34］中国城市科学研究会．2013—2014中国低碳生态城市发展//中国城市科学研究会，中国低碳生态城市发展报告（2014）［C］．北京：中国建筑工业出版社，2014，9：23-44.

［35］钟永德，石晟屹，罗芬等．杭州低碳生态城市评价体系设计及实证研究［J］．中南林业科技大学学报，2014，6：117-123.

［36］朱婧，刘学敏，初钊鹏．低碳城市能源需求与碳排放情景分析［J］．中国人口·资源与环境，2015，25（7）：48-55.

［37］朱婧，刘学敏，张昱．中国低碳城市建设评价指标体系构建［J］．生态经济（中文版），2017，33（12）：52-56.

［38］朱俊华，蔡云楠．融入型低碳生态规划指标体系的构建——基于广州海珠生态城的案例研究［J］．西部人居环境学刊，2014，29（2）：10-14.

［39］Archibugi F. The Ecological City and the City Effect：Essays on the Urban Planning Requirements for the Sustainable City［M］．2019.

［40］Crawford J，French W. A low-carbon future：Spatial planning's role in enhancing technological innovation in the built environment［J］．Energy Policy，2008，36（12）：4575-4579.

［41］Doherty G. How green is Landscape Urbanism? Colours and their relation to the city［J］．Journal of Inherited Metabolic Disease，2010，21（7）：753-760.

［42］E Jong M，Joss S，et al. Sustainable-Smart-Resilient-Low Carbon-Eco-Knowledge Cities：Making sense of a multitude of concepts promoting sustainable urbanization［J］．Journal of Cleaner Production，2015，2（4）：1-14.

［43］Glaeser E L，Kahn M E. The Greenness of Cities：Carbon Dioxide Emissions and Urban Development［J］．Ssrn Electronic Journal，2008.

［44］Grimm N B，Faeth S H，Golubiewski N E，et al. Global Change and the Ecology of Cities［J］．Science，2008，319（5864）：756-760.

［45］Jain A K. Low Carbon City：Policy，Planning and Practice［M］．Discovery Publishing House PVT. LTD，2009.

［46］Janice M. Effective Practice in Spatial Planning［J］．Planning Theory and Practice，2011，12（2）：318-320.

［47］Joss S. Eco-cities：The mainstreaming of urban sustainability-Key characteristics and driving factors［J］．International Journal of Sustainable Development & Planning，2011，6（3）：268-285.

［48］Michael F L，Noor Z Z，Figueroa M J. Review of urban sustainability indicators assessment-Case study between Asian countries [J]. Habitat International，2014，44：491-500.

[49] Pickett S T A , Cadenasso M L , Childers D L , et al. Evolution and future of urban ecological science：ecology in，of，and for the city [J]. Ecosystem Health & Sustainability，2016，2 (7).

[50] Tan S，Yang J，Yan J. Development of the Low-carbon City Indicator (LCCI) Framework [J]. Energy Procedia，2015，75：2516-2522.

[51] Zhou N，He G，Williams C，et al. ELITE cities：A low-carbon eco-city evaluation tool for China [J]. Ecological Indicators，2015，48：448-456.

第2章 低碳生态城市建设实施路径

低碳生态城市建设是一项覆盖面广、综合性强的系统工程，目前的低碳生态城市建设尚处于起步阶段。开展低碳生态城市建设，仍需要回答"建设什么、如何建设"等基本问题，为此，需要从规划引领、技术支撑及驱动机制等方面考虑进一步推动我国低碳生态城市建设。

2.1 低碳生态城市建设规划

2.1.1 建设规划理念及原则

城市建设规划是为实现城市长远、综合、可持续发展目标而采取的一系列空间技术与公共政策手段的集成。城市建设规划在一定程度上是指政府，特别是地方政府有意识的管理与干预城市土地开发过程的活动。低碳生态城市规划也不例外。

1. 低碳生态城市建设规划理念及演化过程

长期以来，城市建设规划伴随着人类社会发展的实践探索行动。在古代，城市数量少、规模小，人类对自然的改造能力有限，城市可持续发展与资源环境承载力之间的矛盾并未凸显，而且受认知水平和实践能力的限制，人类对自然表现出一种既想征服，但又无力抗争、无可奈何而不得不顺从的心理。与之相对应，当时的城市规划及建设更多的是表现人类对自然、对文化的一种认识反映。在古代中国，城市建设规划是对王权、儒家思想、风水思想等多种文化因素的集中体现，城市规划及建设更多注重象征性表达。进入工业文明时代，人与自然的关系变成一种征服与被征服、统治与被统治的对立关系，城市在工业革命后得到飞速发展，促进了工业文明的繁荣，同时也带来了许多问题，交通拥挤、住房紧张、环境恶化成为现代城市的通病。近代工业革命也催生了现代城市规划的产生，有组织的城市规划起源于19世纪末，自始就致力于化解城市矛盾与危机，为人类提供一个良好的工作、居住和游憩环境。但在当初，城市规划把城市空间看作一种纯粹的物质空间，通过各种工程技术手段来营造城市空间、改善空间环境、优化城市形态，构建美观、理性、秩序的城市空间，从而使城市规划打上了强烈的"工程技术"色彩。

20世纪80年代以来，全球资源危机和生态问题日益严重，人类对自身发展有了更深层次的思考,生态意识日趋增强。有学者意识到,现代城市是一个大系统,可分为经济系统、社会系统和生态系统,系统之间具有相互制约作用。城市规划从传统的"人为主宰"、功能主义空间营造发展演化为:"人与自然和谐发展"。注重生态环境,将人及人类活动、所有生物、资源能源等置于一个互相作用的城市大系统中进行考量。从城市规划价值观角度看,永续发展逐渐成为城市规划的基本价值观,低碳城市、紧凑城市、循环城市、生态城市、永续城市等观念在规划界得到最终认可。而低碳生态城市规划则是以减少碳排放为规划目标,以复合生态系统和生态学基本原理为指导的城市规划。其主旨是引领人们生活理念和生活方式的转变,而不是某类专项规划。具体到技术层面,低碳生态城市规划是将"低碳""生态"理念融入城市规划编制的不同层次,且兼具定量和定性两种分析方法。

低碳生态城市建设规划并不是对传统城市规划的彻底否定,而是对传统城市建设规划的修正、提升和发展,也是通过低碳生态规划对传统城市规划理念和方法实现重大的革新。低碳生态城市规划有别于传统城市规划,主要体现在以下四方面:一是规划的编制和实施重点从确定开发建设项目转向各类资源保护利用和空间管制;二是规划调控目标从明确城市性质、规模和功能定位转向控制合理的环境容量和科学的建设标准;三是规划的调控和管理范围从城市规划区甚至是建成区扩大到城乡一体化视角;四是规划的空间形态从追求严格分区和秩序性空间转向兼顾生态优化和功能混合的多样性空间。

从建设规划内容看,低碳生态城市规划领域包括土地利用、经济发展、交通、建筑、水资源利用、能源利用、废弃物处理、数字化建设、能力保障等领域,各领域包含若干主要规划内容及具体规划要求(见表 2-1)。需要明确的是,在具体规划实施过程中,单个生态城市建设规划不必包含所有领域,即不必面面俱到;但少数几方面建设规划内容未必能够支撑低碳生态城市建设,需要有具体的标准及规范加以明确。

低碳生态城市建设规划重点领域、主要规划内容及具体规划要求 表 2-1

重点领域	主要规划内容	具体规划要求
土地利用	空间布局规划、土地利用结构与效益、空间、管制策略、空间形态、空间增长特点	将城市看作有机整体,不过分追求严格的功能分区;紧凑型、集约型空间布局;生态适宜性分区;土地适度混合利用、住宅多样化、土地紧凑开发、垂直集约开发、土地利用结构优化
经济发展	产业发展、循环经济、绿色就业岗位供给、经济环境、社会收入水平差异	发展低碳、生态、绿色产业;发展循环经济,扩大就业;扩大内需,减少外贸依存度,实现经济结构转型;公平合理分配社会资源,缩小贫富分化
交通	职住平衡、公共交通、步行及自行车交通、充电桩及新能源公交系统建设规划	公交优先,公交导向开发,提高绿色出行比例,增加新能源汽车比例;构建区域交通网络;合理规划私人机动车使用;加强道路网建设规划;倡导职住平衡以减少通勤交通量

重点领域	主要规划内容	具体规划要求
建筑	城市设计引导、地块控制、建筑布局、建设标准	合理的建筑布局、体量和形式;推广及应用绿色建筑及绿建标准;自然通风、自然采光;建筑能耗监测;热、风、声环境监测及评估
水资源利用	水系统规划、水环境规划、相关工程规划、再生水利用	水资源规划及管理;雨洪综合利用;用水标准、非常规水资源利用;水质达标率、中水回用;海绵城市
能源利用	城市区域能源规划、新能源利用	低碳清洁能源、可再生能源、传统能源煤的清洁燃烧、提高能源的输配效率、系统节能与优化;碳捕集和碳储存;工业废热余热利用;能源监测评估
废弃物处理	市政、建筑垃圾及工业固废和危险废物	垃圾减量,垃圾回收,垃圾分类,保障体系
数字化建设	数字技术、信息技术、网络技术	"智慧城市"公共平台,公共信息管理综合平台,低碳生态城建设规划决策系统,城市生态信息管理系统,建筑节能与绿色建筑监管系统,数字化城市规划管理系统
能力保障	宣传教育、能力建设、公众参与、管理协调、实施监督、绩效考核	低碳生态宣教及能力建设,构建公众参与机制;完善管理体制;建立监督及考评机制

2. 低碳生态城市建设规划基本原则

低碳生态城市建设规划以人与自然的和谐共存,经济、社会、环境协调为基本价值取向,追求的是社会、经济、环境效益的整体最优化,单独强调或突出其中某一方面效益是没有意义的,低碳生态城市建设规划应从多维度、多角度考虑。国内相关学者对低碳生态城市规划原则进行了研究。那鲲鹏、李迅等分别从经济、文化、空间利用等角度,提出低碳生态城市建设规划的基本原则,包括朴素原则、人文原则、紧凑原则、弹性原则、平衡原则等,即低碳生态城市规划要谨慎应对高投入、复杂化的规划方案,尽量采用本地化、低成本的技术;要突出城市自然和人文特色,保护和传承历史文化,注重城市规划与建设管理中的公众参与;要高效配置空间资源,避免低效的土地开发;要对城市的未来有足够的预见性;要平衡社会资源的配置、对城市进行物质形态的空间布局、规划城市各功能分区的土地利用、协调各方利益、保护城市中的弱势群体、营造和谐的城市生活等。董珂、卞海涛等认为,低碳生态城市建设原则可总结为以"保护"为核心的自然生态原则、以"宜人"为核心的社会生态原则、以"高效"为核心的经济生态原则,以"和谐"为核心的复合生态原则。周岚等系统总结了生态城市建设规划的基本原则,包括以可持续发展为指导、以实现人工建设环境与自然环境和谐发展为目标,以城乡有机统一体的生态区域为依托,以提高人类社会整体生态意识为支撑。

当然,低碳生态城市建设规划仍需遵循城市建设规划的基本原则,包括整合原则、经济原则、安全原则、美学原则和社会原则。低碳生态城市规划要正确处理城市规模与经济发展水平、城市局部建设与整体发展、城市近期规划与远期发展等方面的辩证关系，合理利用土地、形成合理的功能与布局结构。

2.1.2 建设规划相关理论

低碳生态城市建设规划是一个多学科交叉研究的领域，需要有多方面相关理论予以支撑。主要包括：城市发展理论、区域协同发展理论及城市经济学理论等传统城市规划相关理论；生态学理论、可持续发展理论、环境经济学理论等低碳生态发展相关理论；运筹学、控制论、系统动力学等系统工程理论。

1. 传统城市建设规划相关理论

（1）城市发展理论

城市发展理论主要探索城市的产生、演变与发展，城镇化进程，城市空间结构等。该理论认为，城镇化是人口、地域、社会经济关系、生活方式由农村型向城市型转化的自然历史进程，城镇化即是城市人口增多、城市数量增加、城市地域扩大的过程。城镇化带来的不仅是人口构成的变化，也会导致人类社会产业结构及人类生活方式的变革。从城市发展规律来看，城镇化过程要经历发生、发展和成熟三个阶段，并呈现出"S"曲线（即诺瑟姆曲线）形式，城镇化在发生阶段的速度缓慢，在发展阶段的速度加快，在成熟阶段的速度又会放缓。

城市发展理论也包括对城市空间结构的研究，并产生多个细分理论，包括同心圆理论、扇形理论、多核心理论等。

1）同心圆理论由伯吉斯于 1923 年提出，其核心思想是城市各功能用地以中心区为核心，自内而外做环状扩展，形成同心圆用地结构。同心圆理论认为，当城市人口的增长导致城市区域扩展时，第一个内环地带必然延伸并向外移动，入侵相邻外环地带，产生土地使用的演替，这也揭示了城市扩张的内在机理和过程。同心圆理论模型示意见图 2-1（a）。

2）扇形理论由霍伊特在 1939 年提出，该理论认为城市从整体而言是圆形的，交通线路由市中心向外做放射状分布。随着城市人口的增加，城市将沿交通线路向外扩大，同一使用方式的土地从市中心附近开始逐渐向周围移动，由轴状延伸而形成整体的扇形。扇形理论模型示意见图 2-1（b）。

3）多核心理论由哈里斯和乌尔曼在 1945 年提出，该理论强调城市土地利用过程并非只形成一个商业中心区，而会出现多个商业中心，其中一个主要商业区为城市的核心，其余为次核心；这些中心不断地发挥成长中心的作用，直到城市的中间地带被扩充为止。在城镇化进程中，随着城市规模的扩大，新的极核中心又会产生。多核心理论模型示意见图 2-1（c）。

（2）区域协同发展理论

区域协同发展理论目前尚未形成统一的概念界定，不同学者的研究内容各有侧重。从产业和利益观点出发，我国经济学者厉以宁认为，各区域发展是一个从不均衡到均衡的过程，在发展中谋求相对均衡，需要协调各方区位优势、区划经

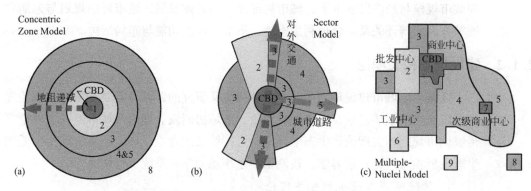

图 2-1 同心圆理论、扇形理论、多核心理论模型示意

济特色和各方实体行业利益链条，构建有助于促进整个区域发展合理、合情、合法分工协作的体系。另有学者认为，对于区域发展，绝对的一致是不可能的，区域均衡发展只能是相对的。从更深层次理论角度分析，协同发展理论包含三方面内容。一是协同效益。协同效益是指任何复杂系统，当在外来能量或环境变化的作用下，使得物质变化的聚集状态达到某种临界值时，即量变达到质变的关键点时，子系统为适应新的能量变化和环境变化就会主动产生协同作用。二是役使原理，即事物变迁存在快变量和慢变量，快变量很容易就能实现目标，但慢变量自身变化慢、所用时间长。因此，一个事物变化能否宣告完成不是取决于快变量，而是取决于变化最慢的变量。如京津冀协同发展中的交通、产业和生态三个重点领域，其中交通是一个快变量，一体化交通体系很快就能建设完成，而生态修复取决于森林树木的生长速度，无法拔苗助长，有其自身发展规律，是典型的慢变量，产业则介于两者之间。三是自组织原理。自组织是指系统在没有外部能量流、信息流和物质流注入的条件下，系统内各子系统间会按照某种规则自动形成一定的结构或功能，具有内在性和自生性特点。当外界条件发展变化的情况下，系统会主动适应这种变化，引发子系统间新的协同，从而形成新的时间、空间或功能有序结构。

（3）城市经济学理论

包括聚集效应理论、规模经济理论、城市经济结构理论、城乡"二元经济结构"理论、城市经济空间布局理论等。从本质上看，城市是人口大规模聚集而成的社会有机体，聚集效应与规模经济是城市经济的两大基本特征。城市聚集经济与规模经济原理决定了城市经济结构演化与空间布局。其中，聚集效应是指企业向某一特定地区集中而产生的利益，亦称聚集经济效益，是城市存在和发展的重要原因和动力。聚集效应给企业带来的效益包括扩大市场规模，降低运输费用及生产成本，促进基础设施、公用事业的建立、发展和充分利用等。城市规模经济是指在一定城市人口规模下，由于外部性等原因所出现的在既定产出规模时的单位产出成本下降的情况，它只在一定范围内的城市规模水平上出现。城市规模经济的具体表现可以从居民个人、企业和城市三个方面分析。从居民个人而言，城市规模经济表现在居民货币收入和公共设施的便利两方面，即工资及城市公共设施带来的便利随着城市规模的扩大而上升。从整个城市看，城市规模效益表现为城市化经济。城市经济结构是指构成城市经济系统的各种经济要素之间的关联组合状态及数量比例关系，城市经济结构的划分方式主要以生产力和生产关系的角度进行划分（图 2-2）。城市经济空间结构的经典理论有克里斯泰勒的"中心地"学说，韦伯的"工业区位论""杜能环"理论等。新的城市经济空间理论主要按城市经济功能来划区，如工业区、科教区、文体休闲区、商业商务区、居住区等。

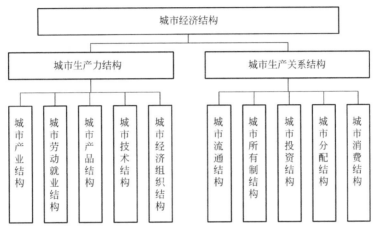

图 2-2 以生产力和生产关系划分的城市经济结构

2. 低碳生态建设相关理论

（1）生态学理论

生态学（Ecology）是德国生物学家恩斯特·海克尔于 1866 年提出。生态学是研究有机体与其周围环境（包括非生物环境和生物环境）相互关系的科学。与低碳生态城市建设相关联的生态学理论包括城市生态理论及生态经济理论等。

1）城市生态理论的大规模发展是在 20 世纪 70 年代。1971 年，联合国教科文组织的"人与生物圈"计划提出了从生态学角度研究城市居住区的项目，指出城市是一个以人类为活动中心的人类生态系统，开始将城市作为一个生态系统来研究。目前，城市生态理论逐渐发展成熟，主要以生态学原则为指导，应用复合生态系统生态学的原理和方法，研究以人为核心的城市生态系统结构、功能、调控及演替规律，并利用这些规律优化城市结构与功能的规划设计，规范城市建设与管理，实现城市生态系统高效持续发展。城市生态又可以细分为城市自然生态、城市景观生态、城市经济生态、城市社会生态、城市产业生态、城市人居生态等。

2）生态经济理论是指生态系统承载能力范围内，运用生态经济学原理和系统工程方法改变生产和消费方式，挖掘一切可以利用的资源潜力，发展一些经济发达、生态高效的产业，建设体制合理、社会和谐、生态健康、景观适宜的环境。生态经济是实现经济增长与环境保护、物质文明与精神文明、自然生态与人类生态的高度统一和可持续发展的经济。涉及生态经济的理论又可以细分为生态价值理论、生态经济效益、生态经济协同发展等。生态经济理论追求的是一种以资源的高效利用和循环利用为核心，以减量化、再利用、资源化为原则，以低消耗、低排放、高效率为基本特征，符合可持续发展理念的经济增长模式，是对大量生产、大量建设、大量消耗的传统城市建设及发展模式的根本变革。

（2）可持续发展理论

可持续发展理论是指既满足当代人的需要，又不对后代人满足其需要的能力构成危害的发展，以公平性、持续性、共同性为三大基本原则。可持续发展理论的最终目的是达到共同、协调、公平、高效、多维发展。1972年，非正式学术组织罗马俱乐部发表题为《增长的极限》的报告，报告根据数学模型预言：在未来一个世纪中，人口和经济需求的增长将导致地球资源耗竭、生态破坏和环境污染。该报告引起了人类对于环境及可持续发展问题的关注。1987年，世界环境与发展委员会在题为《我们共同的未来》的报告中，第一次阐述了"可持续发展"的概念。当前，可持续发展理论成功地把发展与环境密切联系在一起，使可持续发展走出理论探索阶段，并将之付诸为全球行动。可持续发展的基本内涵包括三个方面：一是生态属性上的可持续发展，实现所谓的生态持续性，即自然资源及其开发利用程度间的生态平衡，以满足社会经济发展所带来的生态环境不断增长的需求，使人类的生态环境得以持续；二是社会属性的可持续发展，目的是不断改善人类的生活质量，创造美好的生活环境；三是经济属性上的可持续发展，即不仅要追求经济增长的数量，而且要追求经济增长的质量。有学者认为，可持续发展是指在保护自然资源的质量和其所提供服务的前提下，使得经济发展所能达到的最大程度。

（3）环境经济学理论

环境经济学是基于环境资源的价值理论，在承认环境资源存在价值的前提下，为环境资源的有偿使用提供了理论依据，也为合理制定环境资源的价格和健全环境资源市场奠定了基础，还为有效运用经济手段管理环境和进行环境保护工作提供了有效依据。除环境资源价值理论外，环境经济学还包含外部性理论、环境公共物品理论等。

外部性理论是环境经济学理论的重要组成部分。所谓外部性，是指那些生产或消费对其他团体强征了不可补偿的成本或给予了无需补偿的收益情形。外部性分为正外部性和负外部性。简单而言，正外部性是使市场外的其他人福利增加的外部性，负外部性是使市场外的其他人的福利减少的外部性。在环境经济学中，主要应用外部性理论来解释并解决市场失灵问题。

环境公共物品理论是对环境物品及环境服务的研究，包括清新的空气、纯净的水体、宜人的生态景观及公共环境设施等。环境公共物品的特征包括消费上的非排他性及非竞争性。消费上非排他性是指不可有阻止不付费者对公共物品的消费，对公共物品的供给不付任何费用的人与支付费用的人一样能够享有公共物品带来的益处。消费上的非竞争性是指一个人对公共物品的消费不会影响其他人从对公共物品的消费中获得效用，即增加额外一个人消费公共物品不会引起产品成本的任何增加。

3. 城市系统工程理论

城市系统工程是指从系统哲学、系统科学和系统工程等角度对城市整体展开研究，以演化、控制、博弈论等方法研究城市的增长、管理和稳定等问题，其实质是以自组织、他组织及两者的综合来进行城市研究，主要包括运筹学、控制论、系统动力学等。

（1）运筹学

运筹学是 20 世纪 30 年代初发展起来的一门学科，其主要目的是为管理人员进行科学决策提供依据。运筹学包括规划论（线性规划、非线性规划、整数规划和动态规划）、库存论、图论、决策论、对策论、排队论、可靠性理论等。运筹学以整体最优为目标，从系统观点出发，力图以整个系统最佳的方式来解决系统内各部分之间的利害冲突。在城市规划领域，运筹学主要应用于各种应急服务系统的设计和运用。如消防救火站、救护车、警车等分布点的设立等。美国曾应用排队论来确定纽约市紧急电话站的值班人数。加拿大亦曾研究一城市警车的配置和负责范围，事故发生后警车应走的路线等。此外，诸如城市垃圾的清扫、搬运和处理，城市供水和污水处理系统的规划等都可应用运筹学进行优化设计。

（2）控制论

1943 年，维纳、毕格罗和罗森博吕特三人共同发表《行为、目的和目的论》，1948 年维纳发表了著名的《控制论——关于在动物和机器中控制和通信的科学》，标志着控制论的诞生。控制论最早应用于机器设计及应用。但根据控制论，可将城市看作一个控制系统，城市规划实质上是一种自为控制方式，转型期处于失范状态的城市系统也可用规划来控制其健康、有序地发展。具体来说，城市系统具有控制论所讲的系统可控制和可观测性，可控制性又包括可组织性、因果性、动态性、目的性及环境适应性五个特性。城市规划实质上是一种城市系统控制，即为了完善城市系统的功能和促进城市系统健康发展，获得并利用相关信息，对城市系统及子系统施加作用，以保证城市系统达到预定目标。城市规划的前馈-反馈式闭环控制如图 2-3 所示。

（3）系统动力学

系统动力学又称为系统动态学，是由美国福雷斯特创立的一门分析研究信息反馈系统的理论。它集系统论、控制论和信息论于一身，融合组织理论，并采用了电子计算机模拟技术。系统动力学出现于 1956 年，最初主要用于企业管理，处理诸如生产波动、市场股票浮动及市场变化等问题。根据系统动力学理论，城市作为高度发展的集约系统，其规划和发展受到内外部多种因素的制约和影响。应用系统动力学模型方法，可以解决城市规划中以下几方面问题，包括：城市空间结构，集中与分散的关系；城市等级规模，等级与规模的关系；城市功能定位

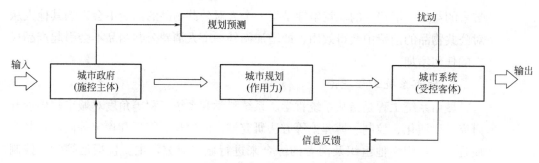

图 2-3　城市规划的前馈-反馈式闭环控制

等。基于系统动力学的城市规划，可以城市发展现状为基础，整合城市发展条件及制约因素，包括地理位置条件、城市自然资源、城市运输系统及容量、城市产业结构、人口、经济、技术条件等，通过模型构建及模拟，从而寻找城市规划建设的最优解决方案。

2.1.3　建设规划指标体系

1. 规划指标体系及其特点

城市规划按层次划分，可分为城市总体规划、分区规划及详细性规划。低碳生态城市规划是一种通过将低碳、生态理念融入城市规划编制的不同环节及不同层面的城市规划。低碳生态城市规划指标体系由各规划层次指标体系组成，包括城市发展目标指标体系、总体规划指标体系、控制性详细规划指标体系及修建性详细规划指标体系（图 2-4）。各层次规划指标体系随同层次规划方案同时编制，指导下一层次规划的编制，同时作为下一层次规划评估与审批的依据。相关层次规划指标体系在指标选取上具有承接性，在指标取值上相互关联，保证低碳生态规划理念自上而下的统一与落实。

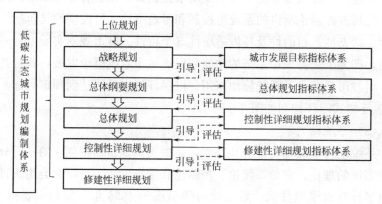

图 2-4　低碳生态城市规划指标体系

低碳生态城市规划基于复合生态理论支撑，涉及社会、经济、文化和环境等多个方面，包括土地利用、产业、能源、水资源、交通、建筑、生态修复等各领域。低碳生态城市建设规划指标作为建设实施的主要控制指标，是将低碳生态城市由理论概念落地到建设实施的关键。与低碳生态城市建设评价体系对实际建设效果进行评价不同，低碳生态城市规划指标更多包含城市建设控制及约束性指标，能够直接有效地提出低碳生态城市建设规划应包含的主要内容，明确建设路径，具有很强的可操作性。因此，低碳生态城市建设规划指标体系需要满足以下几方面要求：一是能有效确定低碳生态城市规划的范围及边界，明确城市内涵，确定城市建设目标及内容；二是相关指标必须能在城市规划管理中进行控制和操作；三是指标体系可通过常规的方法进行定量分析和评价，对规划的实施与成果检验可进行有效指导；四是指标值的适应性。由于不同地区经济社会发展水平和资源环境条件存在较大差异，对于不同发展水平的地区应有不同的指标值，以便更有利于实施和推广。

当前，由于低碳生态城市规划理论体系尚未成熟，规划理念、目标、定位及规划原则尚不明确，有的城市开展"低碳生态城市规划"实践，实质上是以传统城市规划冠以"低碳、生态"之名；有的城市在低碳生态城市规划实践中提出不切实际的高目标，不惜牺牲市民的生活质量来换取所谓的"低碳、生态"，这些做法均不可取。

2. 规划指标体系研究现状

国外对生态城市指标体系的相关研究启动较早，比较有影响力的指标体系包括联合国人居署城市指数、联合国可持续发展指标、全球城市指数和欧洲绿色城市指数等。我国在提出低碳生态城市概念之后，更多的是对低碳生态城市建设效果评价指标体系的研究，包括基于可持续发展理论、城市复合系统理论、城市生态系统理论等构建的生态城指标体系。针对低碳生态城市规划指标体系的研究较少，其中颜文涛、王正等通过分析低碳生态城市系统构成、建设内容、规划内容与基本特征的相关性，将规划指标体系分为社会子系统、经济子系统、资源子系统、环境子系统及空间子系统五部分，并考虑人居功能、生态环境、能源利用、固废处理、水资源管理、绿色交通、可持续建筑等 7 项低碳生态城市建设内容，形成低碳生态城市建设规划指标体系。那鲲鹏通过分析低碳生态城市内涵及规划原则，提出规划的重点领域包括土地利用、经济发展、绿色交通、绿色建筑、水资源利用、能源利用、废弃物处理、信息化建设和能力保障等多个领域，并分别制定了每个领域的重点规划方向。王云等在分析低碳生态城市评价指标体系基础上，提出应以资源、经济、环境和社会四方面评价指标为依据编制低碳生态城市的控制性详细规划。综合上述研究，低碳生态城市建设规划目标、内容及具体指标见表 2-2。

低碳生态城市建设规划目标、内容及具体指标　　　　表 2-2

建设规划目标	建设规划内容	具体规划指标
资源节约	土地利用	城市开发密度、土地使用强度、人均建设用地面积等
	能源利用	清洁能源普及率、单位 GDP 能耗、可再生能源普及率
	水资源利用	雨水回用绿化天数保证率、可渗透面积占用地面积比例、集水面积占用地面积比例、供水管网漏损率等

续表

建设规划目标	建设规划内容	具体规划指标
环境友好	建筑及绿化环境设施	新建建筑绿色建筑比例、绿地率、人均绿地面积、绿化覆盖率、屋顶绿化率等
	固废利用	建筑垃圾再利用率、生活垃圾分类收集率、生活垃圾资源化利用率、生活垃圾无害化处理率、工业固体废物综合利用率等
	生物多样性	生物多样性指数、本地植物指数、绿化用地物种丰富度
经济持续	居民生活富裕	城乡居民收入比、恩格尔系数、城镇可支配收入
	产业循环高效	万元GDP能耗、万元GDP水耗、万元GDP碳排放强度
社会和谐	宜居生活	公共空间无障碍通道比例、500m范围内教育设施可达性、500m范围内绿地空间可达性、公共空间无线网络覆盖率
	绿色交通	慢行线路出入口方位、公交线路网密度、生态停车场比例、绿色出行交通分担率、公交准点率或智能公交系统覆盖率、慢行交通路网密度、行人过街绕行距离

2.2 低碳生态城市建设技术支撑体系

要实施低碳生态城市规划，将宏伟蓝图变为现实，需要强有力的低碳生态城市建设技术给予支撑。在推进低碳生态城市建设中，为降低城市碳排放、支持城市低碳化发展、改善城市与自然资源的生态关系，需要采用土地利用，温室气体排放，能源、建筑、水资源利用，态环境保护，废弃物处理等方面的各种技术。

中国城市科学研究会在《中国低碳生态城市发展报告（2011）》中较为系统地提出了低碳生态城市建设技术支撑体系内容，包括规划与土地利用、温室气体排放评估、绿色建筑、能源规划和利用、资源利用、交通和生态环境保护七大类、若干小项，详见表2-3。

低碳生态城市建设技术支撑体系　　　　　　　　　　　　　表2-3

技术领域	主要技术
规划与土地利用	生态指标体系
	生态足迹分析
	基于3S技术的土地信息系统支持下的数字城市规划
	成本效益分析
温室气体排放评估	以排放为中心的IPCC和WRI/WBCSD温室气体排放模型
	以需求为中心的混合生命周期方法
	美国城市温室气体清单
	中国城市温室气体排放清单

技术领域		主要技术
绿色建筑		规划与设计集成技术
		绿色建造集成技术
		运营管理与信息集成技术
能源规划和利用	能源规划方法	基于动态和空间分布的城市能源规划方法
		可再生能源规划模型
		基于综合资源优化理论的区域能源规划模型
		基于情景分析的城市能源规划方法
		建筑能源规划模型
	能源利用关键技术	可再生能源技术
		分布式能源技术
资源利用	水资源利用	城市水系统规划
		非传统水资源开发技术
		可持续城市排水系统(SUDS)技术
		源分离生态卫生排水系统技术
	垃圾处理与利用	垃圾减量化技术
		垃圾资源化技术
		垃圾无害化技术
交通	低碳交通发展技术	公交网络优化技术
		公交导向型规划技术
		清洁能源公交技术
		快速公交系统(BRT)
		个人捷运系统(PRT)
		非机动交通规划设计
生态环境保护	生态规划技术	土地适宜性开发
		景观格局分析
		环境容量分析
	生态设计/工程技术	生态种植
		土壤治理

　　沈清基、安超等对低碳生态城市建设技术支撑体系构成及相互关系进行了研究，并将城市运转系统的输入、利用及输出与技术支撑体系相对应，描述了低碳生态城市建设技术支撑体系构成（图2-5）。

　　此外，李惠民等从低碳产业、绿色建筑、低碳交通、低碳能源、绿色生态等方面梳理了低碳生态城市建设技术。姜玉佳等归纳总结了低碳生态城市建设中的综合交通规划方法与技术，包括交通与土地利用一体化规划分析方法、友好型城市慢行交通规划方法、调控型城市静态交通规划方法、低碳生态城市交通结构优

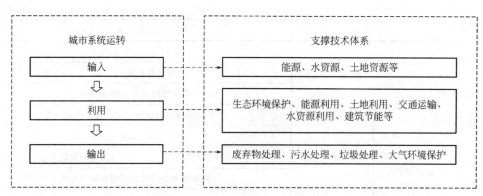

图 2-5　低碳生态城市建设技术支撑体系构成

化技术等。屈万泰研究了山地低碳生态城市规划核心技术及其示范应用。毛洪伟等对低碳生态城市建设改造技术公众认知情况进行了研究，表明公众普遍认同低碳生态城市与传统城市在规划技术方面存在差异，并主要存在于控制方式、规划目标、指导思想、信息化手段等方面。

在低碳生态城市建设的具体实践中，由于地区差异性等原因，各地区难以应用统一的低碳生态城市技术体系，需要以灵活、开放的观点，结合地区特点及低碳生态城市建设需求，选用适宜的低碳生态城市建设技术。这里根据已有研究成果及实践经验，并结合当前碳中和、新基建等发展形势，归纳整理出低碳生态城市建设的关键技术分述如下。

2.2.1　低碳产业技术

低碳发展是低碳生态城市建设的核心目标。聚焦城市产业方面，促进低碳发展的技术主要体现在两方面：城市产业结构调整和工业领域减排技术。

1. 城市产业结构调整

产业结构调整是推动经济社会可持续发展的重要手段，也是改变城市发展结构、降低城市碳排放强度的有效手段。同时，由于绿色建筑、绿色交通等低碳生态城市建设内容均与上游工业建造、产业发展有着直接关系。因此，推动城市产业结构调整是推动低碳生态城市建设的必要环节。为推动城市产业结构调整，可从以下几方面采取措施：首先，要大力发展第三产业，主要发展能源消耗低、附加值高的现代服务业；其次，要有效调整工业内部的行业结构和产品结构，逐步建立低能耗发展模式，鼓励发展高新技术产业。与此同时，注重提升高技术制造业在工业中的比重，优先发展对经济增长有重大带动作用、能耗低的信息产业。要运用高新技术和先进适用技术改造和提升传统产业，促进传统产业结构优化和升级，依靠节能技术，改造重点用能产业，降低现有重点用能产业的消耗水平。

2. 工业领域减排技术

工业领域减排是碳减排的主要途径之一，工业领域减排技术对低碳生态城市的建设具有至关重要的作用。其中，钢铁工业是能耗最高的行业之一。钢铁工业减排技术在不断发展，包括干法熄焦技术、煤调湿技术、高炉炉顶煤气压差发电技术、炼钢转炉煤气回收利用技术等。

化学工业领域中，能源兼具燃料动力和生产原料的双重作用，消耗巨大。其中，氮肥、烧碱、纯碱、无机盐、橡胶加工等行业的能源消耗比重最大。近些年来，为减少能源消耗和碳排放，生产者开发了许多新型节能技术，如增加重油和天然气为原料合成氨的比重取代以煤焦为原料合成氨、用离子膜技术取代石墨阳极隔膜法技术进行烧碱生产，应用先进联碱法进行纯碱生产，应用大型密闭电石炉技术进行电石生产，以及应用二氧化碳捕集技术进行老厂改造等。

水泥工业化石原料燃烧的碳排放水平取决于所采取的燃料种类和技术水平。水泥制造工艺经历了从能耗高的湿法到新型干法的发展历程。目前，新兴企业应用和推广的水泥工业减排技术包括干法窑外分解窑技术、可燃废弃物应用技术，以及中低温余热发电、电机拖动系统变频调速节能改造等技术。重新设计或改造水泥窑时，可采用的减排技术包括物理吸附剂捕获石灰石煅烧释放的二氧化碳技术和采用纯氧替代空气产生纯二氧化碳技术等。

玻璃行业相关减排技术包括推广应用浮法工艺玻璃生产技术、强化窑炉全保温技术等，此外，玻璃回收也是玻璃行业节能减排的重要措施。

砖瓦行业的减排技术措施主要包括三类：一是节能改造，发展内燃砖、空心砖、混凝土砌块、加气混凝土制品；二是建筑垃圾和城市生活垃圾等工业废渣的重复利用，尤其是废渣中剩余热量的二次利用；三是推广节能设备，使用人工干燥等工艺技术，实现清洁生产工艺等。

造纸工业减排技术主要包括：采用新型蒸煮、余热回收、热电联产及废纸利用技术，化学制浆采用连续蒸煮或低消耗间接蒸煮，发展高得率制浆技术和低消耗机械制浆技术，高效废纸脱墨技术，多段逆流洗涤、全封闭热筛选、中高浓度漂白技术和设备，造纸机采用新型脱水器材、真空系统优化设计和运行、宽压区压榨、全封闭式集气罩、热泵、热回收技术等，制浆、造纸工艺过程及管理系统采用计算机控制技术，提高木浆比重，扩大废纸回收利用，合理利用非木纤维等。

其他工业部门的节能减排技术还有高效变频节能电机、高效燃煤炉和窑炉、高效工业照明、热电联产和管理节能技术等。其中，在工业及建筑供热等领域广泛应用的热电联产技术，是指发电厂既生产电能，又利用汽轮发电机做过功的蒸汽为用户供热的生产方式。这是一种同时生产电能、热能的工艺技术，与分别生产电热能方式相比，在很大程度上节约了燃料。造纸、钢铁和化学（包括石油化工）工业是热电联产的主要用户，其生产过程中所排出的废料和废气（如高炉气）可作为热电联产装置的燃料，热电联产也是低碳能源应用的重要技术。

2.2.2 绿色建筑技术

绿色建筑的实现需经历规划设计、工程实施及运营管理等全寿命期各个阶段，因此，绿色建筑技术种类繁多，可根据建筑的不同类型及使用特点，选取不同的绿色建筑技术。目前，绿色建筑的关键技术如下。

1."四节一环保"技术

"四节一环保"是指"节能、节地、节水、节材和环境保护"，也是绿色建筑最初的目标。节能技术包括建筑围护结构节能技术，供热系统节能技术、供冷系统节能技术、照明节能技术、节能电器及电子设备技术及建筑可再生能源应用等方面。节地技术包括建筑地下空间开发与利用技术，绿化空间设计、公共设备小型化、智能控制技术等。节材技术包括废弃物循环再利用、轻质建筑材料应用、钢筋节材技术，可再生材料应用、本地材料利用、新型建筑材料应用技术等。节水技术包括建筑供水系统节水技术、建筑中水处理与回用技术、雨水收集与利用技术等。环境保护技术主要指建筑室内环境控制技术，包括在建筑设计及运行阶段改善室内空气品质的技术等。绿色建筑"四节一环保"相关技术见表 2-4。

绿色建筑"四节一环保"相关技术汇总　　　　　　　表 2-4

技术分类			具体说明
建筑节能技术	建筑围护结构节能技术	外墙节能技术	复合墙体材料应用
		门窗节能技术	改善门窗材料保温隔热性能、提高门窗的密闭性能
		屋顶节能技术	防水层下设置热导率小的轻质材料、设置聚苯乙烯泡沫、屋顶绿化、太阳能集热屋顶等
	供热系统节能技术		提高区域集中供热比例,采用大型高效率锅炉,将燃煤锅炉转变为燃气锅炉;扩大区域热电联供和热电冷联供规模;改善供热计量体系和供热价格机制,减少供热需求;提高供热管网热效率,减少供热输送热损失等
	供冷系统节能技术		空调储能技术、空调系统传统变频技术、空调余热回收技术、太阳能空调技术等
	照明节能技术		通过先进的照明设计、管理和智能控制,降低照明需求;采用更高效照明灯具代替传统照明灯具
	可再生能源应用	太阳能光热和光电技术	太阳能热水器应用、太阳能光伏发电
		地源热泵技术	采用热泵原理,通过少量的高位电能输入,实现低位热能向高位热能转移与建筑物完成热交换
		地热能利用技术	地热发电、地热采暖等

技术分类		具体说明
建筑节地技术	地下空间开发与利用	把一部分对阳光、温度、环境要求不高的建筑物、构筑物放于地下,减少地面建筑面积
	绿化空间设计	立体绿色,即把裸露在日光中的地方(如屋顶、墙体、阳台等)用绿色植物覆盖起来,以扩大绿化面积
	公共设备小型化	如配电站升级,改善建筑物视觉环境、节约用地
建筑节材技术	废弃物循环再利用技术	矿物掺合使用、造纸污泥制备复合塑料护栏技术、磷石膏生产石膏切块技术及加固材料使用等
	轻质建筑材料应用	轻集料混凝土、加气混凝土、空心砌块、多孔砖等材料应用
	钢筋节材技术	钢筋专业化加工配送、钢筋焊接网生产技术、滚轧直螺纹钢筋连接技术等
	可再生材料技术应用	可再生木材或农作物秸秆、建筑石膏和植物纤维等材料应用
	本地建筑材料利用	散装水泥应用、本地固体废物利用等
建筑节水与水资源利用技术	建筑供水系统节水技术	自来水与非传统水源采用分质供水;在高层建筑中设置节水阀,限定出水压力;绿化灌溉采用滴灌技术;100%使用节水器具等
	建筑中水处理与回用技术	收集优质杂排水作为中水水源,采用以“接触氧化+人工湿地”组合工艺为主的处理工艺;中水回用于人工湖补水、绿化灌溉、道路浇洒、洗车等
	雨水收集与利用技术	采用雨水收集与分散处理系统;通过修建雨水浅草沟、沉砂检查井等进行雨水分散处理;通过修建浅草沟、渗水砖等增加雨水下渗量
建筑室内环境控制技术	建筑规划设计阶段	考虑室内空气品质,并对浓度场、温度场等参数进行预评估等
	建筑施工阶段	通过施工工艺手段处理建筑材料、合理选择辅材、减少污染
	建筑运行阶段	设备维护,改善室内空气品质等技术

2. 绿色建造技术

绿色建造技术是指在建筑工程规划、设计、建造、使用、拆除全寿命期中,能在提高生产效率或优化产品效果的同时,又能减少资源和能源消耗,减轻污染负荷,改善环境质量,促进可持续发展的技术。绿色建造技术主要考虑原材料、能源消耗和生态环境保护问题,同时兼顾技术、经济、社会问题,使得经济效益、社会效益和环境效益相协调,改善人与自然的关系。

绿色建造技术包括基坑施工封闭降水技术、施工过程中的水回收利用技术、预拌砂浆技术、外墙外保温体系施工技术、外墙自保温体系和工业废渣及(空心)砌块应用技术、铝合金窗断桥技术、太阳能与建筑一体化应用技术、供热计量技术、建筑外遮阳技术,植生混凝土、透水混凝土技术等。绿色建造技术措施包括选用低噪、环保、节能、高效的机械设备和工艺;钢筋加工工厂化与配送;提高预制水平;板块材采用工厂化下料加工,进行排版深化设计,减少板块材的现场切割量；五金件、连接件、构造性构件采用工厂化标准件；多层、高层建筑使用可重复利用的模板体系等。

3. 绿色建筑改造技术

既有建筑绿色改造是绿色建筑发展的重要组成部分。既有建筑绿色改造的宗旨与绿色建筑的宗旨基本一致，但与新建绿色建筑相比，既有建筑绿色改造过程更为复杂。既有建筑绿色改造流程如图 2-6 所示。

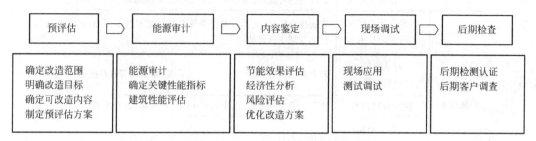

图 2-6　既有建筑绿色改造流程图

按照功能不同，绿色建筑改造技术可分为综合性能检测技术、综合性能评价技术和综合性能提升技术等，包括既有建筑地基基础、建筑结构、外立面改造等安全性、耐久性诊断检测、评价及综合性能提升技术。其中，性能提升技术又包括蓄能墙体构造、外增式节能阳台结构、现浇混凝土嵌入式负荷密肋节能楼盖结构体系、可安装在墙内的通风换气装置等围护结构综合改造技术，冷热源能源站、水泵风机及输配系统、空调采暖末端装置等建筑设备系统集成改造技术等。按照主动性不同，绿色建筑改造技术又可分为被动改造技术和主动改造技术。被动改造技术主要是指在原有建筑物基础上进行优化改造的技术。包括天然采光、自然通风、围护结构保温隔热（外墙、外窗及屋顶）、屋顶绿化等。我国地域广阔，不同地区的气候条件、地域文化和生活习惯不同，被动改造技术的研究和应用重点不同。以外墙改造为例，在绿色改造过程中，严寒寒冷地区更多关注建筑外墙的保温性能，夏热冬暖地区则关注隔热性能，夏热冬冷地区则需兼顾夏季隔热与冬季保温性能。相对于被动改造技术而言，主动改造技术具有一定的独立性，包括水灌溉、雨水回收、中水处理等节水技术，太阳能光热、太阳能光电、地源热泵等可再生能源应用技术，以及分项计量、热回收、变频控制技术等。

4. 其他绿色建筑技术

除上述技术外，绿色建筑其他相关技术包括垂直绿化、智慧遮阳、新风系统、建筑全寿命期整体调试等。

（1）垂直绿化

垂直绿化是指与地面绿化相对应，在立体空间利用植物材料沿建筑物或构筑物立面攀附、固定、贴植、垂吊形成垂直面的绿化。作为改善城市生态环境的一种举措，垂直绿化是应对城镇化加快、人口增长、土地供应紧张、城市热岛效应日益严重等一系列社会环境问题而发展起来的一项技术。垂直绿化发展依赖于技术更新。从地面种植到墙面栽植，从利用藤本植物攀爬完成立面绿化，到安装绿化模块即时实现绿化效果。传统技术由植物和平面种植基盘构成，如地栽攀爬类植物，利用建筑种植槽栽植下垂植物，或通过摆放花盆实现立面绿化，其效果形成依赖植物攀爬特性。新型植物墙技术则是一套完整的绿化体系，由支撑系统、灌溉系统、栽培介质系统、植物材料等共同组成一个轻质栽培系统。根据技术形式不同，垂直绿化可分为传统的攀爬式和摆盆式，新技术体系下的模块式、布毡水培式、布袋式和铺贴式等六种类型。

（2）智能新风技术系统

智能新风系统由进风口、排风口、风机、控制系统和防雨罩组成，其主要功能是进行通风换气。与普通新风系统相比，智能新风系统增加了一些自动或半自动装置，用于自动化或半自动化控制。如：检测温度、湿度、气压、空气洁净度、定时开关机、过滤网脏堵检测、信息查询、报警等。功能性区域（厨房、浴室、卫生间等）的排风口与风机相连，不断将室内污浊空气排出，利用负压由生活区域（客厅、餐厅、书房、健身房等）的进风口补充新风，并根据室内湿度变化自动调节新风量。

（3）智慧遮阳

分为内遮阳和外遮阳设备。在外遮阳对建筑能耗影响的模拟中发现，当外窗综合遮阳系数降低时，建筑制冷能耗大幅度降低，从而可降低空调负荷，节省空调运行费用。同时，可根据室外气象状况和室内人员需求灵活调节外遮阳，有效避免太阳光引起的眩光等现象，对提高室内居住舒适性有显著效果。

（4）建筑全寿命期整体调适

相对于传统节能改造，调适并非简单地更换设备，而是通过精细化管理与技术手段，将原有设备的性能发挥出来，以最小的能耗满足用户舒适性要求，同时实现系统的安全运行。目前，国内很多建筑在节能和舒适方面追求大额投资，设备配置精良，但大部分并未发挥出应有效果，需要进一步调适优化。

2.2.3　绿色交通技术

城市绿色交通是低碳生态城市的重要组成部分。所谓城市绿色交通，是指以减少交通拥挤、降低能源消耗、促进环境友好、节省建设维护费用为目标的城市综合交通系统。城市绿色交通体系构建技术包括公交技术系统、新能源交通技术、慢行交通体系、城市绿道系统等。

1. 公交技术系统

公交技术系统包括公交网络优化技术、公交导向型规划技术、快速公共交通系统（BRT）等。其中，公交网络优化技术是通过对公交线路、公交站点、换乘点等的调整，提高公共交通在城市各类交通中的竞争力，引导居民更多地采用公共交通出行。公交网络优化技术包括提高公交网络的覆盖率、降低公交线路非直线系数、缩短不同公交线路之间的换乘距离、公交网络与非机动车及步行系统结合等。公交导向型规划技术是指运用公交导向发展理念（Transit Oriented Development，TOD），将公交网络规划与土地利用规划结合起来，可分为城市TOD和社区TOD两类。推行TOD模式，可将各种交通工具紧密联系起来，促进机动车与非机动交通之间的方便换乘。公交导向型规划主要倡导以快速轨道交通为主，结合公共汽车形成公交网络。首先设地铁站，在地铁站辐射半径内的交通通过公交来实现，而公交车站又能与自行车道系统连接。把地铁与快速的公交回路、自行车线路组合在一起，可以实现无缝换乘。快速公共交通系统（BRT）是运营在公共交通专用道路上，可保持轨道交通的特征，同时又兼具常规公交灵活便利的特点。按照专用程度不同，BRT道路可划分为独立路权、优先路权和混合路权三种模式。

2. 新能源交通技术

新能源交通技术是以服务新能源汽车为核心的技术，包括新能源公交、新能源汽车及充电桩建设技术等。2020年全国人大会议政府工作报告中提出，要加强新型基础设施建设（即新基建），发展新一代信息网络，拓展5G应用，建设充电桩，推广新能源汽车等。在新能源汽车快速发展背景下，充电桩规划及建设成为城市发展的必要环节。按照充电方式不同，充电桩可分为交流充电桩、直流充电桩及交直流一体充电桩；按照安装地点不同，充电桩可分为公共充电桩、专用充电桩及便携充电设备等。此外，充电桩建设有两种形式：一种是集中建设，数量较多，专业人员进行维护、管理充电桩；另一种是分散式建设，即固定地点独立安装一个或几个私人用充电桩，其特点是充电桩分布范围广，但维护巡检成本较高。为完善充电桩运行及维护，需建立充电桩管理平台，实现对充电桩的实时监控、数据收集、计费管理、故障报告、权限管理等。

3. 慢行交通体系

随着我国城镇化程度不断提升，城市机动车拥有量大幅上升，城市交通拥堵现象严重，造成城市环境污染、出行成本增加等一系列问题。在低碳生态城市规划中，需积极倡导自行车与步行出行，完善共享单车管理，从而降低交通出行的碳排放。在进行非机动交通规划时，应结合土地利用、建筑布局、公共空间等进行空间设计，营造良好的非机动交通空间，以此来引导居民主动选择非机动交通出行方式。非机动交通规划设计包括三类基本空间形态要素：单元、廊道和节点。城市中拥有一定规模、具备相对完整、系统化慢行条件的区域，应专门设立相应的慢行单元；非机动交通系统中占据主导地位的线性联通空间（廊道），是串联非机动交通系统中节点与单元的重要中介；节点是非机动交通系统空间上的转换和集散处，起到衔接各类交通流的枢纽作用。

4. 城市绿道系统

绿道是一种线性绿色开敞空间，通常沿河滨、溪谷、山脊、风景道路等自然和人工廊建立，内设可供行人和骑车者进入景观游憩的路线。城市绿道一般由绿廊系统和人工系统两大系统构成。其中，绿廊系统主要由本地自然环境与人工恢复的自然环境组成，是城市绿道的绿色基底，具有生态维育、景观美化等功能；人工系统主要包括慢行系统、交通衔接系统、服务设施等，具有休闲游憩、慢行等功能。作为城市系统中的重要组成部分，城市绿道并非封闭孤立，而是与其他城市系统一样开放且互相联系，尤其是与城市空间系统相联系。

2.2.4 低碳能源与资源利用技术

在城市建设领域，低碳能源与资源利用技术包括非化石能源应用、区域能源系统、城市水资源利用、生活/建筑垃圾处理利用技术等。

1. 非化石能源应用

低碳生态城市建设中，非化石能源应用技术包括太阳能开发与利用技术，浅层地热能、风能开发与利用技术，水利开发与利用技术，生物质能开发与利用技术等。其中，太阳能开发与利用主要包括建筑领域太阳能光热应用、太阳能光伏发电。浅层地热能应用比较成功的主要有土壤源热泵、地表水热泵等系统。风能开发与应用主要有两种形式：一种是离网型户用小型风力发电，采用独立运行方式，通常是一台小型风力发电机向一户或几户提供电力，或者建筑风能一体化建筑应用。另一种是并网风力发电，风力发电并入常规电网运行，向大电网提供电力。在合理规划的前提下，水力发电对于环境的影响较小，低碳生态城市的水力开发与利用需要从整个生态系统角度进行全面考虑，减少对生态系统的负面影响。生物质能也是重要的可再生能源，现阶段主要在农村地区应用。

2. 区域能源系统

区域能源系统是指在特定区域内经过科学合理的需求侧负荷分析，因地制宜地进行供给侧能源组合及优化，实现供需匹配，并在靠近负荷中心设立区域能源站，经由能源输配系统向用户侧提供空调冷（热）水、蒸汽、电力、生活热水的综合能源系统。在区域能源系统中，能量可根据用户需求在电能、化学能、热能等多种形式间转换，电力系统通常作为各类能量转换的核心。区域能源系统改变了传统能源供给中各专业分别设计的做法，将供冷、供热、供电、供气等能源子项统筹规划，并结合城市规划、人口增长、建筑交通及工商业用能等因素进行分析评估，综合应用多种技术，可充分发挥冷、热、电及生活热水等高低品位能源的协同生产和供应。区域能源系统是一种经众多工程实践验证的高效能源解决方案，已在越来越多的城市和区域中实施并发挥作用。

3. 城市水资源利用

城市水资源利用包括水系统规划、雨水利用、污水再利用技术等。其中，城市水系统是指在一定地域内以城市水源为主体，以水源开发利用和保护为目的，并与自然环境和社会环境密切相关的，随时空变化的动态系统。水系统规划则是对一定时期内城市的水源、供水、用水、排水（污水处理）等子系统及其各项要素的统筹安排、综合布置和实施管理。水系统规划的主要目的是协调各子系统的关系，优化水资源配置，促进水系统的良性循环和城市健康持续发展。雨水利用的关键在于抑制其负效应，放大其正效应，为此，需要适当调整城市发展格局、功能分区、土地开发强度及社会经济发展规模，加强绿化系统建设，并选择合理的雨水控制与利用模式。城市雨水再利用需要从减源、截留、缓排三个方面采取措施进行全过程控制。为实现城市污水再利用，可将城市污水经适当的二级处理后，用于植物浇灌、地面冲洗、景观用水、农业灌溉等。在保证再生水质的前提下，还需要进行污水再生全流程优化，即通过统筹安排各工序的任务和出水质量，有针对性地开发相应的高效净化单元来组合经济合理、系统优化的污水再生流程。城市水系统循环模式如图2-7所示。

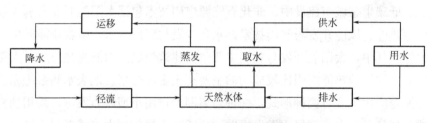

图 2-7　城市水系统循环模式

4. 生活垃圾处理与利用技术

垃圾处理与利用主要从三方面展开，一是减少垃圾产生量；二是减少垃圾中的有毒有害物质；三是对垃圾进行回收与利用。采用的技术可分为垃圾分类技术、垃圾资源化利用技术、垃圾无害化处理技术等。其中，垃圾焚烧发电是作为"减量化、无害化、资源化"处理生活垃圾的重要方式，可做到节省用地、快速处理，具有减量效果好、能源利用高和减少污染等优势。此外，还可利用垃圾焚烧发电的余热建设市政污泥处理、餐厨垃圾处理、医疗废弃物处置等项目，集中无害化处理固体废弃物，实现固体废弃物的物流、能流有序循环，最终达到固体废弃物无害化、减量化、资源化处理和利用的目的。

2.2.5　城市智慧管理技术体系

随着新基建、数字经济及信息技术发展，城市智慧管理技术体系得到迅速发展。包括城市能源管理平台、智慧水务、智慧社区系统、智慧环境监测与预警、城市数字仿真系统等。

1. 城市能源管理平台

城市能源管理平台是基于城市能源数据采集和自动化控制系统的智能化管理平台，其功能涵盖政府和企业等层面的能源管理工作。其中，建筑能源管理系统通过对建筑物各类能耗数据的收集、分析，运用科学算法发出合理的操控指令，并为建筑运行诊断、改造、远程控制等提供有效信息。能耗数据可通过人工采集和自动采集两种方式。人工方式采集的数据包括建筑基本情况数据和其他不能通过自动方式采集的能耗数据，如建筑消耗的煤、液化石油气、天然气等能耗量。自动方式采集的数据包括建筑分项能耗数据和分类能耗数据，由自动计量装置实时采集，通过自动传输方式实时传输至数据中心。目前，常见的建筑能源管理平台已能够很好地实现能耗数据采集和远程传输工作，这对于提升建筑整体运行性能意义重大。

2. 智慧水务

智慧水务是以水务信息化带动水务现代化，推动水务管理的规范化、制度化和程序化。其中，城市供水管网是指从原水水厂到管网、用户的所有设施和设备都需要管网连接。构建数字管网是要对所有管线及与其连接的设施、设备属性、数据进行空间化定位描述，并将生产调度、工程实施、维修管理、客户营销管理等各种数据进行应用集成，将管网的运行维护、管网事件、管网资产等通过数据管网进行可视化管理、统计和分析。

3. 智慧社区系统

智慧社区系统需要充分借助互联网、物联网等技术，涉及智能楼宇、智能家居、路网监控、个人健康与数字生活等诸多领域。具体包括智慧社区平台、智能安防、智慧物业等。其中，智慧物业又包括智慧停车场、智能充电桩、智慧电梯、智慧医疗、智慧照明等技术应用。

4. 智慧环境监测与预警

城市级环境监测与预警系统以城市、城区、园区为对象，对空气、噪声、风热、光照等室外环境情况进行监测，结合城市现状对数据进行汇总分析，并对污染物扩散、灾害情况进行预测警告，集监测、数据管理分析、预警等为一体。智慧环境监测与预警系统包括噪声环境管理、空气质量监测与管理、城区风热环境监测与管理、城区极端天气防灾预警等模块。

5. 城市数字仿真系统

城市数字仿真系统采用全实景扫描方式，将工程数据、BIM 模型和实景结合在一起，建立城市三维可视化模型，并在基础设施全寿命期所有阶段进行三维空间分析，实现城市可视化规划、分析和评估。城市数字仿真系统可广泛应用于城市规划、交通、消防、救护及管理等。

2.3　低碳生态城市建设驱动机制

低碳生态城市建设是以构建人与自然和谐共生的美好城区，节约资源能源、改善生活和居住环境，推动可持续发展为目标，具有显著的外部性特征。因此，仅仅依靠市场化调节机制难以实现低碳生态城市建设目标。此外，低碳生态城市建设内容多样，涵盖建筑、交通、能源等不同领域，需要各方主体参与，因此，如何有效识别各方主体利益，制定一系列激励措施，更好地满足各相关主体诉求，是低碳生态城市实施落地的重点。

2.3.1 低碳生态城市建设各方参与主体的识别与界定

低碳生态城市建设内容多样，利益相关者众多。具体包括各级政府、社会团体、相关企业、城市居民等。这些利益相关者可分为以下几类：一是低碳生态城市建设的引导者及管理者，包括中央及地方各级政府，偏好生态城区建设的社会及环境效益；二是低碳生态城市的实际建设者，包括建筑开发商、施工方等，偏好生态城市建设的经济利益；三是低碳生态城市的实际使用者，主要指城市居民，他们是环境效益及社会效益的最终受益方。

1. 政府部门

在低碳生态城市建设中，政府部门的主要职责在于维护和实现特定的公共利益。对于不同的政府部门，在推进低碳生态城市发展中的职责或利益出发点是不同的。中央政府及省级政府是城市发展方向的主要调控者和监管者，主要以制定政策法规和设定城市发展目标的方式间接参与城市管理。在低碳生态城市建设领域，中央政府及各省级政府主要通过制定法律法规及标准等，规范我国建筑节能、能源利用、土地利用、城市规划等，并通过目标规划、发展战略及路径确定，来推动低碳生态城市发展。同时，中央政府还有对地方政府的监管职能，确保地方政府能够准确有效地执行中央既定发展政策。

地方政府是低碳生态城市建设的直接推动者及管理者，是城市治理的核心主体。地方政府既要考虑低碳生态城市建设发展目标，实现符合国家社会发展的低碳发展战略，也要从公共利益出发，维持平等、公正、稳定的社会环境，满足居民的精神文化需求，完善和提高公共保障水平。同时，兼顾低碳城市发展的经济目标，确保建设参与者的积极性，保障城市建设的经济可持续发展。目前，在国家节能减排及绿色高质量发展等目标要求下，地方政府节能减排责任重大，作为低碳生态城市的直接管理者，地方政府承担着低碳生态实践探索和引领城市发展方向的重任。具体工作内容包括制定地方标准和规范、贯彻落实中央政府制定的政策、监督市场主体行为等。

2. 参与企业

低碳生态城市建设参与企业包括城市规划设计单位、开发商、市政建设单位等。首先，企业是物质文明的主要创造者和现代经济发展的核心，是从事生产、流通、服务等经济活动的营利性组织，对促进城市经济发展有着不可替代的作用。其次，作为城市建设的直接参与者与推动者，企业发展理念和专业技术水平会直接影响城市建设质量。最后，企业作为市场主体，更多追求经济目标，对绿色发展、低碳生态理念关注度较小。因此，在没有政策激励和强制监督的情形下，由于增量成本的存在，企业会倾向选择按旧有模式规划建设城区。只有在财政补助、税收补贴能够弥补成本增加部分实现"外部成本内部化"，或者采取强

制监督等措施，实现非低碳生态城市"外部负经济内部化"，参与企业才会积极
按照低碳、绿色、生态理念开展低碳生态城市建设及运营。

3. 城市居民

城市居民是低碳生态城市建设的直接受益者，是城市公共产品的直接需求
者和消费者，对城市环境的改善诉求强烈。从城市运行管理角度看，城市居民
扮演着管理者、经营者角色，既是利益主体，也是利益载体，其收益体现在周
围环境改善带来的环境生活水平和经济效益的增加。但是，由于城市居民个体
意识和诉求分散，且在当前城市管理模式下处于相对弱势的地位，因而在很多
情况下无法满足每一个体利益。同时，作为个体的城市居民往往更关注自身利
益，在获益的同时并不愿付出过多的成本。但无论如何，公众参与是城市生态
环境治理的重要环节，良好的公众参与不仅可以减少公共决策中的不对称利益
和成本，还可以增强城市公众自身的环境素养，从而形成城市环境治理的良性
循环。

4. 其他利益相关者

低碳生态城市建设的其他利益相关者包括中介服务公司、金融机构、社会组
织等。由于低碳生态城市建设资金需求大，必须解决融资问题。因此，金融机构
等资金提供方在低碳生态城市建设中将起到关键推动作用。资本的逐利性需要低
碳生态城市建设必须满足市场可行性，由此可见，低碳生态城市建设融资应作为
政策激励的关键节点。社会组织主要是指独立于政府之外的绿色低碳环保社会组
织（绿色低碳环保 NGO），其一般具有非营利性、自治性、自愿性、公益性特
征。在城市建设中，社会组织往往在公众和政府之间起着纽带作用，社会组织一
方面可以通过自己的社会影响力，来监督和影响政府决策，反映公众诉求；另一
方面，政府也可通过支持社会组织来治理和影响公共事务。

2.3.2　基于权利矩阵的各方参与主体行为博弈分析

低碳生态城市建设各方参与主体的职责和权利是不同的，相互之间有可能存
在目标或利益的冲突，但在实现低碳生态城市建设目标，创造生态优美、环境友
好、社会和谐的生存环境等方面是所有利益相关者所期望的一致目标。要实现这
一目标，需要构建能够反映各方利益诉求的激励机制和管理模式。

1. 各方参与主体权利矩阵

Freeman（1984）在其《战略管理：一种利益相关者的方法》中提出了一种
利益相关者分析框架，其核心内容是根据权力和利益两个维度将利益相关者进行
归类分析，Johnson G 和 Scholes K（1993）进一步提出了利益相关者分析步骤，
即在权力、利益两个维度基础上，根据各方主体在权力/利益方阵中的不同位置，
提出相应管理策略。根据前述各方参与主体的分析，绘制的低碳生态城市建设各
方参与主体权力/利益矩阵如图 2-8 所示。

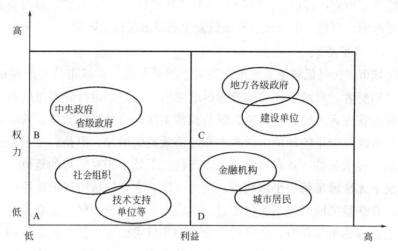

图 2-8　低碳生态城市建设各方参与主体权力/利益矩阵

从图 2-8 所示矩阵来看，地方各级政府及参与建设单位对低碳生态城市建设起着决定性作用，是低碳生态城市建设的直接制定者、监督者及执行者，拥有较大权力，同时也有着最高的利益诉求，因而是低碳生态城市建设的推动机制设置及激励政策制定的关键。中央政府及省级政府不直接参与低碳生态城市建设，却是宏观政策的制定者，对低碳生态城市建设及运营起到关键的监督作用。金融机构及城市居民等对低碳生态城市建设的利益诉求高，但在实际建设过程中参与政策决策的权力较小，因而在政策制定中要更多地考虑其诉求，这样才能更好地推动低碳生态城市建设水平及运营质量的提升。

2. 各方参与主体行为博弈分析

基于参与方权力/利益矩阵分析，考虑到低碳生态城市建设目前尚处于发展初期，激励措施的制定主要应用于实际建设及参与者。因此，各方参与主体行为博弈分析将主要利用公共政策的完全信息动态博弈模型，分析地方政府与城市建设方的利益竞逐、冲突和博弈，从而为制定低碳生态城市激励政策提供具体思路及理论依据。

完全信息动态博弈模型的建立需要满足两个条件：一是博弈参与者对博弈结构、博弈顺序和双方受益等信息是完全了解的；二是博弈双方的行动存在先后顺序。在低碳生态城市建设中，假设城市建设单位与政府之间的信息是互通的，对于是否采取措施的行动是清晰的，处于信息完全状态；而政府在城市建设单位行动的前提下可以进行政策的制定和推行。因此，政府与城市建设单位之间的博弈符合完全信息动态博弈模型条件。

低碳生态城市建设中的完全信息动态博弈模型及其求解分析如下：

（1）参与人：政府（g）与城市建设单位（d）。

（2）参与人行动顺序：政府先行动，城市建设单位观察政府行为后进行决策。

（3）参与人行动空间：政府选择是否对低碳生态城市建设行为实施相关政策，用 W 来表示。于是，行动空间 $W=(W_1, W_2)=$（实施，不实施）。城市建设单位有两个信息集，选择是否参与低碳生态城市建设，用 K 表示。于是，战略空间 $K=(K_1, K_2)=$（开发，不开发）。

（4）参与人战略空间：政府有一个信息集，两种可选行动，即 $S_g=(W_1, W_2)$；城市建设单位有两个信息集合，战略空间 $S_d=(W_1, K_1)$，(W_1, K_2)，(W_2, K_1)，(W_2, K_2)。

（5）参与人支付函数：考虑税收及财政补贴激励两种方式，假设城市建设单位的税前利润为 S_a，$a=(m, n)=$（低碳生态城市，非低碳生态城市）；政府所得为 P_a，政府在项目开发中所承担的外部损失（环境污染等）用 R_a 表示，政府财政支持等激励措施额度为 A，城市建设单位未执行政府强制性政策付出的成本为 B，t 为所得税税率，政府收益、城市建设单位收益用 U 表示。则有：

$$U_d(W_1, K_1)=S_m(1-t)+A \qquad U_g(W_1, K_1)=P_m-R_m-A$$
$$U_d(W_1, K_2)=S_n(1-t)-B \qquad U_g(W_1, K_2)=P_n-R_n$$
$$U_d(W_2, K_1)=S_m(1-t) \qquad U_g(W_2, K_1)=P_m-R_m$$
$$U_d(W_2, K_2)=S_n(1-t) \qquad U_g(W_2, K_2)=P_n-R_n$$

（6）模型求解。运用逆向归纳法求解上述模型，可分为两种情景：

1）$S_m > S_n$，即建设低碳生态城市获得收益大于一般性城市开发，无论有无激励政策，城市建设单位的选择都是建设低碳生态城市，即 K_1。

2）$S_m < S_n$，即建设低碳生态城市获得收益小于一般性城市开发。而且，有下列两种情形：

① $S_n-S_m > (A+B)/(1-t)$ 时，城市建设单位面临两种情况：一种是对于 W_1：$Max\{U_d\}=Max\{U_d(W_1, K_1); U_d(W_1, K_2)\}$，最优解为 $K^*(W_1)=K_2$；二是对于 W_1，由于 $S_m < S_n$，可得 $K^*(W_2)=K_2$，城市建设单位的最优选择均为 K_2，即不会开展低碳生态城市建设工作。对于政府而言，$Max\{U_g\}=Max\{U_g(W_1, K_2); U_g(W_2, K_2)\}$，最优解为 $W^*=W_1=W_2$，没有区别，因此也不会推行相关政策。

② $S_n-S_m < (A+B)/(1-t)$ 时，对于 W_1：$Max\{U_d\}=Max\{U_d(W_1, K_1); U_d(W_1, K_2)\}$，最优解为 $K^*(W_1)=K_1$；对于 W_2，由于 $S_m < S_n$，可得 $K^*(W_2)=K_2$。政府根据城市建设单位的行为结果进行决策，最优解取决于 P_m-R_m-A 及 P_n-R_n 的大小。

（7）结果分析。可基于低碳生态城市建设的不同阶段进行分析。

1）起步阶段。低碳生态城市建设起步阶段的相关法律法规、标准规范等尚不完善，绿色、低碳、生态消费观及消费理念尚未形成，绿色产品需求能力不足，相关技术、产品、设备等尚未形成一定的产业规模，会带来新材料、新设备、新技术等使用成本的增加，导致城市建设单位在低碳生态城市建设投资中无法获得较高利润。在此情况下（即 $S_n - S_m > (A+B)/(1-t)$），政府要推动绿色生态城区发展，必须给予城市建设单位一定的经济激励，以弥补绿色生态城区带来的"增量成本"及"外部成本"，经济激励的最低值是 $(A+B)/(1-t)$。

2）发展阶段。进入低碳生态城市发展阶段（即 $S_n - S_m < (A+B)/(1-t)$），随着新材料、新技术、新能源的应用，产业经济带来的规模效应凸显，低碳生态城市建设成本逐渐降低，节能及绿色产品的效益大幅提高。这时，需要政府给予城市建设单位一定的激励额度，弥补其增量成本，便可鼓励其进行低碳生态城市建设。

3）成熟阶段。低碳生态城市建设进入成熟阶段（$S_n < S_m$）后，在利润驱使下，无论政府是否给予财政补贴或其他优惠政策，城市建设单位均会自主选择建设低碳生态城市。在此阶段，政府即可逐渐退出市场，减少干预。市场供需会发挥重要作用，低碳生态城市的使用者（即需求方）会增加，材料、设备、产品等供给方也会增加，市场调节作用会对低碳生态城市建设进行调节，从而达到社会最优水平。低碳生态城市建设中政府与市场的互动关系如图 2-9 所示。

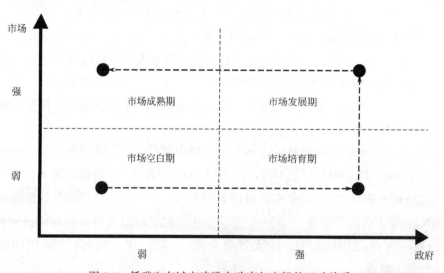

图 2-9　低碳生态城市建设中政府与市场的互动关系

2.3.3　推动低碳生态城市建设的激励政策及措施

基于前述分析可知，推动低碳生态城市建设的关键是解决低碳生态城市建设的外部性问题，形成自发参与的市场机制。因此，需要根据外部性理论，提出我国低碳生态城市建设的激励政策及措施。

1. 外部性理论

外部性是指某个经济主体对另一个经济主体产生的一种外部影响，而这种外部影响又不能通过市场价格进行买卖。从时间脉络上看，关于外部性的研究主要有以下三个重要阶段。

（1）马歇尔的"外部经济"理论。马歇尔所研究的外部性是一种以企业自身发展为问题研究中心的。经济个体活动通过市场交易影响其他经济主体的成本或收益，而在完全竞争的市场条件下不会造成资源配置的低效率，不反映市场的失灵。

（2）庇古的"庇古税"理论。庇古在马歇尔的"外部经济"理论基础上扩充了"外部不经济"的概念和内容，将外部性问题从外部因素对企业的影响效果转向企业或消费者对其他企业或消费者的影响效果研究中。同时，还阐述了外部性实际上就是边际私人成本与边际社会成本、边际私人收益与边际社会收益的不一致。庇古在其《福利经济学》中首次提出，为了消除负外部性，应对产生负外部性的单位收费或征税，对产生正外部性的单位给予补贴，即"庇古税"。

（3）科斯定理。科斯在对外部性进行研究时，以经济自由主义为基础，强调了市场作用，并结合"庇古税"提出：如果交易费用为零，无论权利如何界定，都可以通过市场交易和自愿协商达到资源的最优配置；如果交易费用不为零，制度安排与选择是重要的。也就是说，解决外部性问题可用市场交易形式即自愿协商替代"庇古税"手段。

外部性研究的三个重要阶段如图 2-10 所示。

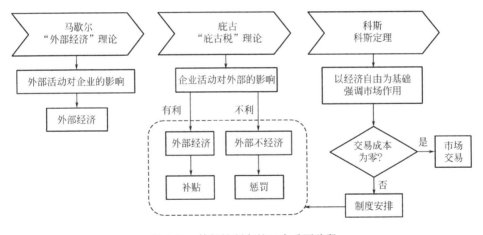

图 2-10　外部性研究的三个重要阶段

外部性是低碳生态城市建设内容本身固有的特征，单纯依靠开发建设单位和用户的自发行为来推进低碳生态城市建设的成效不大。为此，需要政府干预来消除外部性。政府通过政府补贴、税收优惠等激励政策，并建立市场调节机制，将低碳生态城市建设所形成的社会收益转为私人收益，使外部性内部化。

2. 现有激励政策梳理

为推动低碳生态城市建设，我国出台了一系列相关政策。2011 年，住房和城乡建设部开始着手低碳生态试点城（镇）遴选工作，印发《住房和城乡建设部低碳生态试点城（镇）申报管理暂行办法》，并对申报试点城（镇）提出要求。

2012 年，财政部与住房和城乡建设部联合印发《关于加快推动我国绿色建筑发展的实施意见》明确提出，为推进绿色建筑规模化发展，鼓励城市新区按照绿色、生态、低碳理念进行规划设计，发展绿色生态城区，中央财政对经审核满足条件的绿色生态城区给予 5000 万元资金补助。同年，低碳生态试点城（镇）申报工作结束，首批 8 个绿色生态城区获得 5000 万元资金补助，分别是中新天津生态城、唐山湾生态城、深圳光明新区、无锡太湖新区、长沙梅溪湖新城、重庆悦来生态城、昆明呈贡新区、贵阳中天未来方舟生态城。此后，国家发展改革委也开展了低碳省区和低碳城市试点工作，通过试点示范，带动了低碳生态城市发展。

在国家层面的政策引导下，各地也采取了一系列激励措施推动低碳生态城市建设。这里仅举天津、北京、河北省和浙江省几个代表性实例。

（1）天津。天津市低碳生态城市建设以中新天津生态城为载体，并于 2008 年通过《中新天津生态城管理规定》，明确中新天津生态城的行政管理、建设管理、城市管理等内容。2018 年，住房和城乡建设部印发《中新天津生态城支持政策》，主要目的是通过丰富城区产业类型，激发创新活力，优化营商环境，推动生态城市进一步改革创新，实现高质量发展。2019 年，天津市人民政府修订《中新天津生态城管理规定》，赋予中新天津生态城更大自主权，鼓励、支持生态城管委会创新管理体制和运营模式，为科技企业、孵化服务机构、科研机构等提供更好的发展环境，并为单位和个人的生产、经营和创业活动提供便捷服务。

（2）北京。2014 年，北京市财政局联合市规划委员会、住房城乡建设委发布《北京市发展绿色建筑推动绿色生态城市建设财政奖励资金管理暂行办法》提出，北京市每年评定并奖励两到三个绿色生态示范区，奖励资金基准为 500 万元。

（3）河北省。河北省于 2014 年发布《关于印发河北省生态示范城市建设评价指标（试行）的通知》要求，河北省各地生态示范城市管理要进行自评，随后组织实施生态示范城市规划建设评价工作。此后，又发布《关于进一步推进生态示范城市建设的函》，明确要针对绿色建筑项目，制定有效的财政补贴、低息贷款、减免税收等经济支持政策。同时，还实施了绿色建筑星级标准与土地拍卖挂钩制度。

（4）浙江省。浙江省于 2018 印发《浙江省生态文明示范创建行动计划》提出，到 2020 年浙江省各项生态环境建设指标处于全国前列，生态文明建设政策制度体系基本完善。同时，明确了深化生态文明体制改革等 7 项重点任务和配套蓝天、碧水、净土、清废 4 大行动方案，还从组织领导、投入保障、考核评价、能力建设、科技支撑、社会监督 6 个方面提出要采取的保障措施。

综上所述，中央层面主要以政策导向为主，并有财政激励政策予以配套；地方政府层面则通过实施财政及产业激励政策、完善评价标准、制定行动方案等来推动低碳生态城市建设。

3. 推动低碳生态城市建设的措施

目前，低碳生态城市建设仍处于市场机制不成熟、配套措施不完善的初始阶段，需要更多依靠行政力量去推动实施。政府部门需要从组织架构、法规政策、技术支撑、监督管理等方面采取措施，推动低碳生态城市建设。

（1）健全组织架构

低碳生态城市建设是一个跨部门、跨行业、多层次、多领域协同的系统工程，有必要成立专门的低碳生态城市领导小组，决策城市建设重大事项和发展方向，协调各相关部门开展工作。并在此基础上，建立由发展改革、城乡规划、财政金融、建设监管、环境保护、交通、国土资源等部门组成的实施机构，以及包括业内专家、学者等在内的专家顾问机构等。

（2）完善法规政策

通过制定和完善相关法规政策，创新城市管理体制和运营模式，营造良好的城市建设发展环境。通过建立经济激励机制，明确财政激励政策，推动开展低碳生态城市示范项目建设。探索多元化融资策略，建立产权单位投资、业主投资、社会资本参与、合同能源管理及财政支持等投资机制。鼓励金融机构对低碳生态城市建设项目的支持力度，强化绿色金融支持力度等。

（3）强化技术支撑

完善低碳生态城市技术标准、开展技术标准编制等；加强低碳生态技术研发及应用。采用产业基金、专项资金支持等方式，加大对可再生能源、绿色建筑、低碳产业发展等关键技术的支持力度。

（4）加强监督管理

系统推进低碳生态城市建设，需要构建全过程专项监管体系，针对低碳生态城市建设项目从规划、立项、设计、采购、施工、安装及调试验收全过程进行监管。

（5）扩大宣传培训

宣传培训的主要目的是增强人们的生态、绿色、低碳意识，引导绿色消费，降低绿色产品的外部性。可通过制作低碳生态城专题宣传片、举办论坛、编制科普读物等，利用电视、广播、报刊、网络等渠道，有计划、有针对性地组织宣传活动，创造低碳生态氛围和环境。通过开展示范项目展览，展示绿色生态技术应用项目成果，充分发挥示范项目引领作用。加强与相关国际组织的合作交流，追踪当代国际前沿技术，引进、消化、吸收和推广国外先进技术、管理经验和设备产品等。

参考文献

[1] 曹庆仁，周思羽. 中国碳减排政策对地区低碳竞争力的影响分析——基于省际面板数据

的分析 [J]. 生态经济, 2020, 36 (11): 13-17, 24.

[2] 何寿奎. 交通运输业高质量发展与环境保护融合动力机制及路径 [J]. 企业经济, 2020, 39 (1): 5-11, 2.

[3] 金红光, 刘启斌, 隋军. 多能互补的分布式能源系统理论和技术的研究进展总结及发展趋势探讨 [J]. 中国科学基金, 2020, 34 (3): 289-296.

[4] 李昂臻, 龚道孝, 王丽红, 等. 关于我国城市节水激励政策的思考 [J]. 给水排水, 2021, 57 (1): 28-32.

[5] 李东泉, 王瑛, 李雪伟. 央地关系视角下的城市规划建设管理政策扩散研究——以历史文化名城保护和城市设计为例 [J]. 城市发展研究, 2021, 28 (3): 77-84.

[6] 李惠民. 低碳城市发展技术与实践 [M]. 北京: 化学工业出版社, 2016.

[7] 廖虹云. 加强城市废弃物循环和资源化利用的思路建议 [J]. 环境保护, 2021, 49 (7): 57-61.

[8] 刘冠. 低碳城市规划建设: 成本效益分析 [J]. 房地产世界, 2021 (2): 10-12.

[9] 刘靖, 朱平. 住区为基础的海绵城市集成技术方案分析 [J]. 江西建材, 2020 (11): 187, 189.

[10] 刘兴民. 绿色生态城区运营管理研究 [D]. 重庆: 重庆大学, 2014.

[11] 刘云龙, 孙晓磊, 黄承锋, 章玉. 城市绿色交通发展影响因素及其作用机理分析 [J]. 数学的实践与认识, 2020, 50 (20): 284-292.

[12] 马晓惠. 从《寂静的春天》到《我们共同的未来》——可持续发展概念的形成与发展 [J]. 海洋世界, 2012 (6): 22-24.

[13] 那鲲鹏, 李迅. 低碳生态城市规划要点 [J]. 建设科技, 2013 (16): 28-30.

[14] 庞哲, 谢波. 城市绿色交通的内涵、特征及发展策略——基于国外实践经验的思考 [J]. 规划师, 2020, 36 (1): 20-25, 37.

[15] 卜向英. 低碳生态城市建设指标体系构建与分析 [J]. 工程建设与设计, 2018 (12): 24, 25.

[16] 卜一德. 绿色建筑技术指南 [M]. 北京: 中国建筑工业出版社, 2008.

[17] 乔路. 易于规划管控的低碳生态城市指标体系研究——以肇庆新区起步区控规为例 [J]. 城乡规划, 2018 (3): 88-97.

[18] 佘硕, 王巧, 张阿城. 技术创新、产业结构与城市绿色全要素生产率——基于国家低碳城市试点的影响渠道检验 [J]. 经济与管理研究, 2020, 41 (8): 44-61.

[19] 施骞, 赖小东. 低碳建筑技术创新参与主体博弈及激励机制研究 [J]. 上海管理科学, 2011, 33 (6): 7-13.

[20] 孙妍妍. 绿色生态城区案例和技术指南 [M]. 北京: 中国建筑工业出版社, 2020.

[21] 孙志欣. 绿色综合交通技术政策体系研究 [J]. 科技与创新, 2017 (22): 108, 111.

[22] 王稳江. 我国城市水资源的合理利用的案例分析 [J]. 环境工程, 2021, 39 (1): 237.

[23] 王云, 陈美玲, 陈志端. 低碳生态城市控制性详细规划的指标体系构建与分析 [J]. 城市发展研究, 2014, 21 (1): 46-53.

[24] 徐佳, 崔静波. 低碳城市和企业绿色技术创新 [J]. 中国工业经济, 2020 (12): 178-196.

[25] 徐正巧. 污水处理厂污泥处理资源化利用技术探究 [J]. 节能与环保, 2020 (3):

64-65.

[26] 颜文涛，王正，韩贵锋等．低碳生态城规划指标及实施途径［J］．城市规划学刊，2011 （3）：39-50.

[27] 杨泉．城市建筑废弃物处理现状及资源化利用技术探讨［J］．房地产世界，2020（18）：140-142.

[28] 张华，丰超．创新低碳之城：创新型城市建设的碳排放绩效评估［J］．南方经济，2021 （3）：36-53.

[29] 张曼．绿色生态城区发展的激励政策研究［D］．重庆大学，2013.

[30] 张颖，杨建荣，王利珍．我国城市综合体绿色发展的技术路径初步研究［C］//中国绿 色建筑委员会，重庆大学．第三届夏热冬冷地区绿色建筑联盟会议论文集．2013.

[31] 张琰，马岩，赵天戈．城市园林垃圾资源化利用技术及管理模式研究［J］．中华建设，2019（7）：46-47.

[32] 中国城市科学研究会．中国低碳生态城市发展报告［M］．北京：中国建筑工业出版社，2014.

[33] 周岚．低碳时代的生态城市规划与建设［M］．北京：中国建筑工业出版社，2010.

[34] 庄贵阳．中国低碳城市试点的政策设计逻辑［J］．中国人口·资源与环境，2020，30 （3）：19-28.

[35] Buck N T. The Principles of Green Urbanism：Transforming the City for Sustainability ［J］．Housing Studies，2010，29（6）.

[36] Caiyun Qian，Yang Zhou，Ze Ji，Qing Feng. The Influence of the Built Environment of Neighborhoods on Residents' Low-Carbon Travel Mode［J］．Sustainability，2018，10 （3）.

[37] Conservation Research；Data from Fujian Normal University Advance Knowledge in Con-servation Research［J］．Ecology，Environment &amp；Conservation，2020.

[38] Fong W K，Matsumot H，Ho C S. Energy consumption and carbon dioxide emission con-siderations in the urban planning process in Malaysia［J］．PLANNING MALAYSIA，2008，6（6）：101-130.

[39] Jinhua Cheng，Jiahui Yi，Sheng Dai，Yan Xiong. Can low-carbon city construction facili-tate green growth? Evidence from China's pilot low-carbon city initiative［J］．Journal of Cleaner Production，2019，231.

[40] Malin Song，Xin Zhao，Yuping Shang. The impact of low-carbon city construction on eco-logical efficiency：Empirical evidence from quasi-natural experiments［J］．Resources，Conservation &amp；Recycling，2020，157.

[41] Premalatha M，Tauseef S M，Abbasi T，et al. The promise and the performance of the world's first two zero carbon eco-cities［J］．Renewable & Sustainable Energy Reviews，2013，25（9）：660-669.

[42] Qingduo Mao，Ben Ma，Hongshuai Wang，Qi Bian. Investigating Policy Instrument A-doption in Low-Carbon City Development：A Case Study from China［J］．Energies，2019，12（18）.

[43] Qiu Shilei，Wang Zilong，Liu Shuai. The policy outcomes of low-carbon city construction

on urban green development：Evidence from a quasi-natural experiment conducted in China [J]. Sustainable Cities and Society，2021，66.

［44］Song Malin，Zhao Xin，Shang Yuping. The impact of low-carbon city construction on ecological efficiency：Empirical evidence from quasi-natural experiments ［J］. Resources，Conservation &amp：Recycling，2019，157.

［45］Vernay A L，Rahola T B S，Ravesteijn W. Growing food，feeding change：Towards a holistic and dynamic approach of eco-city planning ［C］// 2010 Third International Conference on Infrastructure Systems and Services：Next Generation Infrastructure Systems for Eco-Cities（INFRA）. IEEE，2010.

第3章 低碳生态城市发展评价

研究建立科学可行的低碳生态城市建设评价指标体系，关系低碳生态城市的整体发展理念和方向，有利于推动低碳生态城市建设由概念转向具体实践。同时，也使得低碳生态城市建设可测量、可监督、可评价，从而为城市规划建设及监督管理等提供参考依据。

3.1 国内外主要评价体系

随着低碳生态城市建设发展，其评价体系也在不断完善。目前，国内外较成熟的评价体系有：英国 BREEAM-Communities、美国 LEED-ND，以及我国环保模范城市、生态城市评价指标体系和绿色生态城区评价标准等。

3.1.1 国外主要评价体系

国外对于区域绿色低碳发展已有较为成熟的评价体系，并已实践多年，包括英国 BREEAM-Communities、美国 LEED-ND、日本 CASBEE for Urban Development 等。这里概要介绍英国 BREEAM-Communities 和美国 LEED-ND。

1. 英国 BREEAM-Communities

建筑研究所环境评估法 BREEAM（Building Research Establishment Environmental Assessment Method）是英国"建筑研究所"于 1990 年研发的国际第一例绿色建筑评价体系。BREEAM-Communities 作为 BREEAM 评价体系的 15 个子系统之一，专门用来评价社区开发。BREEAM-Communities 的目标是减少开发项目对环境的总体影响，使开发目标符合当地社区的环境、社会及经济利益，为社区发展规划提供环境、社会及经济方面的可靠且整体性强的可持续标准，促进可持续社区的开发，并确保可持续社区在建筑环境中的体现。

BREEAM-Communities 评价体系涉及环境、社会、经济可持续性目标及影响建筑环境规划发展目标的规划政策需求。具体评价内容分为必达标项和一般项两大部分，一般项中又分为管理、社会福利与经济评估、资源与能源、土地利用与生态、交通及运输五部分。BREEAM-Communities 评价体系框架见表 3-1。

BREEAM-Communities 评价体系框架　　　　　　　　　　　表 3-1

必达标项	阶段 1:咨询计划、经济影响、人口需求及优先权、洪灾评估、噪声污染、能源策略、现有建筑及公共设施、水资源策略、生态策略、土地利用、交通评估		
	阶段 2:咨询及参与		
	类别		指标
一般项	管理		咨询计划
			咨询及参与
			设计复查
			设施的区域管理
	社会福利与 经济评估	区域经济	经济影响
			劳动技能
		社会福利	人口需求及优先权
			住房供应
			服务设施传递(开放性)
			公共领域
			公共事业
			绿色基础设施
			地区性停车场
			包容性设计
		环境条件	洪灾评估
			声污染
			局部气候
			适应气候变化
			洪灾管理
			光污染
	资源与能源		能源政策
			现有建筑及公共设施
			水资源策略
			可持续性建筑
			低影响材料
			资源利用率
			碳排放
	土地利用与生态		生态策略
			土地利用
			水污染
			强化生态价值
			景观
			雨水回收
	交通运输		交通评估
			安全及具有吸引力的街道
			循环网络
			循环设施
			公共交通评估
			公共交通设施

BREEAM-Communities 评价体系注重社区环境、社会及经济的全面发展，并充分考虑资源能源、土地利用、交通运输等方面的低碳生态发展。从各项评价内容的权重来看，BREEAM-Communities 评价体系中资源与能源评价指标的权重赋值最高，由此可以看出对资源与能源利用的重视。

2. 美国 LEED-ND

美国 LEED-ND（Leadership in Energy and Environmental Design for Neighborhood Development）由美国绿色建筑委员会（USGBC）、新城市规划协会（CNU）和自然资源防御委员会（NRDC）联合审核，是世界上第一个集智慧增长（Smart Growth）、城市规划和绿色建筑原则的评价体系，为高标准环境建设和可持续设计提供了独立的第三方认证。

LEED-ND 评价体系主要包含三个领域，分别是智慧选址及周边联动（Smart Location and Linkage）、社区模式及规划（Neighborhood Pattern and Design）和绿色建筑及设施（Green Infrastructure and Buildings），强调了可供公众共享的多样化开放社区和基于生态原则的景观环境建设在发展绿色街区中的重要作用。与其他认证体系类似，LEED-ND 包含两个加分项，分别是创新和设计流程（Innovation and Design Process）、地区优先性（Regional Priority Credits）。LEED-ND 评价体系框架见表 3-2。

美国 LEED-ND 评价体系框架 表 3-2

项目	必要项	得分项	
节约土地 （占比 25%）	交通效能 水与雨洪基础设施效能	污染褐地再开发 高成本污染褐地再开发 相邻、已建成或已开发场址	减少依赖汽车 对工作-家庭平衡的贡献 邻近学校 接入公共区域
环境保护 （占比 11%）	濒危物种和生态区域 保护公共用地 湿地和水体保护 侵蚀和沉积控制	支持场外土地保护 场址设计保护栖息地或湿地 栖息地或湿地恢复 栖息地或湿地维护管理 保持陡坡 建设中最小化场址扰动	场址设计时最小化场址扰动 雨洪径流率管理 减少雨洪径流率 雨水处理 室外有害物污染防治
紧凑、完善、和谐区域 （占比 37%）	区域开放性 紧凑开发 使用多样性	紧凑开发 沿交通紧密布置 用途多样性 住宅多样化 可承租的住宅 可购置的住宅 减少停车占地 区域开发公开和参与 街区周界 房屋沿步行街道设置 房屋设计可接入步行街道 旧建筑的合理再利用	房屋设计沿步行街道综合设计步行街 街网 步行网络 步行安全舒适最大化 出众的步行体验 城市化和建筑设计中应用地方经验 交通补偿 交通舒适性 接入邻近区域

续表

项目	必要项	得分项	
资源节约 （占比22%）	认证的绿色建筑 建筑节能 建筑节水 降低热岛效应 基础设施节能 就地发电 就地可再生能源资源 高效浇灌 灰水和雨水再利用	废水管理 材料再利用 再生材含量 地方材料 建设废弃物管理 综合废料管理 降低光污染 整治褐地降低污染	
其他 （占比5%）	创新项		

LEED-ND评价体系以新城市主义理论、智慧增长理论及绿色建筑和基础设施理论等为发展原则，其智慧选址与社区连通性、社区规划与设计、绿色基础设施与建筑是评价体系的核心，占比较多。在可得分数上，适宜步行的街道、理想选址、减少机动车依赖、多收入阶层的社区、紧凑开发、认证的绿色建筑、创新等指标项的比重较高。LEED-ND评价体系根据得分不同，分为认证级、银级、金级及白金级。这样的评价模式有利于增加评价体系的适用性，满足不同社区差异化评价需求。

3. 亚洲绿色城市指数

亚洲绿色城市指数由英国经济学家信息部实施的"绿色城市索引"研究提出，从碳排放、能源、建筑能耗、交通、废物、土地使用、水资源、垃圾、空气质量和环境管治等10个方面相继对欧洲、拉丁美洲和亚洲超过100座城市的绿色指数进行调查评估。亚洲绿色城市指数共包括29个独立指标，其中有14个量化指标及15个政策计划指标，详见表3-3。

亚洲绿色城市指标框架 表3-3

14个量化指标		15个政策计划指标	
人均二氧化碳排放量	单位GDP能耗水平	清洁能源政策	气候变化行动计划
人均绿地面积	人口密度	生态建筑政策	土地使用政策
先进公交网络	收集和适当进行处理的垃圾比例	城市公共交通政策	治堵政策
人均垃圾生成量	人均耗水量	垃圾收集和处理政策	垃圾回收与再利用政策
供水系统漏水率	能享受到先进卫生服务的人口比例	水质政策	水资源可持续政策
处理的废水比例	二氧化碳浓度	卫生政策	清洁空气政策
二氧化硫浓度	悬浮颗粒物浓度	环境管理	环境监控
		公众参与	

在量化指标评价方面，为了使所有城市的数据具有可比性并能计算各个城市的总分，对于从不同来源收集到的数据进行标准化处理，使量化指标分布在 0～10 分。大多数指标采用的是 min-max 算法，表现最好的城市得 10 分，而最差的只能获得零分。在某些情况下，引入合理的基准值，以防止异常值影响分值分布的准确性。比如，在对"废水处理"指标打分时，采用 10% 的下限标准，所有低于该水平的城市该项指标只能获得零分。

定性指标则采用专家调查法，由熟悉相应城市的专业人士根据客观标准进行打分，打分内容包括城市目标、战略及具体行动计划。定性指标也在 0 到 10 分之间进行打分，满足标准的城市将获得 10 分。对于那些旨在衡量是否在某些领域实施政策规定的定性指标，需要对实施效果进行评级。

4. 城市可持续发展指数

城市可持续发展指数来源于城市中国计划（UCI），由哥伦比亚大学、麦肯锡公司和清华大学以衡量可持续性为目的，从社会、经济、环境、资源四个方面共同创建。城市可持续发展指数框架见表 3-4。

城市可持续发展指数框架 表 3-4

类别		要素	指标
社会	社会福利投资	社会福利	政府的社会保障支出
		教育	政府的教育支出
		医疗卫生	政府的医疗卫生支出
经济	经济发展	收入不平等情况	基尼系数
		行业依赖	服务业占 GDP 的百分比
		生产能力投资	政府在研发方面的投资
环境	空气质量	空气污染	氧化硫、氧化氮、PM_{10}
		工业污染	单位 GDP 工业二氧化硫排放量
	垃圾处理	工业污染	工业垃圾处理率
		污水处理	污水处理率
		生活垃圾管理	生活垃圾处理率
	城市建成环境	城市密度	市区每平方千米人口数
		公共交通的使用	公共交通工具乘客数
		公共绿地	人均公共绿地面积
资源	资源利用	能源消耗	能源总消耗量
		建筑能效	住宅电力消耗
		水的使用	住宅水消耗量

3.1.2 国内主要评价体系

随着低碳生态城市建设发展，国内对于低碳生态城市评价体系的研究也逐渐成熟，国家标准《绿色生态城区评价标准》GB/T 51255 已于 2017 年颁布实施。

1. 环保模范城市考核标准

国家环境保护模范城市建设在强化我国城市环境保护工作，推动我国城市科学发展方面发挥了积极示范作用。国家环境保护模范城市考核标准涵盖社会、经济、环境、城建、卫生、园林等方面内容。具体考核评价内容详见表 3-5。

国家环境保护模范城市考核内容　　　　　　表 3-5

分类	指标名称	分类	指标名称
基本条件	城市环境综合整治定量考核名次	环境建设	自然保护区覆盖率
	国家卫生城市		建成区绿化覆盖率
	环境保护投资指数		城市生活污水集中处理率
社会经济	人均 GDP		工业废水排放达标率
	经济持续增长率		城市气化率
	人口出生率		城市集中供热率
	单位 GDP 能耗		生活垃圾无害化处理率
	单位 GDP 用水量		工业固体废物处置利用率
环境质量	全年 API 指数＜100 的天数占全年天数比例		烟尘控制区覆盖率
	集中式饮用水源地水质达标率		噪声达标区覆盖率
	城市水域功能区水质达标率	环境管理	城市环境管理目标责任制及创模规划
	区域环境噪声平均值		环境保护机构建制
	交通干线噪声平均值		公众对城市环境的满意率
			中小学环境教育普及率
			总量控制计划

2. 中国生态城市评价指标体系

中国生态城市评价指标体系是由中国城市科学研究会编制的一套可操作性较强的评价指标体系，旨在使生态城市建设过程可量测、可监督。

中国生态城市评价指标体系借鉴联合国可持续发展指标、国家环境保护模范城市考核标准等已被广泛认可和实施的指标体系，最终确定为资源节约、环境友好、经济持续、社会和谐、创新引领 5 个目标层，水资源、能源等 28 个专题，36 个定量指标，9 个定性指标。其中，涉及资源、环境、经济、社会目标层的生态城市评价指标体系详见表 3-6。

在创新引领目标层下，还包括绿色建筑、绿色交通、特色风貌、绿色经济、数字城市等专题。具体包括：制定绿色建筑发展规划、获得国家绿色建筑认证的建筑数量、设定自行车专用道、新能源汽车利用比例、历史文化遗产和历史文化街区得到良好保护、制定生物多样性保护规划、战略性新兴产业增加值占 GDP 的比重、智能化城市数字管理平台构建等指标。

涉及资源、环境、经济、社会目标层的生态城市评价指标体系　　表 3-6

目标	专题	指标选取
资源节约	水资源	再生水利用率
		工业用水重复利用率
	能源	可再生能源使用比例
		国家机关办公建筑、大型公共建筑单位建筑面积能耗
	土地资源	人均建设用地面积
		城镇建设用地占市域面积的比例
环境友好	空气质量	可吸入颗粒物(PM10)日平均浓度达二级标准天数
		二氧化硫日平均浓度达二级标准天数
		二氧化氮日平均浓度达二级标准天数
	水环境质量	集中式饮用水源地水质达标率
		城市水环境功能区水质达标率
	垃圾处理	生活垃圾资源化利用率
		工业固体废物综合利用率
	噪声	环境噪声达标区覆盖率
	公园绿地	建成区绿化覆盖率
		公园绿地 500m 服务半径覆盖率
经济持续	经济发展	单位 GDP 主要工业污染物排放强度
		单位 GDP 能源消耗
		单位 GDP 取水量
	产业结构	第三产业增加值占 GDP 比重
	收入水平	恩格尔系数
	就业水平	城镇登记失业率
社会和谐	住房保障	住房保障率
		住房价格收入比
	医疗水平	千人拥有执业医师数量
		每千名老年人拥有养老床位数
	文体设施	人均公共图书馆藏书量
		人均公共体育设施用地面积
	科技教育	财政性教育经费支出占 GDP 比例
		研究与试验发展经费支出占 GDP 比例
	收入分配	城乡居民收入比
		基尼系数
	交通便捷	公共交通分担率
		平均通勤时间
	城市安全	每万人口刑事案件立案数
		人均固定避难场所面积

3. 绿色生态城区评价标准

为规范绿色生态城区建设及发展，提升人居环境质量，国家标准《绿色生态城区评价标准》GB/T 51255—2017 从土地利用、生态环境、绿色建筑、资源与碳排放、绿色交通、信息化管理、产业与经济、人文、技术创新等方面明确了绿色生态城区评价内容和评价等级划分。《绿色生态城区评价标准》框架结构如图 3-1 所示。评价指标包括控制项和评分项，总分 100 分，绿色生态城区按照得分分为一星级、二星级、三星级三个等级。

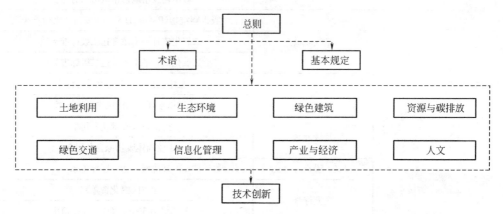

图 3-1 《绿色生态城区评价标准》框架结构

（1）土地利用

土地利用是城市建设关注的重点。建设用地至少包含居住用地、公共管理与公共服务设施用地、商业服务业设施用地三类，在绿色生态城区建设中需要考虑土地功能的复合利用。土地利用方面的得分点包括：城区采用公共交通导向的用地布局模式、合理开发利用地下空间、居住区公共服务设施具有较好的便捷性、城区内设置公共开放空间、规划一定规模布局合理的生态用地和城市绿地等。总体而言，绿色生态城区对土地混合开发、路网密度、公共设施的便捷性、开放空间的设置等有着较为明确的要求。

（2）生态环境

生态环境评分项包括自然生态和环境质量两部分。其中，自然生态部分将生物多样性保护、绿化覆盖率、节约型绿地建设、湿地保护、海绵城市建设等作为评分项；环境质量则主要包括土壤污染、地表水环境质量、空气质量，以及热岛效应控制、环境噪声控制、垃圾分类等。

（3）绿色建筑

评价标准明确绿色生态城区内新建民用建筑需全部达到绿色建筑一星级及以上标准，达到二星级及以上标准的建筑面积比例不低于 30%，大型公共建筑二星级及以上占比达到 50% 以上，政府投资公共建筑 100% 达到绿色建筑二星级及以上标准。具体评分项则从绿色建筑技术应用、绿色建筑建造、绿色施工、绿色建筑运营及绿色建筑后评估等绿色建筑全寿命期设置得分点。

（4）资源与碳排放

资源与碳排放包括能源综合利用、城市水资源利用、材料和固废资源及碳排放。能源综合利用方面包括用能分类分项统计、合理利用可再生能源、合理利用余热废热资源等，同时要求城区内新建建筑能耗标准高于国家现行节能设计标准，城区市政基础设施采用高效的系统及设备。水资源利用方面则包括居民平均用水量、供水管网漏损率、市政再生水系统及非传统水源利用等。材料和固废资源应用方面包括合理采用绿色建材和本地建材、再生资源回收利用及实施生活垃圾和建筑废弃物资源化利用。碳排放方面包括城区专设组织机构及人员负责管理节能减排工作，有明确的减排政策，城区单位 GDP 碳排放量、人均碳排放量等指标要达到所在地区的碳减排目标等。

（5）绿色交通

主要对绿色交通出行、道路与枢纽、静态交通及交通管理等方面进行评价。其中，绿色交通出行方面对公交站点覆盖率、城市万人公交保有量、自行车交通系统、步行交通系统的设定有具体打分点设置。道路与枢纽方面则对城市道路噪声控制、提高道路通行效率及交通节点修建交通枢纽等方面进行具体评价。静态交通方面主要明确城区合理配建机动车停车场及电动车充电设施、合理设置自行车停车设施及公共自行车租赁网络的定性及定量要求。

（6）信息化管理

绿色生态城区信息化管理对城市或城区能源与碳排放信息管理系统、绿色建筑信息管理系统及智慧公共交通信息平台做出明确要求，并作为绿色生态城区评价的控制性指标。此外，将城区公共安全系统、环境监测信息化、实行水务信息管理、道路监控与交通管理、停车信息化管理、市容卫生信息化管理、园林绿地信息化管理等作为评分项，虽无强制性规定，但对绿色生态城区评分有着直接影响。

（7）产业与经济

产业与经济主要包括资源节约、环境友好、产业结构优化、产业准入与退出及产城融合发展等方面。具体指标包括单位地区生产总值能耗、单位地区生产总值水耗、第三产业增加值比重、高新技术产业增加值比重、工业用地投资强度、职住平衡比等。

（8）人文

人文指标包括城区规划设计、建设与运营阶段应保障公众参与编制绿色生活与消费导则，以及有效保护历史文化街区、历史建筑及其他历史遗存等控制项要求。评分项包括以人为本、绿色生活、绿色教育及历史文化几类，具体指标包括城区公益性公共设施免费开放率、养老服务设施每千名老年人床位数、人性化和无障碍过街设施，制定阶梯水价、鼓励绿色出行、开展垃圾分类、开展绿色教育及实践和文物保护等。

3.2 低碳生态城市评价主要内容

低碳生态城市发展内容多元，包含建筑、能源、交通等各领域，涉及经济、社会、环境等各方面。因此，低碳生态城市建设评价也是一项复杂的系统工程。构建一套全面详尽的低碳生态城市发展评价指标体系来衡量城市发展水平，需要综合考虑指标的科学性、全面性和实用性。

设计低碳生态城市发展评价指标体系时，可按照低碳生态城市发展目标、关键领域和重点问题进行考虑，并根据低碳生态城市的资源、环境、经济、社会和创新等方面发展目标设置不同专题，然后在各专题下设置一系列指标来表征各专题状况。低碳生态城市发展评价指标体系框架如图 3-2 所示。

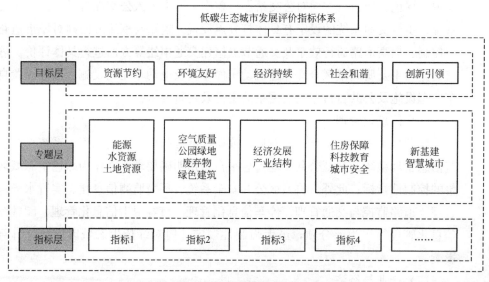

图 3-2 低碳生态城市发展评价指标体系框架

3.2.1 经济发展水平

在低碳生态发展理念下，经济发展水平仍是城市发展的重要内容。一方面，城市经济发展程度、人们的消费水平和消费能力、产业结构等是城市发展的重要目标及要求；另一方面，良好的经济发展能力也是实现低碳生态城市可持续发展的重要保障，是城市建设发展不可或缺的重要内容。

1. 经济发展

国内生产总值（GDP）被公认为衡量国家经济状况的最佳指标，也是衡量经济发展水平最常用的指标，反映了一个国家或地区的经济实力和市场规模。围绕GDP构建的相关指标包括人均 GDP、单位 GDP 主要工业污染物排放强度、单位

GDP 能源消耗、单位 GDP 水耗、单位 GDP 二氧化碳排放。此外，地方公共预算收入、全社会固定资产投资、城镇可支配收入等指标也能在一定程度上反映城市发展水平。总体而言，城市经济发展相关指标可分为两类：一类反映城市经济发展总量，包括 GDP、地方公共预算收入、全社会固定资产投资、科研支出、财政支持等；另一类反映城市经济发展质量，包括单位 GDP 主要工业污染物排放强度、单位 GDP 能源消耗、单位 GDP 水耗、单位 GDP 二氧化碳排放等，这些都是评价低碳生态城市发展的重要指标。

2. 产业结构

产业结构是评价低碳生态城市的重要内容。化工行业、钢铁行业、有色金属行业、水泥行业等高污染高耗能高排放行业的工业增加值低、污染物排放水平高，而建材、钢铁、电力等行业关系国计民生及市政基础设施建设，是产业结构调整的重点。为此，一方面需要提升传统高耗能产业的绿色化水平，改善工艺生产、加强技术改造、提高能源利用率，从而降低能源需求和使用量，延长产业链、提高产品附加值等。另一方面，需要大力发展第三产业、战略性新兴产业、可再生资源利用与环境保护产业、新材料新技术产业等。产业结构调整成果可通过单位 GDP 能源消耗、单位 GDP 水耗、单位 GDP 二氧化碳排放等指标来反映，也可通过第三产业、高新技术产业、战略新兴产业增加值占比，工业用地投资强度等指标来反映。

3.2.2 社会发展水平

社会发展水平是低碳生态城市建设的另一核心目标，只有"形成节约资源和保护环境的空间格局、产业结构、生产方式、生活方式"，才有可能实现城市的山清水秀，居民的幸福生活。要构建和谐有序的生态社会，努力保障市民群众的物质生活和精神生活都能得到公平、公正的享受，在卫生、就业、社会保障和文化、教育、公共基础设施等方面各得其所。社会发展水平的衡量包括住房保障、医疗水平、文体设施、科技教育、收入分配、交通便捷、城市安全等方方面面。

1. 生活水平

生活水平包括衣食住行的各个方面，具体内容包括：居民的实际收入水平、消费水平和消费结构、劳动的社会条件和生产条件、社会服务的发达程度、闲暇时间的占有量和结构、卫生保健和教育普及程度等。衡量指标包括恩格尔系数、城镇居民人均可支配收入、人均居住面积、住房保障率、住房价格收入比、城乡居民收入比、基尼系数等。

2. 公共服务

公共服务是指城市公共部门面向城市公众提供的公共产品和服务，包括城市基础设施的投资和维护，提供就业岗位，社会保障服务，兴办和支持教育、科技、文化、医疗卫生、体育等公共事业。低碳生态城市建设公共服务主要体现在公众参与城市规划设计、建设与运营过程，城区公益性公共设施健全、养老服务设施健全等。具体指标包括每千名老年人床位数、每千人拥有医生数、教育卫生支出占财政支出的比重、基本养老覆盖率、万人在校大学生数、人均公共图书馆藏书量、人均公共体育设施用地面积、公共交通分担率等指标。涵盖文体设施、科技教育、交通便捷等方面。

3.2.3 生态环境发展水平

生态环境发展水平主要包括城市空气质量、水环境质量、垃圾处理等方面。

1. 环境空气质量

受雾霾等极端环境空气事件的影响，城市空气质量环境受到人民的持续关注，也成为城市生态环境建设的重点。城市空气环境质量除受气候、地形等因素的影响外，空气环境污染、质量问题主要受到城市发展的影响，包括城市工业污染、汽车尾气排放、集中供热取暖及生活污染等。环境空气质量指标包括空气质量优良日天数，PM2.5平均浓度年达标天数，二氧化硫、二氧化氮平均浓度达二级标准天数、汽车尾气达标率等。

2. 水环境质量

水环境质量主要是指城市地表水环境质量。随着我国城镇化进程的加快，经济和人口增加的同时，城市水环境也出现越来越多的问题，包括城市水资源匮乏、城市水体污染严重、污水排放量增多等。为此，在低碳生态城市建设中，对城市用水系统、城市地表水系统也应有重点规划，如采取有效措施降低供水管网漏损率、合理建设城市再生水供应系统、提高污水处理率、开展海绵城市建设等。在水环境质量方面的主要评价指标包括集中式饮用水水源地水质达标率、城市水环境功能区水质达标率、区域内地表水环境质量达标率、城市污水集中处理率、工业用水重复率等。

3. 垃圾处理

城市垃圾包括工业垃圾、建筑垃圾及生活垃圾。对城市垃圾的处理又包括垃圾分类、垃圾回收再利用等。其中，垃圾分类在近几年成为热点话题。分类的目的是提高垃圾的资源价值和经济价值，力争物尽其用，减少垃圾处理量和处理设备的使用，降低处理成本，减少土地资源消耗，具有社会、经济、生态等方面效益。具体指标包括实行生活垃圾分类收集、密闭运输，垃圾分类覆盖率、建筑垃圾资源化利用率、生活垃圾无害化处理率、生活垃圾资源化利用率、工业固体废物处置利用率等。

4. 其他

包括光环境、声环境、公园绿地建设、历史文化保护等方面。具体指标包括环境噪声达标区覆盖率、建成区绿色化覆盖率、公园绿地500m服务半径覆盖率、城镇人均公共绿地面积、历史文化遗产及历史文化街区保护率等。

3.2.4　低碳发展水平

工业、交通及建筑是能源消耗及碳排放的三大领域，以此为基础，要从低碳经济、低碳建筑及低碳出行三方面构建低碳生态城市发展评价指标体系。

1. 低碳经济

低碳经济是指在工业基础上，以城市为评价对象，从工业、产业发展角度对城市低碳发展水平进行评价。低碳经济可分为产业结构、科技创新、碳生产力等方面进行评价。具体来看，相较于第二产业目前受困于高能耗、高排放的束缚，低碳产业因对能源的消耗较小，在有效抑制碳排放的同时能够对低碳经济发展有极大的推动作用；创新技术在生产过程中的应用，可以有效提升能源效率、节约能源；碳生产力指标则可从经济发展的整体角度衡量城市低碳发展水平。因此，与低碳经济相关联的指标有单位 GDP 碳排放量、低碳产业 GDP 占比、低碳研发经费占比、单位工业增加值能耗、人均碳排放量及单位地域碳排放量等。

2. 低碳建筑

随着经济发展、城镇化率提高及人民生活水平的提升，建筑能耗及碳排放占比会进一步增大，建筑低碳发展将是未来低碳生态城市发展的重点。当前在建筑领域，一方面推动绿色建筑发展，围绕建筑设计、建材应用、绿色施工及绿色建筑运营全寿命期开展工作；另一方面提升建筑节能标准，推广高标准节能建筑应用，包括超低能耗建筑、净零能耗建筑、低碳建筑等。具体评价指标包括高星级绿色建筑占比、户均碳排放量、单位面积建筑碳排放量、既有建筑绿色低碳改造占比、装配式建筑面积占新建建筑面积比例、超低能耗建筑面积占比等。

3. 低碳出行

交通领域低碳发展的主要措施包括公共交通体系建设、慢行交通体系规划建设、新能源汽车推广及充电桩等基础设施建设等。此外，也包括对传统汽车提升排放标准、降低碳排放及尾气污染等措施。具体评价指标包括公共交通分担率、平均通勤时间、绿色交通出行率、公交站点覆盖率、城市万人公交保有量、自行车道里程、新能源汽车保有量占比、充电桩保有量等。

3.2.5　资源节约水平

能源、水资源、土地资源等是城市建设发展不可或缺的重要资源。合理应用资源可有效减少人类对自然的干预，减少能源消耗及碳排放，推动经济建设可持续发展。

1. 能源

能源节约包括实行用能分类分项计量，合理利用太阳能、地热能等可再生能源，余热废热应用、路灯等市政设施用能系统优化及建筑节能技术应用等。具体评价指标有可再生能源使用比例，公共建筑、居住建筑等单位建筑面积能耗，道路照明、景观照明、交通信号灯等领域采用高效灯具及光源比例，以及城区内实施能源分项计量、电力阶梯电价等。

2. 水资源

与能源相比，城市水资源短缺问题在我国更为突出。水资源节约措施包括节水器具利用、市政合理利用再生水资源、污水合理利用及海绵城市建设等。具体评价指标包括再生水利用率、工业用水重复率、城区供水管网漏损率、城镇居民生活用水量、污水处理率、雨水资源利用率及海绵城市建设投入等。

3. 土地资源

土地资源应用应秉持高效、节约原则，改变传统城市建设"摊大饼"式建设模式，是扭转城市大量建设、大量消耗、大量排放模式的关键。土地资源的合理利用包括城市用地布局的混合开发、合理布局，合理确定城市规划路网密度、居住区公共服务设施密度等。具体评价指标包括人均建设用地面积、城镇建设用地占市域面积的比例、$1km^2$ 范围内土地混用面积占比、路网密度、生态用地占比、绿地用地占比等。

参考文献

[1] 陈建光. 基于可持续发展的低碳城市评价指标体系与方法研究 [J]. 工程建设与设计，2016 (8)：163.

[2] 陈瑶. 城市低碳发展水平评价体系与实例分析研究 [J]. 环境科学与管理，2016，41 (2)：161-166.

[3] 邓荣荣，赵凯. 中国低碳试点城市评价指标体系构建思路及应用建议 [J]. 资源开发与市场，2018，34 (8)：1037-1042.

[4] 杜栋，李亚琳. 基于"投入—产出"角度的低碳城市建设评价体系研究 [J]. 节能与环保，2016 (11)：56-59.

[5] 冯雨，郭炳南. 江苏省城市绿色经济发展水平评价研究 [J]. 科技创业月刊，2019，32 (7)：54-59.

[6] 傅钰，任继勤，李广. 我国超大城市绿色低碳发展评价体系的构建及实证研究 [J]. 中国商论，2017 (2)：131-133.

[7] 何凌昊. 从城市、社区和建筑三个维度的项目案例探讨水资源管理与气候变化应对 [J]. 园林，2021，38 (1)：13-20.

[8] 黄明强，连宇新，黄智财. 资源及环境约束下的低碳城市评价研究——以福建省为例 [J]. 建材与装饰，2016 (44)：133-136.

[9] 黄艳雁，冯时. 基于气候特征的低碳城市评价指标体系构建 [J]. 地域研究与开发，2016，35 (6)：77-80，154.

[10] 李巍，叶青，赵强. 英国 BREEAM Communities 可持续社区评价体系研究 [J]. 动感（生态城市与绿色建筑），2014 (1)：90-96.

[11] 李惠民. 低碳城市发展技术与实践 [M]. 北京：化学工业出版社，2015.

[12] 梁臻. 陕西省低碳城市发展水平评价研究 [D]. 陕西：西安理工大学，2020.

[13] 吕京庆，叶青，赵强. 美国 LEED-ND 社区规划与发展评价体系研究 [J]. 四川建筑科学研究，2014，40（6）：256-260.

[14] 马丽，道灵芝，程利莎，王士君. 中国中心城市内生动力和支撑力综合评价 [J]. 经济地理，2019，39（2）：64-72.

[15] 潘兵，程广华，朱扬宝，陈方旻，李恒. 资源型城市转型效果评价研究 [J]. 黑龙江工业学院学报（综合版），2020，20（2）：52-57.

[16] 尚丽，苏昕，汪鸣泉，王茂华. 城市低碳评价指标体系研究进展 [J]. 城乡规划，2018（1）：78-83.

[17] 司瑞敏. 城市水环境的特征分析 [J]. 科技创新与应用，2015（20）：183-183.

[18] 孙菲，罗杰. 低碳生态城市评价指标体系的设计与评价 [J]. 辽宁工程技术大学学报（社会科学版），2011，13（3）：258-261.

[19] 王锋，傅利芳，刘若宇，刘娟，吴从新. 城市低碳发展水平的组合评价研究——以江苏 13 城市为例 [J]. 生态经济，2016，32（3）：46-51.

[20] 王致远. 我国城市空气质量影响因素分析 [J]. 江苏建筑职业技术学院学报，2020，（1）：63-66.

[21] 吴健生，许娜，张曦文. 中国低碳城市评价与空间格局分析 [J]. 地理科学进展，2016，35（2）：204-213.

[22] 武静静. 低碳生态城市发展水平评价的研究 [D]. 天津大学，2014.

[23] 闫树熙，马佳佳. 陕西省城市低碳经济发展水平的综合测度与评价 [J]. 贵州大学学报（自然科学版），2018，35（6）：112-115.

[24] 杨占昆，徐晗，安平凡. 生态低碳城市发展及评价指标体系构建研究 [J]. 城市建设理论研究（电子版），2018（29）：176.

[25] 苑浩畅，陈志敏，王曼，李伟伟，刘晓燕. 国际低碳城市评价指标体系研究 [J]. 科技经济市场，2017（8）：76-77.

[26] 张丽君，李宁，秦耀辰，张晶飞，王霞. 基于 DPSIR 模型的中国城市低碳发展水平评价及空间分异 [J]. 世界地理研究，2019，28（3）：85-94.

[27] 张亚暾. 城市低碳交通评价指标体系研究——以杭州市为例 [J]. 中小企业管理与科技（上旬刊），2018（7）：99-100.

[28] 中国城市科学研究会. 中国低碳生态城市发展报告 [M]. 北京：中国建筑工业出版社，2011.

[29] 周岚. 低碳时代的生态城市规划与建设 [M]. 北京：中国建筑工业出版社，2010.

[30] 周跃云，赵先超，晨风等. 低碳生态城市群宜居性评价指标体系研究 [J]. 湖南工业大学学报（社会科学版），2011，16（2）：1-7.

[31] 朱烈夫，冯琦雅，柯水发. 基于层次分析法的北京市低碳发展水平评价 [J]. 低碳世界，2017（33）：318-320.

[32] 朱婧，刘学敏，张昱. 中国低碳城市建设评价指标体系构建 [J]. 生态经济，2017，33（12）：52-56.

[33] A J L，A W S，A H S，et al. Toward the Construction of a Circular Economy Eco-City：

An Emergy-Based Sustainability Evaluation of Rizhao City in China [J]. Sustainable Cities and Society，2021.

[34] Fujita，Tsuyoshi，Dong，et al. A review on eco-city evaluation methods and highlights for integration [J]. Ecological indicators：Integrating，monitoring，assessment and management，2016.

[35] Lee，Liu. A sustainability index with attention to environmental justice for eco-city classification and assessment [J]. Ecological indicators：Integrating，monitoring，assessment and management，2018.

[36] Lin Z . Ecological urbanism in East Asia：A comparative assessment of two eco-cities in Japan and China [J]. Landscape and Urban Planning，2018，179：90-102.

[37] Lu Z，Streets D G，Zhang Q，et al. Sulfur dioxide emissions in China and sulfur trends in East Asia since 2000 [J]. Atmospheric Chemistry and Physics，10，13（2010-07-13），2010，10（13）：6311-6331.

[38] Mcgranahan G，Balk D，Anderson B . The rising tide：assessing the risks of climate change and human settlements in low elevation coastal zones [J]. Environment & Urbanization，2007，19（1）：17-37.

[39] Middlemiss L，Parrish R D. Building capacity for low-carbon communities：The role of grassroots initiatives [J]. Energy Policy，2010，38（12）：7559-7566.

[40] Peters M，Fudge S，Sinclair P. Mobilising community action towards a low-carbon future：Opportunities and challenges for local government in the UK [J]. Energy Policy，2010，38（12）：7596-7603.

[41] Phil，Donaldson，Megan，et al. Adelaide Advancing Low Carbon Communities [C] // BIT's 3rd Low Carbon Earth Summit-2013. 0.

[42] Susie Moloney，Horne R E，Fien J . Transitioning to low carbon communities—from behaviour change to systemic change：Lessons from Australia [J]. Energy Policy，2010.

[43] Wang Y，Fang X，Yin S，et al. Low-carbon development quality of cities in China：Evaluation and obstacle analysis [J]. Sustainable Cities and Society，2020，64（9）：102553.

[44] Yang Y，Huang P. Can an improved city development index explain real development? A case study of Xi'an，one of the four ancient civilizations of the world [J]. Science of The Total Environment，2020，730：139095.

[45] Zhou N，He G，Williams C，et al. ELITE cities：A low-carbon eco-city evaluation tool for China [J]. Ecological Indicators，2015，48：448-456.

第二篇　绿色建筑规模化发展

　　低碳生态城市建设离不开绿色建筑，绿色建筑是低碳生态城市建设的重要内容。当前，我国城乡建设增长方式仍然粗放，发展质量和效益不高，建筑建造和使用过程中能源资源消耗高、利用效率低的问题比较突出。推动低碳生态城市发展，需要推动绿色建筑规模化发展，这将有利于高效利用资源和能源，最大限度地减少对环境的影响，有效转变城乡建设发展模式。

　　本篇将分5章阐述低碳生态城市建设中的绿色建筑规模化发展。包括：绿色建筑发展历程及研究综述、绿色建筑规模化发展机理、绿色建筑规模化发展支撑技术、绿色建筑规模化发展主体行为及经济激励机制、绿色建筑规模化发展投资效益评价。

第4章 绿色建筑发展历程及研究综述

根据国家标准《绿色建筑评价标准》GB/T 50378—2019，绿色建筑是指在全寿命期内，节约资源、保护环境、减少污染，为人们提供健康、适用、高效的使用空间，最大限度地实现人与自然和谐共生的高质量建筑。绿色建筑中的"绿色"，并不是指一般意义上的立体绿化、屋顶花园，而是代表一种概念或象征。绿色建筑不仅能够提供舒适而安全的室内环境，同时应具有与自然环境相和谐的良好建筑外部环境，能充分利用自然环境，并在不破坏环境基本生态平衡条件下建造的一种建筑。绿色建筑要在顺应自然的基础上，处理好人与建筑的关系，实现人与自然的和谐共生。

绿色建筑具有以下特征：

（1）建筑全寿命期绿色化

建筑全寿命期的绿色化，一是要强调建筑本体在建筑规划、设计、施工、使用、维修、保养、拆除等各环节绿色化；二是要考虑建筑对环境的影响，向前延伸到建筑材料的开采到运输、生产过程，向后延伸到建筑物拆除后的垃圾分解或回收利用等环节。

（2）四节一环保

"四节一环保"是指节能、节地、节水、节材和保护环境。在设计和建造绿色建筑时，应采用适宜的技术、材料和产品，提高资源的循环利用和使用效率，尽可能地使用清洁可再生能源，避免对自然资源的浪费。

（3）提供"健康、适用、高效"的使用空间

在建造绿色建筑过程中，除应满足人们的使用需求和基本功能要求外，要坚持以人为本的原则，节约能源，改善室内外环境质量，降低环境污染，满足人们高品质需求。

（4）与自然和谐共生

"绿色"是自然、生态、生命与活力的象征，代表了人类与自然的和谐共处、协调发展的文化，贴切而形象地表达了可持续发展理念。同时，发展绿色建筑的最终目的就是实现人、建筑与自然的协调统一。绿色建筑体现了以人为本的价值理念，是满足人民美好生活需要的高质量建筑。

4.1　绿色建筑发展历程

绿色建筑是低碳生态城市的重要组成部分。目前，我国城乡建设增长方式相对粗放，发展质量和效益有待提高，建筑建造和使用过程中能源资源消耗高、利用效率低的问题仍比较突出。研究和梳理国内外绿色建筑发展历程，注重我国绿色建筑的规模化发展，将有利于最大效率地利用资源和最低限度地影响环境，有效转变城乡建设发展模式，推动低碳生态城市发展。

4.1.1　国外绿色建筑发展历程

研究发达国家绿色建筑发展历程，可分为探索、兴起和蓬勃发展三个阶段。

1. 探索阶段（20 世纪 60 年代—80 年代）

18 世纪下半叶的工业革命以后，欧美等资本主义国家的建筑与城市发生重大变化，至 20 世纪 70 年代，世界建筑进入蓬勃发展阶段，尤其是第二次世界大战之后，为了医治战争创伤、发展经济和改善人们的居住条件，全世界掀起城市建设高潮。与此同时，交通堵塞、空气污染、资源浪费、居住条件恶化等问题也接踵而至，各类有关绿色建筑的活动在世界各地兴起。1963 年，奥戈亚（V. Olgyay）在其所著的《设计结合气候：建筑地方主义的生物气候研究》一书中，提出了环境气候学建筑（Environment Bioclimatic Building）的设计理念。之后，德国建筑师托马斯·赫尔佐格（T. Herzog）、保罗·索勒斯（Paola Soleri）和生态学家约翰·托德（J. Todd）等自 20 世纪 60 年代至 70 年代初分别提出了生态建筑（Ecological Building）的设计理念。1973 年，中东石油危机爆发，使人们清醒地意识到，以牺牲生态环境为代价的高速文明发展史是难以为继的，耗用自然资源最多的建筑产业必须改变发展模式，走可持续发展之路。太阳能、潜层地热、风能、节能围护结构等各种建筑节能技术应运而生，节能建筑成为建筑发展的先导。20 世纪 60 年代至 70 年代，首先在欧美，继而在全世界涌现了越来越多的建筑师、规划师试图冲破传统城市和建筑发展模式，世界各国在城市规划和建筑创作中都表现出前所未有的热情。在对要求革新建筑形式的同时，也关注着人、建筑与自然环境的协调发展。英国哈德斯菲尔德大学（University of Huddersfield）建筑学教授布莱恩·爱德华兹（Brian Edwards）等人从众多欧盟环境保护条约和法规对建筑的要求中，提炼归纳了如何减少建筑对自然环境影响的若干原则，并形成了可持续性建筑（Sustainable Architecture）等一系列概念。

2. 兴起阶段（20 世纪 80 年代—21 世纪初）

20 世纪 80 年代，可持续发展理念的出现，使绿色建筑、生态城市的思想、设计方法、政策策略逐步建立，为以后的绿色建筑发展奠定了良好基础。1992

年，巴西里约热内卢联合国环境与发展大会的召开，使可持续发展这一重要思想在世界范围内达成共识，与会者第一次比较明确地提出了"绿色建筑"的概念。绿色建筑体系逐渐完善，并在英、法、德、加、美、日、澳等发达国家广为应用，成为世界建筑的发展方向。

一些发达国家先后制定了适应本国的绿色建筑发展规范、技术引导措施及评价体系。例如，1990 年英国建筑研究所（Building Research Establishment，BRE）公布了"建筑环境负荷评估法"（Building Research Establishment Environmental Assessment Methodology，BREEAM），成为全球第一个绿色建筑评估系统，此方法影响了美国 LEED（Leadership in Energy and Environmental Design）、加拿大的 GBTool 及欧盟的 SEA 等评估方法。此外，许多发达国家不断探索实现建筑可持续发展的道路，如加拿大的绿色建筑挑战行动（Green Building Challenge），鼓励采用新技术、新材料、新工艺，实行综合优化设计，使建筑在满足使用需要的基础上所消耗的资源、能源最少；日本颁布《住宅建设计划法》，提出"重新组织大城市居住空间（环境）"的要求；法国在 20 世纪 80 年代进行了包括改善居住区环境为主要内容的大规模居住区改造工作；德国在 20 世纪 90 年代开始推行适应生态环境的居住区政策，以切实贯彻可持续发展战略；瑞典则实施了"百万套住宅计划"，在居住区建设与生态环境协调方面取得了令人瞩目的成就。

3. 蓬勃发展阶段（进入 21 世纪以来）

进入 21 世纪以来，迎来了全球绿色建筑评估体系发展的高峰期，德国的 LNB、挪威的 Eco Profile、法国的 ESCALE、澳大利亚的 NABERS、日本的 CASBEE 和中国台湾地区的 EEWH 等评估体系应运而生。绿色建筑渐成体系，并在许多国家实践推广，成为世界建筑的发展方向。

2001 年设立的国际可持续能源解决方案奖金，对能效和可再生资源方面的项目进行资助，该奖金当年吸引了来自 75 个国家的 1000 多个项目的竞争，最终奥地利的林茨市获得 10 万欧元资助。2001 年 7 月，联合国环境规划署的国际环境技术中心、建筑研究与创新国际委员会签署了合作框架书，针对提高环境信息的预测能力展开大范围合作，这与发展中国家的可持续建筑的发展和实施有着紧密关联。绿色建筑由理念到实践，在发达国家逐步完善，形成了体系化的设计和评估方法，各种新技术、新材料层出不穷。2005 年 3 月，在北京召开的首届国际智能与绿色建筑技术研讨会上，与会各国政府有关主管部门与组织、国际机构、专家学者和企业，在广泛交流的基础上，对 21 世纪智能与绿色建筑发展的背景、指导纲领和主要任务取得共识。会议通过的绿色建筑发展《北京宣言》，有利于促进新千年国际智能与绿色建筑的健康快速发展，建设一个高效、安全、舒适的人居环境。目前，一些国家绿色建筑的发展已初见成效，并向着深层次应用发展。近年来，国际上关于绿色建筑的会议和展览逐年增多，绿色建筑正处于蓬勃发展阶段。

4.1.2　国内绿色建筑发展历程

我国绿色建筑发展历史并不长，前后不到 30 年时间，这 30 年同时也是我国城镇化高速发展时期。纵观我国绿色建筑发展历程，大体可分为萌芽、探索实践及高速发展三个阶段。

1. 萌芽阶段（20 世纪 80 年代及以前）

新中国成立以来，我国一直提倡节约方针，并于 1955 年 6 月正式提出了"适用、经济、在可能条件下注意美观"的建筑设计方针。20 世纪 60、70 年代主要关注的是土地资源的节约和利用问题。20 世纪 80 年代初，我国开始实施改革开放政策，经济复苏导致多年积压的住房紧缺问题爆发，全国范围内掀起了建筑热潮，但由于当时建造水平低，出现了建筑质量差、建筑冬冷夏热等一系列问题。在这种情况下，各地开始尝试研究改善建筑性能的办法，较有代表性的是北方地区生土建筑的研究和实践。由于生土建筑取材方便、造价低廉、施工简单，又可以改善建筑室内环境，可被认为是中国建筑技术因地制宜的研究典范和绿色建筑的雏形，但有关绿色建筑的系统研究还处于初始阶段。

2. 探索实践阶段（20 世纪 90 年代—2010 年）

以 1994 年《中国 21 世纪议程》通过为标志，建筑能耗、占用土地、资源消耗及建筑室内外环境问题逐渐成为人们关注的焦点，建筑可持续发展成为政府和行业的共识。在此阶段，绿色建筑概念、评价体系等理论逐渐成型，政府出台绿色建筑相关法律法规及政策大力推进绿色建筑发展，绿色建筑进入探索实践阶段，并逐步走向成熟。

（1）绿色建筑实践

2002 年，清华大学超低能耗实验楼开始建设。这座 1000 多平方米的办公楼集成了当时可采用的大多数建筑节能技术，包括：围护结构保温隔热、蓄热、遮阳、机电设备、照明、采光、自然通风等多项节能技术，成为全国首个节能技术最全面、丰富和创新的示范楼。2004 年，上海建筑科学研究院生态办公楼建成，该项目荣获全国首个绿色建筑创新奖一等奖，并通过 2009 年全国首批国家三星级绿色建筑运营标识认证。该建筑以英国和美国绿色建筑标准为基础，虽然仍未摆脱研究和实验性质，但从实用功能而言，已是一栋比较完整的绿色建筑。2005 年，深圳招商地产"泰格公寓"获得 LEED 银级认证，成为中国首个商业项目的绿色建筑，为绿色建筑市场化道路奠定了基础。以上述 3 栋节能和绿色的标杆建筑为标志，我国绿色建筑逐渐走向成熟。

（2）标准体系建立

为了促进绿色建筑发展，我国除发布一系列法规政策外，相关标准逐步建立。2001 年《中国生态住宅技术评估手册》出版，2004 年《绿色奥运建筑评估体系》出版，2005 年《住宅性能评定技术标准》GB/T 50362—2005 发布，为《绿色建筑评价标准》GB/T 50378—2006 的发布奠定了基础。此后，又有许多相关标准发布和实施，如《建筑节能工程施工质量验收规范》GB 50411—2007、《夏热冬冷地区居住建筑设计节能标准》JGJ 134—2010 等。此外，还建立了绿色建筑评价标识制度，发布和实施了《绿色建筑评价标识管理办法（试行）》及《绿色建筑评价技术细则（试行）》等。2010 年初，住房和城乡建设部出版了《绿色建筑评价技术指南》，在总结和归纳绿色建筑评价工作方法和经验的基础上，对《绿色建筑评价标准》进行了深入剖析和解读，通过"评价要点""实施途径""关注点"和"建议提交材料"等详细阐述了《绿色建筑评价标准》的每一条文，使评价工作更具可操作性。

3. 高速发展阶段（2010 年至今）

我国自 2011 年起开始出现生态城市建设热潮，带动了绿色建筑从单体建筑向城区建设的发展，其中，生态省市要求新建建筑中绿色建筑的比例达到 80% 以上，既有建筑改造的比例达到 50% 以上。2012 年 4 月 27 日，财政部、住房和城乡建设部印发《关于加快我国绿色建筑发展的实施意见》（财建〔2012〕167 号），提出要推进绿色生态城区建设，规模化发展绿色建筑，并明确将通过建立健全标准规范及评价标识体系、建立财政政策激励机制、推进绿色建筑科技进步和产业发展等多种手段，全面加快推动我国绿色建筑发展。同年 5 月 9 日，住房和城乡建设部印发《"十二五"建筑节能专项规划》（建科〔2012〕72 号），提出实施绿色建筑规模化推进，实现新建绿色建筑 8 亿 m^2，到规划期末，城镇新建建筑 20% 以上达到绿色建筑标准要求等。2012 年 12 月，在第八届中国国际地暖产业高峰论坛上，与会者提出我国大规模推行绿色建筑与建筑节能时机已经成熟，近年来我国绿色建筑快速发展，绿色建筑的社会共识已经形成，管理制度已基本建立、标准体系已基本奠定、技术支撑已日益完善。

2013 年 1 月 1 日，《国务院办公厅关于转发发展改革委住房城乡建设部绿色建筑行动方案的通知》（国办发〔2013〕1 号）提出，要积极引导建设绿色生态城区，推进绿色建筑规模化发展的重点任务，并规定"政府投资的国家机关、学校、医院、博物馆、科技馆、体育馆等建筑，直辖市、计划单列市及省会城市的保障性住房，以及单体建筑面积超过 2 万 m^2 的机场、车站、宾馆、饭店、商场、写字楼等大型公共建筑，自 2014 年起全面执行绿色建筑标准"。随着我国绿色建筑的快速发展，绿色建筑的内涵和外延不断丰富，各行业、各类建筑践行绿色理念的需求不断提出。为了适应现阶段绿色建筑实践及评价工作需要，新版《绿色建筑评价标准》GB/T 50378—2014 也于 2015 年 1 月 1 日正式实施。

截至 2015 年 1 月，全国共评出 2538 项绿色建筑标识项目，总面积达 2.92 亿 m^2，其中，设计标识 2379 项，建筑面积 2.72 亿 m^2；运行标识 159 项，建筑面积 0.2 亿 m^2。从 2011 年至 2014 年统计数据看，我国绿色建筑呈高速发展趋势（图 4-1）。

近年来，绿色建筑进入规模化发展阶段，2016 年住房和城乡建设部印发《建筑节能与绿色建筑发展"十三五"规划》，提出到 2020 年城镇绿色建筑占新

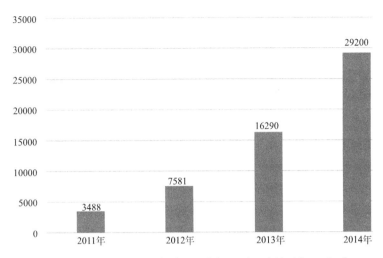

图 4-1 2011—2014 年绿色建筑评价标识项目建筑面积（万 m²）

建建筑比重超过 50%，新增绿色建筑面积 20 亿 m² 以上；2020 年，住房和城乡建设部、国家发展改革委等七部门联合印发《绿色建筑创建行动方案》，明确到 2022 年当年城镇新建建筑中绿色建筑面积占比达到 70%。同时，随着绿色建筑的进一步发展，绿色建筑逐渐由"重设计、轻运营"到保障绿色建筑具体实施效果转变，由单纯的"四节一环保"到全寿命期健康、适用和高效扩展。一是编制新版《绿色建筑评价标准》，重新定义绿色建筑为"在全寿命期内，最大限度地节约资源（节能、节地、节水、节材）、保护环境、减少污染，为人们提供健康、适用和高效的使用空间，与自然和谐共生的建筑"。同时明确，绿色建筑评价应在建筑工程竣工后进行，在建筑工程施工图设计完成后，可进行预评价，旨在重新设定评价时间节点，保证绿色技术措施的落地实施。另外，绿色建筑评价体系应由安全耐久、健康舒适、生活便利、资源节约、环境宜居 5 类指标组成，且每类指标均包括控制项和评分项。二是完善绿色建筑评价标识管理，旨在规范绿色建筑标识管理，促进绿色建筑高质量发展，明确三星级绿色建筑由住房和城乡建设部认定，二星级绿色建筑由省级住房和城乡建设部门负责，一星级绿色建筑认证和标识授予由地市级住房和城乡建设部门开展。

目前，各地均结合实际情况提出了地方绿色建筑发展目标，采用"强制"与"激励"相结合的政策措施，推动绿色建筑高质量发展的格局已基本形成。

4.2 绿色建筑研究综述

低碳生态城市建设是一个系统工程，绿色建筑是其非常重要的组成部分。规模化发展绿色建筑不仅影响城市的节能减排，还会影响城市的人口结构、产业结构、市政基础设施、土地利用、资源环境、交通系统和能源供给等诸多方面。规模化发展绿色建筑已成为建设低碳生态城市的重要推动力。综观近年来国内外绿色建筑研究内容，主要集中在绿色建筑技术体系、绿色建筑综合评价及经济性分析等方面。

4.2.1 绿色建筑技术体系研究

绿色建筑技术体系包括绿色建筑结构、绿色建材技术、绿色建筑水利用、室内环境控制等方面，国内学者开展了大量研究。田慧峰、张欢等（2011）以武汉市为例，重点分析了绿色建筑相关技术的重要作用，详细阐述了超高层绿色建筑的特点、可持续设计方法及发展意义。程志军、叶凌（2012）就绿色建筑相关控制性技术要求及我国现阶段技术应用现状进行了归类，并分析了绿色建筑技术的适宜性。王少健、王敏等（2012）研究了深圳建科大楼绿色建筑技术应用，分析了能够在中国现代高层办公建筑设计中广泛应用的绿色建筑技术。彭俊（2012）阐述了建筑遮阳的意义，着重从形式、设计方法及发展趋势等方面对建筑遮阳进行了分析。王崇杰、薛一冰等（2012）从绿色大学校园规划体系、建筑设计体系及节水、节地、节能、节材、室内环境质量和运营管理等方面，阐述了绿色大学校园各项技术的基本原理，提出了绿色大学校园构建模式。戴昆、薛嵩等（2013）基于案例，研究了低成本增量的绿色建筑在结构方案、体系选型、建筑材料等方面应采取的措施。解秀丽（2015）分析了绿色建筑相关技术应用中存在的问题及应用现状，并围绕如何选择和评价适宜的绿色建筑技术进行了研究。刘淼、王齐超（2015）研究了绿色建筑设计中的建筑结构设计问题。魏慧娇、李丛笑（2015）在调研我国绿色建筑采用的节水技术基础上，分析了各类技术的节水效果，并提出了技术改进措施。杜亚星（2016）研究了 BIM 技术运用于绿色建筑评价的可能性，并提出了较为完整的应用思路和评价模型。丁勇、范凌枭（2018）对比测算了不同类型建筑中室内声环境、光环境和热环境在绿色建筑要求下的性能提升，并提出了满足标准要求的技术实施途径。于兵（2018）对装配式钢结构在绿色建筑中的应用进行了研究。张晓然、赵霄龙等（2018）回顾了我国绿色建材关键技术的研究与应用，并提出推动绿色建材技术发展应用的建议。

嵇晓雷、杨国平（2020）梳理围护结构改造、节水系统改造、可循环资源利用、建筑空间改造等绿色建筑改造技术策略，应用具体工程案例，对工程改造后节能量进行测算分析，验证了改造效果。李娟（2020）分析光伏与建筑一体化、建筑设备节能监控系统、绿色照明智能控制技术等电气节能技术在绿色建筑中应用表现，并认为光伏与建筑一体化既能带来很好的节能减碳效果，又在经济性上具有显著优势。彭茂龙（2021）分析 BIM 技术在绿色建筑设计中的应用，认为 BIM 技术与绿色建筑设计在时间维度上存在一致性，在核心功能方面存在互补性，将 BIM 技术应用到绿色建筑设计中，有助于提升绿色建筑全寿命期环保与资源集约能力，推动绿色建筑设计整体的转型升级。李俊清（2020）、覃娅（2020）、马中军等（2020）分别从绿色建筑设计、绿色建筑评价、绿色建筑项目全过程信息管理等方面分析了 BIM 技术绿色建筑应用。此外，陈聘（2019）、陈诚（2019）、李茵（2020）、刘明伟（2020）从低碳视角，分析了低碳技术在建筑领域的应用。

4.2.2　绿色建筑综合评价研究

20 世纪 90 年代至今，发达国家的研究机构先后制定了绿色建筑评价体系，用来衡量建筑生态品质，推动绿色建筑健康发展。1990 年，英国建筑研究中心率先推出全球首部绿色建筑评价体系 BREEAM（建筑研究中心环境评估法），随后，美国、加拿大、澳大利亚、挪威、德国、日本等国家也陆续推出了本国绿色建筑评价体系。国际绿色建筑主要评价体系见表 4-1。

国际绿色建筑主要评价体系　　　　　　表 4-1

名称	发布机构	所属国家	首次发布时间
BREEAM	英国建筑研究中心	英国	1990 年
HK-BEAM	香港环保建筑协会	中国香港	1996 年
LEED	美国绿色建筑委员会	美国	1998 年
DGNB	德国可持续建筑委员会	德国	2001 年
CASBEE	日本可持续建筑协会	日本	2003 年

其中，英国 BREEAM（Building Research Establishment Environmental Assessment Method）是世界上开发最早、运行时间最长的绿色建筑评价体系，评价对象包括新建建筑和既有建筑；评估内容涵盖土地使用、能源、水资源、交通、材料、管理、生态价值、污染和使用者的身心健康等诸多方面。美国 LEED（Leadership in Energy and Environmental Design）则是世界上影响力最大、适用范围最广、市场化应用最为成功的绿色建筑评价体系，已被许多国家作为开发绿色建筑评价体系的标准或范本。LEED 评价对象包括新建建筑、商业建筑和公共建筑；评估内容覆盖项目场地、用水资源、环境和能源、材料和资源、建筑室内环境及应用创新等方面，评价结果分为"白金、金质、银质、铜质"四个级别。LEED 采用第三方机构认证方式，操作透明，资料开放，具有较高的信誉度和权威性，因而成为世界上拥有认证建筑最多的绿色建筑评价体系。

在国内，对绿色建筑综合评价的研究一直贯穿我国绿色建筑发展历程。早在 2002 年，王竹、贺勇等学者便提出推动绿色建筑发展，迫切需要建立绿色建筑评价工具作为实施运作的技术支撑，并设计了绿色建筑评价结构框架、评价范围、操作指标等。与此同时，李路明（2002）、龚志起和张智慧（2003）、阮义（2005）、黄琪英（2005）等分别对国内外绿色建筑评价体系及绿色建材评价等开展研究，为我国首部绿色建筑评价标准的建立奠定了研究基础。2006 年我国绿色建筑评价体系初步建立后，许多学者通过标准体系对比、评价体系应用等，推动了我国绿色建筑评价的不断完善。万一梦和徐蓉等（2009）、李涛和刘丛红

（2011）、朱颖心和林波荣（2012）、宋凌（2012）、李诚（2012）等将我国绿色建筑评价标准与美国 LEED、英国 BREEAM 等评价标准体系进行比较，研究了我国绿色建筑评价体系存在的问题，提出了如何进一步完善我国绿色建筑评价体系的建议。我国最新发布的绿色建筑评价标准，扩充了绿色建筑内涵，从单纯的"四节一环保"扩展到安全耐久、健康舒适、生活便利、资源节约、环境宜居 5 个方面，提高和新增了全装修、室内空气质量、水质、健身设施、垃圾、全龄友好等要求。

此外，我国学者也从绿色建筑运行效果、建设管理及碳排放等角度开展绿色建筑综合评价研究。高源（2014）通过对比国外典型低碳建筑评价体系，指出我国评价体系所存在的问题，并研究了建筑碳足迹、指标基准和评价体系权重，提出了适合我国国情的确定方法和技术路线。许蕾（2015）研究了绿色建筑的开发管理、设计管理、施工管理和运营管理四个阶段的内容、流程，并从资源、管理、技术、经济、能源、环境等方面综合考虑设计了绿色建筑工程管理评价体系。王瑶瑶（2016）构建了基于可拓评价法的绿色建筑评价体系，并研究了建筑的实际绿色程度、不同建筑之间的绿色水平差异。

新版绿色建筑评价标准颁布以来，国内学者开展了大量研究。吕石磊等（2020）通过新旧两版《绿色建筑评价标准》的对比，对新版评价标准评价指标体系和水专业的修订要点进行分析和介绍。李博才（2021）、杨新军（2020）、成维川（2020）、徐雯（2020）等也从电气条文、给水排水技术、标准的实践应用等方面对新版评价标准进行了系统研究。此外，王清勤等（2020）归纳分析了新版绿色建筑评价标准与疫情防控相关的技术要求，分析其具体作用。认为标准相关技术要求在"具备疫情防控基础功能""开展疫情防控的便利条件""降低感染风险和预防交叉感染""促进和保障建筑使用者身体健康""稳定疫情防控期间生产生活环境"等 5 个方面具有积极作用。郑振尧（2021）阐述了绿色建筑评价体系现状，提出并分析了现有评价标准存在的忽视投资效益经济性评价、全寿命期经济性评价重视不够、分类评价体系有待明晰、隐性评价指标有待完善、与推广方式不相适宜等问题，并提出针对性解决措施建议。

4.2.3 绿色建筑经济性分析研究

国外对于绿色建筑的研究起步较早，对绿色建筑推广及经济性分析较为关注，并从各角度开展探索。Zinah Yas 提出了影响阿拉伯绿色建筑传播的因素，并将这些因素细分为障碍、推广因素和推动者。Andrea Chegut 认为，节能在降低建筑物碳外部性方面起着重要作用，但迄今对更高效的绿色建筑经济性分析忽略了投入成本，并解释了经济上虽然合理，但绿色建筑实践时却相对缓慢的现象。I. M. Chethana S. Illankoon 通过考虑整个建筑寿命期中的相互依赖性和成本来检查绿色建筑中的建筑服务，为开发商及其顾问提供了重要参考，帮助他们选择性价比好的建筑服务，以期更好地实现绿色建筑价值。同时，许多国家出台一系列政策法规，推动绿色建筑发展。美国联邦政府、各州政府及公用事业单位等都采取了一系列经济措施对开发绿色建筑及高效节能产品进行激励。采取的财政税收激励措施主要有节能基金、现金补贴（主要有贴息补助与直接补贴两种形式）、税收抵免、抵押贷款、加速折旧、低收入家庭节能计划等。除经济激励政策外，较有效和普及的绿色建筑激励策略是通过组织措施激励市场。组织激励是指对实施绿色建筑的开发商给予额外的建筑密度、高度的奖励或加快工程建设申请程序的奖励。此外，美国还比较注重对绿色建筑技术的培训、免费检测等形式的技术支持，某些城市也提供免费的绿色建筑开发计划编制或认证培训工作。日本 2008 年修订的《节能法》主要针对温室气体减排，要求对大型建筑物（建筑面积 2000m^2 以上，称作"第一种特定建筑物"）除必须提交建筑节能报告书外，如果节能措施明显不完善且不听从进行改善的要求，管理部门将会进行公示，并责令其进行整改。同时，要求新建独立住宅应采用一定的技术措施提高节能性能。国外典型绿色建筑激励政策见表 4-2。

国外典型绿色建筑激励政策　　　　　　　　　　　　　　　　　表 4-2

国家	典型激励政策
美国	完善本国的经济激励机制，包括税收减免、专项资金支持等
日本	政府鼓励太阳能设备的普及，凡安装使用的家庭可享受低息贷款、电费按低峰计价等政策
英国	政府推行人才培养计划，成立基金会定期发放科研经费，并设置专门的奖项促进该领域的研究与创新
德国	从 1999 年开始，德国宣布除热电联产效率超过 70% 的开发商可免税，其他开发商都需缴纳能源税。凡应用可再生技术或在能源节约及新能源利用方面有贡献的开发商或个人，可享受贷款利率降低等多项奖励，从经济上给予相应补贴
新加坡	新加坡建设局在 2006 年最初颁布绿色建筑发展计划时，就推出一个 2000 万新币的新建建筑绿色认证激励计划，对于开发商开发并取得较高等级（超金级、白金级）绿色建筑认证的建筑，政府将对开发商额外奖励楼面面积

　　国内绿色建筑激励政策主要是对通过绿色建筑认证项目给予一定的财政激励、容积率奖励等，国内学者更多从绿色建筑技术经济角度开展研究工作。王会恩（2012）从绿色建筑施工造价和成本节约两方面分析了经济效益，并提出将经济效益作为绿色建筑技术经济评价的关键内容。赵艳强（2013）从绿色建筑的经济外部性和非绿色建筑的外部不经济性进行分析，提出了促进绿色建筑产业发展的建议。张永健（2014）基于循环经济理论，从轻量化、再利用和资源化三个方面分析材料资源利用情况，提出了节材与材料资源有效利用的实现途径。丁孜政（2014）提出绿色建筑生态效率概念，运用价值-影响比值法和数据包络分析法建立了相应模型，提出了绿色建筑增量成本效益评估方法。马晓国（2015）运用实物期权理论及"有无分析"原则，对绿色建筑实际价值进行评估，并确定了其增量成本。王艳秋（2016）分析了绿色建筑运维阶段增量成本和增量效益。许沛（2017）运用数学模型和多因素敏感性分析模型对绿色建筑进行经济评价。朱昭

等（2018）分析了绿色建筑增量成本和增量效益构成及计算方式，对绿色建筑成本效益进行了评价。

李宏杰等（2019）以多业态综合体绿色公共建筑为研究对象，通过对夏热冬暖地区的大型多业态综合体绿色建筑技术增量成本进行调研，开展多业态综合体绿色建筑应用技术的经济性分析。罗珍妮等（2018）从绿色建筑特点出发，结合资源环境和社会发展，选取稳健性、敏感性、弹性三个属性层共 32 个指标，构建了基于脆弱性的绿色建筑经济性评价指标体系。林姗（2020）以超低能耗建筑技术指标为基础，以上海地区典型高层居住建筑为研究对象，进行能耗模拟及产品市场调研，开展超低能耗建筑技术经济分析。张敏君（2020）将投入产出分析理论应用到绿色建筑经济性的评价研究中，分析投入与产出之间的复杂关系，划分一、二级指标内容，构建了新型绿色建筑经济性评价方法。

综上所述，国内外针对绿色建筑的单项技术应用、评价体系研究较多，对绿色建筑规模化发展（包括绿色建筑技术集成、经济激励制度、投资效益综合评价方法等）的研究尚不多见。

参考文献

[1] 陈诚．我国绿色低碳建筑技术应用研究进展 [J]．现代物业（中旬刊），2019（8）：47.

[2] 陈骋．基于低碳理论的绿色建筑设计策略 [J]．地产，2019（15）：61-62.

[3] 成维川，王政．2019 版绿色建筑评价标准简析 [J]．江苏建筑，2020（S1）：83-86，97.

[4] 程志军，叶凌．绿色建筑技术应用分析及《绿色建筑评价标准》（GB/T50378—2006）修订建议 [J]．建筑科学，2012，28（2）：1-7.

[5] 戴昱，薛嵩，张宏儒，於林锋．低成本增量绿色建筑的结构设计措施探索 [J]．建筑技术，2013，44（12）：1115-1117.

[6] 丁孜政．绿色建筑增量成本效益分析 [D]．重庆：重庆大学，2014.

[7] 丁勇，范凌枭．绿色建筑室内物理环境控制要点及技术措施分析 [J]．暖通空调，2018，48（10）：122-129.

[8] 高源．整合碳排放评价的中国绿色建筑评价体系研究 [D]．天津大学，2014.

[9] 龚志起，张智慧．绿色建筑材料的界定与评价 [J]．建筑管理现代化，2003（2）：10-13.

[10] 黄琪英．国内绿色建筑评价的研究 [D]．四川：四川大学，2005.

[11] 黄玉珠，刘小刚．新旧《绿色建筑评价标准》对比及给排水专业技术措施建议 [J]．给水排水，2020，56（S1）：998-1000，1003.

[12] 嵇晓雷，杨国平．绿色建筑技术在既有建筑改造中的应用研究 [J]．现代城市研究，2020（8）：104-107.

[13] 李博才．《绿色建筑评价标准》2019 年版与 2014 年版电气专业条文对比分析 [J]．现代建筑电气，2021，12（2）：63-68.

[14] 李诚，周晓兵．中国《绿色建筑评价标准》和英国 BREEAM 对比 [J]．暖通空调，

2012，42（10）：60-65.

[15] 李宏杰，罗吕柳，胡雅敏，林武生 . 夏热冬暖地区多业态综合体绿色建筑技术经济性分析 [J]. 住宅产业，2019（7）：32-36.

[16] 李娟 . 电气节能技术在绿色建筑中的运用 [J]. 建筑科学，2020，36（11）：161.

[17] 李俊清 . BIM 技术在绿色建筑设计中的应用 [J]. 建筑结构，2020，50（13）：148-149.

[18] 李路明 . 国外绿色建筑评价体系略览 [J]. 世界建筑，2002（5）：68-70.

[19] 李涛，刘丛红 . LEED 与《绿色建筑评价标准》结构体系对比研究 [J]. 建筑学报，2011（3）：75-78.

[20] 李茵 . 低碳趋势下建筑施工技术的发展与改进策略 [J]. 中国高新科技，2020（2）：114-116.

[21] 林姗 . 上海地区居住建筑超低能耗技术路线研究及经济性分析 [J]. 绿色建筑，2020，12（6）：20-23.

[22] 林亚星 . BIM 在绿色建筑评价中的应用研究 [D]. 四川：西南交通大学，2016.

[23] 刘淼，王齐超 . 绿色建筑结构优化设计 [J]. 城市建设理论研究：电子版，2015，5（26）：1684-1685.

[24] 刘敏，张琳，廖佳丽 . 绿色建筑发展与推广研究 [M]. 北京：经济管理出版社，2012.

[25] 刘明玮 . 低碳技术在建筑施工中的应用研究 [J]. 住宅与房地产，2020（29）：116，120.

[26] 罗珍妮，黄喜兵 . 绿色建筑经济的脆弱性评价 [J]. 四川建筑，2018，38（4）：21-24，28.

[27] 吕石磊，曾捷 . 《绿色建筑评价标准》（2019 版）修订概述和水专业要点 [J]. 给水排水，2020，56（1）：81-86.

[28] 吕沐宁 . 绿色建筑规模化推广困境的经济分析 [J]. 科技经济导刊，2018，26（5）：146，148.

[29] 马晓国 . 基于实物期权的绿色建筑增量成本效益评价 [J]. 技术经济与管理研究，2015（5）：17-20.

[30] 马中军，王晓威，张延欣，马贵申，王海悦 . 基于 BIM 技术的绿色建筑项目全过程信息管理 [J]. 建筑结构，2020，50（8）：163.

[31] 彭茂龙，刍议 . BIM 技术在绿色建筑设计中的具体运用 [J]. 建筑科学，2021，37（3）：165-166.

[32] 仇保兴 . "共生" 理念与生态城市 [J]. 城市发展研究，2013.

[33] 阮仪 . 国际绿色建筑评价体系 [J]. 绿色中国，2005.

[34] 宋凌，林波荣，李宏军 . 适合我国国情的绿色建筑评价体系研究与应用分析 [J]. 暖通空调，2012，42（10）：15-19.

[35] 宋文婷 . 基于系统动力学的绿色建筑推广政策研究 [D]. 黑龙江：哈尔滨工业大学，2020.

[36] 覃娅 . 基于 BIM 技术的绿色建筑评价 [J]. 建筑结构，2020，50（11）：147.

[37] 陶妍艳，徐刚，陈雁，王洪涛，朱海军，吴贤国 . 建筑绿色度评价与预测优化 [J]. 土木工程与管理学报，2021，38（1）：120-126.

[38] 万一梦，徐蓉，黄涛 . 我国绿色建筑评价标准与美国 LEED 比较分析 [J]. 建筑科学，2009，25（8）：6-8.

[39] 王崇杰，薛一冰，何文晶 . 绿色大学校园 [M]. 北京：中国建筑工业出版社，2012.

[40] 王会恩 . 绿色建筑项目的技术经济分析 [J]. 绿色科技，2012（9）：209-210.

[41] 王娜 . 绿色建筑的经济性分析 [J]. 建材与装饰，2018（26）：184.

[42] 王清勤，李国柱，孟冲，等 . GB/T 50378—2019《绿色建筑评价标准》编制介绍 [J]. 暖通空调，2019，49（8）：1-4.

[43] 王瑶瑶 . 基于可拓评价方法的绿色建筑评价体系研究 [D]. 辽宁：大连理工大学，2016.

[44] 王艳秋 . 绿色建筑运营阶段增量成本与增量效益研究 [J]. 现代工业经济和信息化，2016，6（17）：30-33.

[45] 王竹，贺勇，魏秦 . 关于绿色建筑评价的思考 [J]. 浙江大学学报：工学版，2002（6）：61-65.

[46] 魏慧娇，李丛笑 . 我国绿色建筑节水技术措施调研分析 [J]. 建筑，2015（1）：28-30.

[47] 吴彦哲，於德美，高小攀，李昶，吴志鸿，李晓娟，付腾飞 .《绿色建筑评价标准》现状及案例分析 [J]. 福建建设科技，2021（2）：74-76.

[48] 解秀丽 . 城镇建设中绿色建筑技术应用研究 [D]. 北京：北京交通大学，2014.

[49] 许蕾 . 绿色建筑全寿命周期建设工程管理和评价体系研究 [D]. 山东：山东建筑大学，2015.

[50] 许沛 . 绿色建筑节能经济性评价及其敏感性分析研究 [D]. 上海：上海交通大学，2017.

[51] 叶祖达，李宏军，宋凌 . 中国绿色建筑技术经济成本效益分析 [M]. 北京：中国建筑工业出版社，2013.

[52] 于兵 . 绿色装配式钢结构建筑体系研究与应用 [J]. 建筑技术，2018，49（S1）：233-234.

[53] 张敏君 . 基于投入产出分析的绿色建筑经济性评价研究 [J]. 现代工业经济和信息化，2020，10（6）：43-45.

[54] 张永健 . 绿色建筑中材料资源利用的循环经济分析 [J]. 建筑监督检测与造价，2014，7（2）：20-23.

[55] 张晓然，赵霄龙，何更新 . 我国绿色建材技术及其标准化概述 [J]. 施工技术，2018.

[56] 赵敬辛 . 豫西南地区保障房绿色建筑应用技术及评价研究 [D]. 天津：天津大学，2014.

[57] 赵艳强 . 绿色建筑经济分析 [J]. 企业导报，2013（16）：68-68.

[58] 郑振尧 . 绿色建筑评价体系的问题与对策研究 [J]. 建筑经济，2021，42（2）：14-17.

[59] 住房和城乡建设部科技发展促进中心，西安建筑科技大学，西安交通大学 . 绿色建筑的人文理念 [M]. 北京：中国建筑工业出版社，2010.

[60] 朱颖心，林波荣 . 国内外不同类型绿色建筑评价体系辨析 [J]. 暖通空调，2012，42（10）：9-14，25.

[61] 朱昭，李艳蓉，陈辰 . 绿色建筑全生命周期节能增量成本与增量效益分析评价 [J]. 建筑经济，2018，39（4）：113-116.

[62] Chegut A, Eichholtz P, Kok N. The Price of Innovation：An Analysis of the Marginal Cost of Green Buildings [J]. Journal of Environmental Economics and Management，

2019，98.

［63］ Edwards B. Sustainable Architecture： European Directives and Building Design ［M］. ［S. l. ］： Architectural Press，1998.

［64］ Darko A，Chan A. Strategies to promote green building technologies adoption in developing countries： The case of Ghana ［J］. Building and Environment，2018，130 （feb. ）： 74-84.

［65］ I. M，Chethana，et al. Optimising choices of 'building services' for green building： Interdependence and life cycle costing ［J］. Building & Environment，2019.

［66］ Kong F，He L. Impacts of supply-sided and demand-sided policies on innovation in green building technologies： A case study of China ［J］. Journal of Cleaner Production， 2021：126279.

［67］ Lc A，GA Xin，Cha B，et al. Evolutionary process of promoting green building technologies adoption in China： A perspective of government ［J］. Journal of Cleaner Production， 2020，279.

［68］ Mcharg IL. Design with Nature ［M］. ［S. l. ］： Wiley，1995.

［69］ Tan Y，Luo T，Xue X，et al. An Empirical Study of Green Retrofit Technologies and Policies for Aged Residential Buildings in Hong Kong ［J］. Journal of Building Engineering， 2021 （7587）.

［70］ Victor O. Design with Climate： Bioclimatic Approach to Architectural Regionalism ［M］. ［S. l. ］： Princeton University Press，1963.

［71］ Yang X J L T，Xu M，Han W. Pathways to a Low-carbon Economy for Inner Mongolia， China ［J］. Procedia Environmental Sciences，2012，12 （Part A）： 212-217.

［72］ Yas Z，Jaafer K. Factors influencing green building projects spread in the UAE ［J］. Journal of Building Engineering，2019，27： 100894.

［73］ Yin S，Li B. Matching management of supply and demand of green building technologies based on a novel matching method with intuitionistic fuzzy sets ［J］. Journal of Cleaner Production，2018，201 （PT. 1-1166）： 748-763.

第5章　绿色建筑规模化发展机理

绿色建筑规模化发展是低碳生态城市建设的重要内容。研究绿色建筑规模化发展，首先需要分析绿色建筑规模化发展机理。只有从宏观和微观两个层面剖析清楚绿色建筑规模化发展的影响因素，才能构建科学的绿色建筑规模化发展驱动机制，进而为推动低碳生态城市建设中的绿色建筑规模化发展提供理论基础。

5.1　绿色建筑规模化发展的内涵及实施现状

5.1.1　绿色建筑规模化发展的内涵和特征

我国自 2008 年 4 月开始实施绿色建筑评价标识制度以来，绿色建筑发展迅速。我国在《关于加快推动我国绿色建筑发展的实施意见》（财建〔2012〕167号）中明确提出，要"推进绿色生态城区建设，规模化发展绿色建筑"。《国务院办公厅关于转发发展改革委　住房城乡建设部绿色建筑行动方案的通知》（国办发〔2013〕1 号）也将绿色建筑规模化发展列为重点任务。2020 年 7 月 24 日，《住房和城乡建设部 国家发展改革委 教育部 工业和信息化部 人民银行 国管局银保监会关于印发绿色建筑创建行动方案的通知》（建标〔2020〕65 号）中明确要求，要推动绿色建筑高质量发展，到 2022 年，当年城镇新建建筑中绿色建筑面积占比达到 70%，星级绿色建筑持续增加，既有建筑能效水平不断提高。

1. 绿色建筑规模化发展的内涵

何谓绿色建筑规模化发展，目前尚无统一定义，从现阶段我国对绿色建筑规模化的要求来看，绿色建筑规模化发展可以理解为某一建筑群通过绿色建筑技术集成，与上下游产业链形成资源互补、实现资源循环利用和废弃物再利用，从而获得绿色建筑规模效益的过程。

2. 绿色建筑规模化发展的特征

绿色建筑规模化注重绿色建筑群建设，能够应用绿色建筑技术集成等方式进一步提升规模效益，并在构建循环经济链中发挥重要作用。

（1）绿色建筑集群建设

绿色建筑集群建设是绿色建筑规模化发展的基本特征。

1）绿色建筑数量大幅增加。根据 2013 年发布的《绿色建筑行动方案》，我国在"十二五"期间完成新建绿色建筑 10 亿 m²，到 2015 年底，20% 的城镇新建建筑达到绿色建筑标准要求。而在"十三五"期间的目标是城镇新建建筑中绿色建筑面积所占比例超过 50%，新增绿色建筑面积 20 亿 m^2 以上。随着我国绿色建筑的不断发展，绿色建筑数量不断增加，绿色建筑集群建设将成为发展趋势之一。

2）低碳生态城市发展更注重绿色建筑集群建设。根据《住房和城乡建设部低碳生态试点城（镇）申报管理暂行办法》（建规〔2011〕78 号），申报生态试点城（镇）应具备"新建城镇（新区）规划建设控制范围原则上应在 $3km^2$ 以上，不占用或少占用耕地"。住房和城乡建设部发布的《"十二五"绿色建筑和绿色生态城区发展规划》（建科〔2013〕53 号）将"实施 100 个绿色生态城区示范建设"列入规划目标，提出"在自愿申请的基础上，确定 100 个左右不小于 $1.5km^2$ 的城市新区按照绿色生态城区的标准因地制宜进行规划建设"，以推进绿色生态城区建设等重点任务的实施。2017 年 3 月，住房和城乡建设部发布的《建筑节能与绿色建筑发展"十三五"规划》提出，2020 年城镇新建建筑中绿色建筑面积比重超过 50%，同时要加大绿色建筑标准强制执行力度，逐步实现东部地区省级行政区域城镇新建建筑全面执行绿色建筑标准、中部地区省会城市及重点城市、西部地区省会城市新建建筑强制执行绿色建筑标准，逐步将民用建筑执行绿色建筑标准纳入工程建设管理程序。

绿色建筑集群建设，将有利于推动低碳生态城市建设目标的实现。中新天津生态城总面积约 $31.23km^2$，约 40%的土地为住宅用地、约 10%为符合可持续发展理念的工业用地，商业配套用地则占 3%左右，且所有建筑均按绿色建筑标准建设，绿色建筑比例达 100%；位于苏沪交界处的花桥国际商务城，地域面积 $50km^2$，其绿色建筑群由包括绿色住宅、绿色办公建筑、绿色学校、绿色医院等在内的区域性绿色建筑组成。

（2）绿色建筑技术集成

绿色建筑技术集成是绿色建筑规模化发展的重要特征。

1）绿色建筑技术集成日益得到重视。绿色建筑技术集成是指形成绿色建筑技术体系，实现能源技术、材料技术、生物技术、污染治理技术、资源回收技术及环境监测技术等有机结合。根据《"十二五"绿色建筑科技发展专项规划》，绿色建筑共性关键技术体系、绿色建筑产业推进技术体系、绿色建筑技术标准规范和综合评价服务技术体系建设将作为绿色建筑科技发展的三个技术支撑重点。其中，对绿色建筑集成设计、绿色建筑节能技术集成、可再生能源耦合系统集成、绿色建造新型预制装配集成、既有建筑及建筑群绿色化改造集成设计等方面，均提出了集成技术发展要求。

2）绿色建筑技术集成是实现绿色建筑规模化发展的必要方式。根据我国《"十二五"绿色建筑和绿色生态城区发展规划》，新建区域建设注重将绿色建筑单项技术发展延伸至能源、交通、环境、建筑、景观等多项技术集成化创新，实现区域资源效率整体提升。某项绿色建筑技术或几项绿色建筑技术的简单叠加已不能满足我国绿色建筑快速发展要求。如中新天津生态城绿色建筑规划集成使用了可再生能源、水资源利用、绿色建材、通风采光、垃圾处理等方面节能减排技术和方案，降低了建筑能耗和排放；南京青奥村服务中心项目，依照节地、节能、节水、节材、室内环境及运营管理等绿色建筑标准，集成采用围护结构保温隔热体系、高效用能设备、分布式能源系统、雨水回用、自然采光和自然通风优化、智能化控制等多项技术，并对室内采光、通风等进行模拟，构建绿色建筑技术体系，以达到提高舒适度、节能降耗等目标，全年供暖、通风、空气调节和照明总能耗减少 65%，具有积极的示范作用。

在建筑群上进行绿色建筑技术集成设计，将有利于进一步提升建筑的绿色性能，达到良好的绿色建筑规模化效益。

（3）循环经济链

循环经济链是绿色建筑规模化发展的核心特征。

1）循环经济链的构建和运行是绿色建筑规模化发展的重要途径。我国目前建筑活动造成的污染约占全社会污染的三分之一，建筑垃圾每年高达数亿吨；每天生成的生活污水达 580 万 m^3。我国建筑能耗占全社会终端能耗的比率已从 1978 年的 10% 增长到目前的 27.5%，若综合建材生产和建造过程，建筑相关能耗比例超过 40%。我国在《"十二五"节能减排综合性工作方案》（国发〔2011〕26 号）中即提出要大力发展循环经济，"全面推行清洁生产，在农业、工业、建筑、商贸服务等重点领域推进清洁生产示范，从源头和全过程控制污染物产生和排放，降低资源消耗"，并"按照循环经济要求规划、建设和改造各类产业园区，实现土地集约利用、废物交换利用、能量梯级利用、废水循环利用和污染物集中处理"等。特别是在建筑垃圾资源化利用方面，《循环经济发展战略及近期行动计划》（国发〔2013〕5 号）指出，要"推进建筑废物集中处理、分级利用，生产高性能再生混凝土、混凝土砌块等建材产品。因地制宜建设建筑废物资源化利用和处理基地。"《2015 年循环经济推进计划》（发改环资〔2015〕769 号）也提出，要"开展建筑垃圾管理和资源化利用试点省建设工作，鼓励各地探索多种形式市场化运作机制，创新建筑垃圾资源化利用领域投融资模式"。绿色建筑规模化发展，离不开循环经济链的构建和运行。

2）绿色建筑规模化发展是我国实施大循环战略的关键环节。根据《循环经济发展战略及近期行动计划》（国发〔2013〕5 号），要实施大循环战略，"推动产业之间、生产与生活系统之间、国内外之间的循环式布局、循环式组合、循环式流通"，绿色建筑规模化作为循环经济链的关键环节，可将生活系统与建筑业、工业等相关产业有效连接，构建生产生活共生体系。例如，工业废气废水的热能回收，可输送到建筑区供热管道实现冬季供暖，工业氮气废气或可用于实现建筑的室内制冷；建筑区中水和污水可与工业废水一起进行处理，城市垃圾中的有机物经过处理，可作为工业燃烧煤的辅助燃料等。在绿色建筑规模化建设实践中，中新天津生态城在规划设计、建设及运营阶段都体现了循环经济理念，如在建设阶段，中新天津生态城发展的重点主要集中在土地资源、水资源和能源的集中节约与循环利用，并加强资源的再生利用，降低废弃物排放等；当城市初步建成、初具规模时，则通过培育循环型产业，建立循环型城市来发展循环经济。

绿色建筑规模化发展所构建的循环经济链，不仅有利于绿色建筑产业的可持续发展，也有利于实现整个社会经济的大循环。

5.1.2 绿色建筑规模化发展的重要意义

党的十八大报告站在全局和战略高度，首次将生态文明建设与经济建设、政治建设、文化建设、社会建设一并纳入中国特色社会主义事业总体布局，并将坚持绿色发展、循环发展、低碳发展作为推进生态文明建设的基本途径。2015 年10 月，党的十八届五中全会又将绿色发展作为新时期五大发展理念之一。为落实党的十八大生态文明建设，建设低碳生态城市、促进能效提升和节能减排刻不容缓，而绿色建筑规模化发展是实现以上目标的重要支撑和途径。

1. 绿色建筑规模化发展是低碳生态城市建设的重要内容

低碳生态城市建设是一项复杂的系统工程，应结合各城市发展现状及特点，使城市规划、绿色建筑、绿色交通、节能环保及新能源等诸多领域共同发展，逐步建立系统的低碳经济产业链，形成绿色、低碳、生态发展模式。绿色建筑作为低碳生态城市建设不可或缺的重要组成部分，正在逐步向产业化方向发展，仅限于单栋建筑无法实现低碳生态城市建设目标。规模化发展绿色建筑，建设以绿色住宅、绿色办公建筑、绿色学校、绿色医院等绿色建筑群，可形成区域效应，进而带来更多经济和生态效益。同时，在城市生态系统中，城市经济系统、自然生态系统和社会文化系统相互推动、相互作用。绿色建筑作为城市经济系统的子系统，其规模化发展不仅能够极大地促进节能设备、清洁能源等相关领域发展，还能通过循环经济链，带动工业等其他城市经济子系统的共同发展，从而推动整个城市生态系统建设。由此可见，绿色建筑规模化发展是低碳生态城市建设的重要内容。

2. 绿色建筑规模化发展是提升建筑能效的重要途径

我国处在城镇化高速发展时期，建筑还主要基于资源消耗型建造方式，建筑用能主要基于低能效增长方式。我国 2014 年《政府工作报告》明确提出，要"实施建筑能效提升、节能产品惠民工程，发展清洁生产、绿色低碳技术和循环经济，提高应对气候变化能力。"近年来，我国通过建筑能效测评及公示、提高建筑节能标准强制性执行要求、既有建筑节能改造、建造零能耗和超低能耗建筑等一系列措施，建筑能效提升工程取得了一定成效。通过构建循环经济链，以资源高效利用为目标，绿色建筑规模化发展能够极大地促进建筑能效提升，最大限度地节约资源并减少对环境的负面影响。同时，通过绿色建筑技术集成、太阳能、地源热泵等可再生能源规模化应用，能够使建筑群整体达到提升能效的效果。

3. 绿色建筑规模化发展是实现国家节能减排战略的重要载体

我国早在《"十二五"节能减排综合性工作方案》（国发〔2011〕26 号）中

就明确提出了节能减排的战略目标，从降低能源消耗、减少主要污染物排放、合理控制能源消费等方面，对工业、建筑、交通运输、公共机构及城乡建设和消费等领域提出节能减排的各项要求。建筑节能作为实施节能减排重点工程、加强节能减排管理、大力发展循环经济的内容之一，是节能减排战略实施的重要方面。近年来，我国各地区相继开展建筑领域节能减排相关研究，强调绿色建筑规模化发展及相关绿色建筑技术的规模化应用等，如：天津市城乡建设和交通委员会组织编制的《基于节能减排目标下的天津市绿色建筑建设推广路线研究》，就制定了天津市绿色建筑推广路线图，确定 2015—2020 年为绿色建筑规模化推进阶段，绿色建筑规模化发展是实现节能减排目标的迫切需要。随着第三产业的发展，工业能耗的快速降低，建筑节能减排任务大大加重，绿色建筑规模化将成为国家节能减排战略实施的重要载体。

5.1.3　绿色建筑规模化发展实践

1. 国外实践

绿色建筑在发达国家和地区发展时间早，规模化程度相对成熟，并在总建筑群数量中占有相当比重，有些发展中国家的城市化水平也较高（如巴西的库里蒂巴市等），在绿色建筑规模化发展方面也有诸多实践。这里选取英国、瑞士、日本、新加坡、美国、巴西、澳大利亚等国家有代表性的绿色建筑规模化发展实践案例进行简要分析。

（1）英国伦敦贝丁顿零碳社区

贝丁顿零碳社区（Beddington Zero Energy Development，BedZED）位于英国伦敦南部城市萨顿（Sutton），于 2002 年建成，占地 1.65km²，拥有包括公寓、复式住宅和独立洋房在内的 82 套住房，约 2500m² 办公空间。BedZED 基于循环经济理念，采用可回收利用的建筑材料，建设成本低廉的示范建筑；充分利用自然采光、太阳能、自然通风等技术，改善建筑墙壁、屋顶及门窗，实现零能耗的采暖系统；并且拥有完善的污水处理系统和雨水收集系统，降低居民生活资源消耗。BedZED 在不牺牲现代生活舒适性的前提下，建造节能环保绿色社区，成为世界上第一个零碳排放社区，也为上海世博会零碳社区等绿色建筑规模化实践提供了原型。

（2）瑞典斯德哥尔摩哈马比生态城

哈马比生态城（Hammarby Sjöstad）曾是重工业集散地，瑞典为了争取 2004 年奥运会主办权，于 1990 年初就计划将这里改造成奥运村，虽然申奥失败，但新的规划继续进行。该生态城占地约 204 万 m²，有近 1.2 万座公寓、可容纳 2.6 万居民，在节能环保等方面都有积极的实践。哈马比生态城自身的生态循环系统是建设的最大亮点，城市功能、交通、建筑和绿地，水循环、能源和垃圾处理等被纳入到一个有机体系中。例如，哈马比生态城用能的主要来源是生物质能及其转化的电力；社区内的污水经过净化处理，能够重新用到农业中；社区内所有的积水、雨水和融化水都由当地处理，从排水沉积物中提取生物燃气，用于当地公共汽车和燃气灶。整个城市 50% 的动力来自处理废水和垃圾的转换，其余则来自屋顶太阳能电池板，该项目使得斯德哥尔摩的二氧化碳排放减少了 30% 至 40%。

（3）日本北九州市

北九州市位于日本九州岛最北端，居民约 100 万人，是日本主要的港口城市。1901 年日本政府在此设置八幡制铁所，带动了该地区工业的飞速发展，逐渐发展了化工、水泥、电力等产业，并形成今日北九州工业地带。20 世纪 60 年代，北九州市因严重公害背上了"灰色城市"的污名。20 世纪 70 年代以来，北九州市开始关注环境问题，积极应对"公害"及全球变暖问题，由昔日烟雾弥漫的工业城市华丽蜕变为今日世界瞩目的低碳绿色新都市。该市在改造中，注重循环经济发展，以减少垃圾、实现循环型社会为主要内容，提出"从某种产业产生的废物为其他产业所利用，地区整体废弃物排放为零"的构想。通过节约能源、减少原材料消耗、减少排污、降低生产费用等，将发展经济与保护环境有机结合起来，促成经济与环境互利双赢、共存共荣机制。同时，倡导低碳生活，向世界展示出最高水平的生态城范例。

（4）新加坡生态城

新加坡是东南亚的一个岛国，居民约 547 万人，占地面积约 704km²。十几年来，新加坡逐步发展成为绿色环保技术综合应用为主导的绿色建筑规模化发展城市，不仅注重建筑类型与空间的多元化、被动式设计的运用、可持续建材的使用、对能源系统性能的优化设计和再开发等技术内容，而且还关注建筑用户的需求和健康，培养广大居民的环保意识和绿色消费行为习惯。新加坡转型成为一个生态城市历经"生存""保护""栽培"三个阶段："生存"是指居住、新工业、国防等方面，通过有效利用有限的土地资源进行合理规划配置，以及种植树木和花草，创建花园城市；"保护"主要是指通过大型工程方案来满足长期基础设施的需求，包括食水供应工程、废弃物处置等，主要的典型项目有滨海堤坝、深隧道排污系统、实马高岛垃圾填埋场、政府组屋、海湾花园等；"栽培"阶段的主体理念为保持现有土地的可持续性，在完成大部分基础设施建设后，转为对社区连接的改造，城市整体保持生态化和城市化之间的平衡。

（5）美国加州伯克利市

位于加利福尼亚州中部的伯克利是一座与旧金山市毗邻的海湾地区城市，占地约 27km²，居民约 11.8 万人。1975 年，美国生态学家、国际生态城市运动的创始人理查德·雷吉斯（Richard Register）创办了城市生态学会（Urban Ecology），并领导该组织在伯克利开展了一系列生态城市建设活动。伯克利在居住区通过建设太阳能绿色居所来推行生态城市建设思想，采用隔热绝缘材料、可再生能源和多项被动和主动节能技术，在基础设施建设和住宅建设中全面应用生态节能技术。伯克利还通过制定《伯克利住宅节能条例》等相关法律法规，采取一系列激励性政策，以加强整个城市公众节能意识。通过多年来建设实践，伯克利已成为全球生态城市楷模。

（6）巴西库里蒂巴市

库里蒂巴市位于巴西南部，是巴西的生态之都，占地约 430.9km²，居民约 176 万人，库里蒂巴以可持续发展的城市规划典范而享誉全球。库里蒂巴市通过追求高度系统化、渐进和深思熟虑的城市规划设计，实现了土地利用与公共交通一体化，取得了巨大成就。不仅鼓励混合土地利用开发方式，而且总体规划以城市公交线路所在道路为中心，对所有土地利用和开发密度进行了分区，离公交线路越远的地方容积率越低，并严格控制距公交线路 2 个街区外的土地开发。此外，库里蒂巴市还实行以"垃圾不是废物"（Garbage is Not Garbage）为口号的垃圾回收项目，城市的垃圾循环回收达到 95%。每月有约 750 吨的回收材料售给当地工业部门，所获利润用于其他社会福利项目，所成立的垃圾回收利用公司也为无家可归者和酗酒者提供了就业机会。

（7）澳大利亚哈利法克斯生态城

澳大利亚政府推出一系列政策措施推动全社会二氧化碳减排工作，绿色建筑得到快速发展，各州政府也对新建居住和商业建筑在能源效率方面提出了强制性要求。澳大利亚哈利法克斯（Halifax）生态城位于澳大利亚阿德雷德市的原工业区，占地 24hm²，是以住宅为主、同时配有商业和社区服务设施的混合型社区，也是澳大利亚第一例生态城市规划。社区内建筑选用对人体无毒、无过敏、节能、低温室气体排放的建筑材料，建筑群的设计也充分反映了该地区气候特点，隔热、采光、通风与墙体的有机结合使建筑在全球气候变化下更好地发挥功能。哈利法克斯生态城在规划中最大限度地避免依赖区外基础设施，特别是水和电的供应。例如，通过收集、储存雨水和中水阻止区内的水流失，落到屋顶、太阳能收集板、小路、外廊、阳台的雨水被收集并输送到地下水池，与经过滤的下水道污水、淋浴和洗漱用水混合，用于灌溉屋顶花园、维护景观植被，有利于实现社区内水资源的循环利用。此外，哈利法克斯鼓励个人或组织通过各种方式参与社区建设，采用社区驱动方式推动生态城区和绿色建筑规模化发展。

2. 国内实践

我国的绿色建筑发展虽然起步较晚，但随着城镇化进程加快、国家节能减排战略的大力实施，许多省市近年来相继开展了绿色建筑规模化实践。这里选取上海、广州、天津、江苏、贵州、河北等地绿色建筑规模化发展实践进行简要分析。

（1）可口可乐中国总部园区项目（上海）

位于上海紫竹科技园区内的可口可乐中国总部园区和全球创新及技术中心建筑群采用了多项节能环保设计，于 2009 年 3 月投入使用，并于同年 9 月获得 LEED"金级"认证。该建筑群采用近 20% 的可循环建筑材料，近 90% 的建筑垃圾可被回收循环利用，并采用浅色路面、植被覆盖和绿色屋顶等设计，以减少城市热岛效应。园区广泛采用太阳能和风能设施，整个建筑群降低近 30% 的能耗。采用雨水收集系统，经处理的废水和雨水用于办公大楼卫生间冲洗和园区约

50%的绿化灌溉，为园区节约近 60%的水资源消耗。同时，由于采用了整合设计模式，整个园区的用电峰值可降低近 15%。

（2）深圳大梅沙万科中心（广东）

深圳万科中心占地面积 4.8 万 m^2，作为集办公、住宅和酒店等多功能为一体的大型建筑群，是深圳市第一批建筑节能及绿色建筑示范项目，获得美国 LEED"铂金级"认证。该建筑群首层占地面积只有 4748m^2，全部采用架空设计。场地内采用绿地、透水铺装、人工湿地、水景等改善场地热环境的技术措施，透水地面面积与室外地面总面积之比为 87%，远超过绿色建筑评价标准 40%的要求。建筑外墙主体采用 200mm 加气混凝土砌块，玻璃幕墙采用高透光双银中空 Low-E 玻璃，屋顶主体为 150mm 厚钢筋混凝土，保温材料采用 35mm 厚的挤塑聚苯乙烯泡沫塑料板。采用铝合金可调遮阳板系统，实际运行中根据朝向和天气情况合理控制各方向的遮阳板开启角度，有效地节约了空调与照明能耗。该项目对于南方地区绿色建筑新技术的大范围应用（可调外遮阳技术、太阳能光伏发电技术、冰蓄冷技术、钢结构体系等）具有重要的示范作用。

（3）中新天津生态城（天津）

中新天津生态城位于天津滨海新区，于 2008 年开始建设，总面积约 31.23km^2，包括四大综合片区和一个生态岛片区，集居住、商业、产业、生态、休闲等多种功能于一体，规划居住人口 35 万人。中新天津生态城全面贯彻循环经济理念，推进清洁生产，优化能源结构，大力促进清洁能源、可再生资源和能源的利用，加强科技创新能力，优化产业结构，实现经济高效循环。生态城全部建筑达到绿色建筑标准，并制定了高于国家标准的绿色建筑设计评价标准体系，对所有建筑的设计、施工、运营、评价等进行全过程控制，成为国内绿色建筑最集中的区域。同时，加强绿色建筑技术的研发转化和应用推广，建设"零能耗"建筑示范项目，采用节能、节水、节材、节地、环保等各项技术和设施，积极推广应用可再生能源建筑一体化，推进绿色建材标准化和产业化，提升绿色建筑咨询服务水平，建设成为全国绿色建筑产业示范基地。通过加强建筑运营管理，建立区域性建筑能耗监测管理平台，实现能耗动态管理，住宅节能率达到 75%，公共建筑节能率达到 60%。作为世界上第一个国家间合作开发建设的生态城市，其核心目标是在资源约束条件下寻求城市的繁荣与发展，推进综合配套改革试验，成为新型城市发展和城市管理模式的示范区。

（4）无锡太湖新城（江苏）

太湖新城位于无锡城市南部，总面积约 150km^2，建设用地约 95.7km^2，规划人口规模约 100 万人，于 2007 年开始全面建设，是一个开放式、生态型的现代化新城。无锡市太湖新城绿色生态城区内所有新建建筑均按照《绿色建筑评价标准》进行建设，规划 70%应通过国家绿色建筑一星级认证，20%通过绿色建筑二星级认证，10%通过绿色建筑三星级认证。在技术保障方面，太湖新城创新管理模式，成立了无锡太湖低碳生态工程技术中心。该技术中心主要作为太湖新城绿色生态城市、生态城区、绿色建筑、可再生能源建筑应用的技术管理部门，行使生态城市、绿色建筑规划建设运行全寿命期技术管理职能，协助政府相关审批部门提供绿色建筑、低碳生态指标专项审查意见等职责。

（5）贵阳中天未来方舟生态城（贵州）

中天未来方舟生态城项目总占地 9.53km²，规划居住人口约 17 万人。一期工程 2011 年开工建设，2014 年竣工。中天未来方舟生态新区是贵阳市实现城市功能空间再造的低碳生态节能环保综合性示范城区。项目采用新型节能建筑体系，包括墙体、屋面保温隔热技术与产品，节能门窗和遮阳等节能技术与产品；空调和采暖节能技术、可再生能源应用技术；绿色环保建材和报废产品循环利用；室内外环境质量控制；垃圾分类收集；绿色照明及智能化节能技术与产品等。为实现"绿色生态示范区、综合型宜居新城"的生态建设目标，新区从绿色建筑专项规划、区域能源专项规划、区域水资源专项规划、生态景观专项规划、垃圾与固体废物专项规划进行了系统定位。在水资源利用方面，通过开源节流，统筹综合利用各种水资源，实行"高质高用、低质低用"的用水原则，通过非传统水源和雨水渗漏等技术手段，实现节水、水资源涵养与保护、减轻未来方舟城市排水系统负荷、减少水污染和改善城市生态环境等目标。

（6）唐山曹妃甸国际生态城（河北）

曹妃甸位于唐山南部沿海区域，规划建成面积 150km²、人口 100 万的生态城市。在规划设计中，学习借鉴瑞典可持续发展理念和技术，提出要构建包含水利用及处理、垃圾处理及利用、新能源开发及利用、交通保障、信息系统、绿化生态、公用设施、城市景观、绿色建筑等九方面的技术体系。绿色建筑作为生态城建设的落脚点，是生态城市建设的主要载体。为此，开展了曹妃甸生态城绿色建筑项目研究工作，共形成《规划地块资源与环境开发控制性要求》《规划地块绿色建筑实施手册》《公共建筑绿色设计导则》《居住建筑绿色设计导则》和《绿色建筑验收与评价技术导则》等五项成果。曹妃甸生态城所有单体建筑均以生态为本，满足可持续性绿色节能建筑、绿色建筑二星以上标准，是我国生态城建设的示范项目之一。

5.1.4 绿色建筑规模化发展中存在的主要问题

我国绿色建筑规模化发展尽管已取得显著成效，但仍存在以下主要问题亟待解决。

1. 绿色建筑规模化发展驱动力不足

我国绿色建筑正在向规模化方向发展，但正处于起步阶段，目前存在的诸多低碳生态城市建设试点在建设实施和运营过程中仍存在诸多问题。绿色建筑作为生态城市的基础细胞，充分发挥其规模化效益仍需要城市各类配套功能的协同发展。尽管我国相关政策对绿色建筑规模化发展有很大的推动作用，但城市规划不完善、建设资金不足、法律法规和管理制度不健全、上下游产业脱节、可再生能源及绿色建筑技术发展应用不成体系、公众环境教育和环境责任感缺乏等，都会导致绿色建筑规模化发展的驱动力不足。此外，关于绿色建筑规模化发展驱动力的研究也不多见。

2. 绿色建筑规模化发展的支撑技术有待提高

绿色建筑规模化发展，需要以资源环境技术发展为支撑。尤其是资源耗用减量化技术、可再生能源技术、废弃物循环利用技术等，在新技术开发、技术集成化和产业化方面都有待提高。此外，部分生态试点城市和绿色建筑过度标榜技术和生态的复杂程度，所引入和采用的新技术、新方案，在实施后往往缺乏进一步研究和标准化转化，未能形成绿色建筑规模化发展的关键技术体系，难以因地制宜地推广应用。

3. 绿色建筑规模化发展的经济激励机制尚不完善

我国绿色建筑规模化发展仍以政府主导为主，并未充分发挥市场机制的作用。而绿色建筑的经济外部性特征，又要求政府必须在前期作为主要推动者，引导和促进绿色建筑规模化发展。对于经济激励机制如何影响利益相关者，从而推动绿色建筑规模化发展还有待深入研究。

4. 绿色建筑规模化发展的投资效益尚不明确

诸多生态城市建设还在试点阶段，投资建设周期普遍在 10 年以上，绿色建筑规模化发展的投资效益尚不清晰。从部分投资公司发布的企业社会责任报告来看，生态城建设在资源节约、可再生能源利用、解决就业等方面均取得了良好成效，但也有企业将建设低碳生态城市作为营销口号，盲目投资，还可能带来不良效果。因此，有必要对绿色建筑规模化的投资效益评价方法进行研究，既能用于对既有项目进行评价，也能为投资决策提供参考。

5.2　绿色建筑规模化发展影响因素

绿色建筑规模化发展影响因素众多，可分为宏观和微观两个层面。

5.2.1　宏观影响因素

绿色建筑规模化发展的宏观影响因素可概括为自然气候条件、经济发展水平、社会认知程度、政府政策导向、城市人口数量及城市产业结构等方面。

1. 自然气候条件

我国地域广阔，根据采暖度日数和空调度冷数，全国划分为严寒地区、寒冷地区、夏热冬冷地区、夏热冬暖地区及温和地区五个气候区，各地气候条件差别极大，太阳辐射量有所差异，采暖与制冷的需求也各有不同。按照我国节能减排要求，夏热冬冷和寒冷地区往往作为既有建筑改造和新建建筑节能减排的重点区域。为了满足节能环保、健康舒适要求,绿色建筑规模化发展要因地制宜,不同的地理环境和气候条件将对建筑规划布局、结构设计及绿色建筑技术的选择等有直接影响。进行绿色建筑规划设计时,应充分了解当地太阳辐射和日照、气温、风速及冬夏主导风频率、降水、相对湿度等情况,分析是否具备利用太阳能、风能、雨水回收利用的客观条件。例如,在严寒和寒冷地区,河水冻结且水资源贫乏,使用地表水源热泵技术的经济性差,会直接影响此类地区对使用地表水源热泵技术的选择。我国各地区所处的不同自然气候条件,导致各地区绿色建筑规模化发展存在差异性,不同地区的示范性建设经验也不能完全复制。自然气候条件是绿色建筑规模化发展的基础条件,是必须考虑的影响因素。

2. 经济发展水平

城市经济发展水平对绿色建筑规模化发展也有着比较明显的影响。有研究表明,绿色建筑评价标识的项目数量与当地 GDP 关系最为密切,当地 GDP、人均 GDP、人均可支配收入越高和人口越多,获得绿色建筑评价标识的项目数量相对越多。受地区宏观经济和市场条件的影响,相同技术水平或同等星级的绿色建筑在不同地区的建设增量成本和投资回报有所不同,进而影响绿色建筑开发者的建设意愿和消费者的购买意愿。尤其是在居民购买能力较低的情况下,消费者对绿色建筑的购买价格和使用成本比较敏感,挖掘消费者对绿色建筑的潜在需求是推进我国绿色建筑规模化发展的有效手段。

3. 社会认知程度

意识对行为具有能动作用,社会认知程度是影响绿色建筑规模化发展的主观因素,可从开发者和消费者两个角度考虑。

(1) 开发者的节能意识、社会责任感等会影响开发意愿。由于经济外部性的存在,绿色建筑规模化发展取得的环境效益无法从经济利益上直接获得,且开发建造绿色建筑需要较高技术水平和投资力度,因此,开发商不太愿意主动进行绿色建筑的规模化开发。

(2) 消费者是绿色建筑规模化发展的需求端,是拉动绿色建筑规模化发展的主动力量。当社会认知程度达到一定水平后,人们开始寻求低碳、舒适、健康、环保的生活、生产和消费方式,随着认知程度的提高,对绿色建筑规模化发展的需求程度也越高。

我国城镇人口在不断增多,绿色建筑规模化发展必须将"以人为本"作为根本理念,充分考虑开发者和消费者的社会认知程度。

4. 政府政策导向

政府是绿色建筑规模化发展的引导力量。作为社会管理者,政府要对绿色建筑规模化发展进行有意识、有目的、有计划的控制和引导,弥补市场机制的不足,实现资源和能源的优化配置,政府的政策导向会直接影响绿色建筑规模化发展的市场运行。我国国民经济和社会发展"十二五"和"十三五"规划都提出要推动绿色发展、推广绿色建筑，促进了全国各地制定和落实绿色建筑发展专项规划，绿色建筑领域的科技研究也取得显著进步。国家通过科技支撑计划，对绿色建筑标准及技术体系开展深入研发，极大地推动了绿色建筑规模化发展。此外，政府通过制定强制性法律法规、政策标准和鼓励性经济激励政策，以主导者身份使各市场主体在利益收支上能够平衡，调动了相关主体发展绿色建筑的积极性，引导和推动绿色建筑的健康发展。

5. 城市人口数量

在低碳生态城市建设背景下，城市人口数量将作为绿色建筑规模化发展的重要影响因素。在城镇化进程中，各区域由于地理位置、经济基础、政策环境等因素不同，城镇化率也呈现不同特征。全国 31 个省、自治区、直辖市的城镇化率存在明显差异，上海、北京、天津三个直辖市位列前三，西藏、贵州、云南等地城镇化率则低于全国平均水平。结合城市建设和建筑业发展指标，城市人口数量能够反映新增建筑的需求量和供求关系，人口数量增加和城镇化持续推进将带来大量住宅、基础设施、商业设施的建设需求。同时，一个地区的人口数量决定了地区的整体经济和社会发展趋向，也会对国民生产总值和人均可支配收入呈现指数级的扩张影响。城市人口数量是一个城市经济、产业规模持续增加的客观反映，城市人口数量的变化将直接影响绿色建筑规模化发展。

6. 城市产业结构

一个城市或地区的产业结构会对绿色建筑群的构成产生影响。例如，以合肥、长沙、郑州等为代表的再工业化产业发展模式，保持工业基地的作用，在这样的城市发展绿色建筑，则更倾向于绿色建筑工业园区；而以北京、上海、广州等为代表的国家中心城市模式，产业结构倾向于向服务业转型，第三产业作为经济增长的核心动力，绿色建筑规模化则主要依赖商业设施、娱乐休闲设施等的完善。因此，不同的城市产业结构，会形成不同的绿色建筑群，绿色建筑规模化的内涵也会有所不同。

5.2.2　微观影响因素

大规模发展绿色建筑已成为我国建筑发展的必然趋势。2020 年 7 月，《住房和城乡建设部 国家发展改革委 教育部 工业和信息化部 人民银行 国管局 银保监会关于印发绿色建筑创建行动方案的通知》（建标〔2020〕65 号）中提出，到2022 年当年城镇新建建筑中绿色建筑面积占比达到 70%。然而，由于不同地域的自然环境各异、地貌特征各样，各地区经济发展水平、城市产业结构也存在较大差异，如何在不同的宏观环境下进一步发展绿色建筑，还需要考虑规划设计意识、绿色建筑技术、绿色建筑人才、绿色建筑评价体系、政府动态监管、经济激励措施等微观层面的影响因素。

1. 规划设计意识

规划设计是绿色建筑规模化发展的重要前提，其重点在于充分理解可持续发展内涵并形成整体的绿色规划意识，而不是局限于绿色建筑技术手段或节能指标。尽管我国已制定和实施了许多涉及绿色建筑的规划设计标准，但规划设计单位及专业人员的绿色发展、可持续发展意识将直接影响规划设计标准的执行。通过规划设计实现绿色建筑功能要求，是绿色建筑规模化发展目标实现的关键所在。由此可见，规划设计意识是影响绿色建筑规模化发展的重要因素。

2. 绿色建筑技术

绿色建筑规模化发展依赖于绿色建筑技术的支撑。我国自进入 21 世纪以来，紧跟时代步伐，汲取国际前沿经验，研发了具有自主知识产权的绿色建筑关键技术和成套设备，实现了建筑技术的跨越式发展。我国针对绿色建筑标准的推广也在近年来不断完善，各地基于国家标准和当地实际，也纷纷出台针对性更强的绿色建筑评价地方标准或技术细则。虽然目前我国绿色建筑技术仍存在创新性不足、标准体系不够完善等问题，但就其迅猛的发展态势来看，绿色建筑技术将始终作为绿色建筑规模化发展的有力支撑，全方位地影响绿色建筑发展的规模和速度。

3. 绿色建筑人才

绿色建筑规模化发展是一项复杂的系统工程，对绿色建筑技术人才的知识层次、技术水平、综合素质有着更高要求。同时，由于绿色建筑绩效计算复杂，直接绩效的显示度低，要求绿色建筑技术人才具备很强的事业心和敬业精神。但就目前情况看，我国绿色建筑人才现状难以满足规模化发展的高要求和强需求。相关研究表明，我国绿色建筑工程师和营销人员有 60% 以上未参加过系统的绿色认证专业培训，在一定程度上影响了绿色建筑的设计实施及运营管理。当今，绿色建筑规模化发展已势在必行，但绿色建筑领域高端专业人才的缺乏、培训认证体系的缺失已成为现阶段绿色建筑规模化发展的阻力因素。

4. 绿色建筑评价体系

我国对绿色建筑评价体系的研究工作最早始于 2003 年，"绿色奥运建筑评估体系"是我国首个关于绿色建筑的标准和评估体系。随着"十一五"绿色建筑科技行动的提出，我国政府和行业不断修订和完善绿色建筑相关评价标准。修订后的《绿色建筑评价标准》GB/T 50378 扩展了评价对象范围，评价阶段更加明确，评价方法更加科学合理，评价指标体系也趋于完善。虽然我国绿色建筑评价起步较晚，但随着近几年的快速发展，结合建筑所在的地域特点、针对不同的建筑类型，我国的绿色建筑评价体系逐渐完善，如《绿色工业建筑评价标准》GB/T 50878、《绿色办公建筑评价标准》GB/T 50908、《绿色医院建筑评价标准》（CSUSGBC2）和《绿色商店建筑评价标准》GB/T 51100 等，这对于我国全面推广绿色建筑具有重要作用。在市场化发展过程中，绿色建筑带来的综合效益会随着单栋建筑和建筑群数量的增多而逐渐凸显。我国绿色建筑评价体系顺应了国际绿色建筑技术发展与市场需求的潮流，在现阶段及未来都将是指导和支撑绿色建筑规模化发展的重要因素。

5. 政府动态监管

目前，我国各级人民政府认真履行绿色建筑发展中的管理职能，全过程动态监管是绿色建筑规模化健康发展强有力的保障措施。在规划设计阶段，自然资源及规划主管部门、住房城乡建设主管部门等在加强规划审查、加强土地出让监管、审查设计方案和施工图设计文件、颁发建设工程规划许可证等方面发挥了重要作用。在工程施工阶段，政府部门通过颁发施工许可证和动态监管，确保工程按图施工；并通过节能减排专项检查等方式，对于违规建设的高耗能建筑、违反工程建设标准、建筑材料不达标、不按规定公示性能指标进行建设等行为进行严肃查处。但同时也应看到，政府的动态监管能力和水平仍有待提升，规划缺位、监管缺失的情形仍然存在，大多数可再生能源建筑运行监管机制不完善，有的未达到预期节能目标。为此，需要建立和完善行之有效的行政监管体系。

6. 经济激励措施

我国采取经济激励措施扶持绿色建筑发展主要通过以下三种途径：①税收上实行优惠政策，鼓励绿色建筑发展，减少绿色建筑纳税人的税费，以此来提高绿色建筑纳税人的收益；②通过财政直接补贴和财政贴息方式直接对绿色投资者进行帮扶，增加绿色投资者收益；③在信贷资金上实行优惠。政府规定可以实行优惠政策，包括贷款额度、担保、利率等方面都比其他建筑有所优惠，对于节能减排的绿色经济在提高资金融资方面也会优先考虑。综合来看，我国实施的经济激励措施对于促进绿色建筑发展发挥了重要作用。在今后一段时期，政府的经济激励措施还将是促进绿色建筑规模化发展的有力措施。

5.3 绿色建筑规模化发展的动力机制及战略路径

5.3.1 绿色建筑规模化发展的动力机制

国内外研究普遍认为，政府是绿色建筑规模化发展的重要推动主体，如 Yudelson（2010）认为，比起建筑开发商，政府更能从长远发展角度关注建筑的能源消耗和二氧化碳排放问题；董士璇等（2013）通过将绿色建筑发展系统分为绿色建筑市场、绿色技术和宏观经济 3 个子系统，构建了推进绿色建筑规模化发展的系统动力学模型；王肖文、刘伊生（2014）则从绿色住宅的质量（性能）、供应端、需求端三方面入手，全方位探讨了驱动绿色住宅市场化发展的作用机理。Zhao D X 等（2015）则认为，应从消费者需求角度，设计和建造绿色建筑。滕祥、宋培义（2015）指出，虽然我国绿色建筑发展迅速，但总体规模仍较小，对绿色建筑增量成本认识的模糊及对成本控制的短视思想是影响其实施和推广的关键因素。

系统分析绿色建筑规模化发展的影响因素可以发现，人与环境、人与经济、人与社会的协调发展是绿色建筑规模化发展的大背景，也是绿色建筑规模化发展的重要依托，不同地区和不同城市所处的宏观条件差异较大，且大多无法进行人为控制。相比之下，绿色建筑规模化发展的多数微观影响因素是可以进行调整、控制的。宏观影响因素和微观影响因素共同作用于绿色建筑规模化发展过程，积极或消极地影响着绿色建筑规模化发展进程。这里引入物理学中的力学基本原理，综合考虑宏观和微观影响因素，构建的绿色建筑规模化发展动力模型如图 5-1 所示。

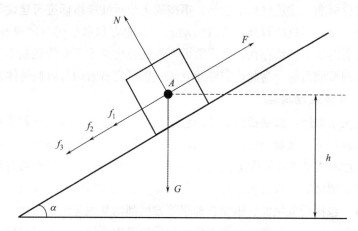

图 5-1　绿色建筑规模化发展动力模型

根据图 5-1，绿色建筑规模化发展动力模型可有如下解释：

1. 物块及斜面代表绿色建筑规模化及其发展平台

（1）物块 A。图 5-1 中，物块 A 可代表绿色建筑规模化发展，物块沿斜面的运动路径代表绿色建筑规模化发展水平的变化。物块 A 在斜面上的位置越高，说明绿色建筑规模化发展水平越高；反之，说明绿色建筑规模化发展水平较低。物块 A 的纵向位移 h 可代表绿色建筑规模化发展程度。

（2）斜面。图 5-1 中，斜面可代表绿色建筑规模化发展平台，斜面的倾斜角 α 则代表绿色建筑规模化发展的难度。α 越大，说明绿色建筑规模化发展的难度越大；反之，α 越小，说明绿色建筑规模化发展的难度越小。在绿色建筑规模化发展的不同时期，α 的取值会因宏观和微观影响因素不同而不同。因此，代表绿色建筑规模化发展平台的斜面通常不会是一个倾斜的平顺面，因不同发展时期的倾斜角不同而会呈现为一个倾斜的"波浪面"。

2. 各种力的作用代表绿色建筑规模化发展的影响因素

在图 5-1 中，绿色建筑规模化发展的作用力可分为四种，即：重力 G、支持力 N、推动力 F 和摩擦力 f。

（1）重力 G。物块 A 的重力 G 可代表绿色建筑规模化发展所处的宏观环境，包括宏观影响因素中的自然气候条件、经济发展水平、城市人口数量和城市产业结构等四种客观因素。这些因素在不同地域、不同城市之间具有较大差异性，并可认为在一定时期内保持不变。

（2）支持力 N。绿色建筑规模化发展微观影响因素中的绿色建筑技术和绿色建筑评价体系可认为是物块 A 的支持力，这种支持力能够为绿色建筑规模化的健康有序发展提供保障。

（3）拉力 F。来自政府的宏观影响因素——政府政策导向和微观影响因素——经济激励措施，在现阶段均会对绿色建筑规模化发展起到重要的拉动作用，可合成为一个共同的拉力 F。

（4）摩擦力 f。宏观影响因素——社会认知程度和微观影响因素——规划设计意识均来自社会公众。由于在现阶段对绿色建筑规模化发展的社会认知程度不足和规划设计意识淡薄，在一定程度上阻碍着绿色建筑规模化发展。因此，这里以摩擦力 f_1 代表物块 A 向上运动时受到的社会公众认知和规划设计意识方面的阻碍作用。此外，由于现阶段政府缺乏有效的动态监管机制，绿色建筑人才缺失，二者均以摩擦力形式作用于物块 A，分别以 f_2、f_3 表示。

于是，前述各种影响因素就会以各种“力”的形式作用于物块 A，也即作用于绿色建筑规模化发展。若想使绿色建筑规模化发展有更高水平，就需要沿着斜面推动物块 A 向上移动，且移动速度越快，就意味着绿色建筑规模化发展越快。

由图 5-1 可知，推进绿色建筑规模化发展的途径主要有三种：一是采取措施减小倾斜角 α，通过技术创新、发展经济等方式减小绿色建筑规模化发展难度；二是通过政府政策导向和经济激励措施等方式，加大绿色建筑规模化发展的驱动力，也即拉力 F；三是通过提升绿色建筑规划设计专业能力及社会认知程度、加强政府监管能力等，减少绿色建筑规模化发展阻力。当然，上述作用力也并非一成不变。随着绿色建筑规模化发展理念逐步深入人心，绿色建筑规模化发展日趋成熟，各项影响因素的作用性质也会发生转变。例如，当绿色建筑规模化发展的社会认知程度和规划设计意识不断增强时，摩擦力 f_1 会转变为拉力 F 的一部分；当政府监管能力不断提高、绿色建筑人才充足时，摩擦力 f_2 和 f_3 也会转化为拉力，成为推动绿色建筑规模化发展的积极因素。

5.3.2 推进绿色建筑规模化发展的战略路径

我国绿色建筑规模化发展尚属于初级阶段，首先需要各地政府多元化发展、多角度调整，为绿色建筑规模化发展提供良好的宏观环境。在此基础上，如何提高消费者购买意愿、激发开发商开发绿色建筑、保证绿色建筑品质是绿色建筑形成规模效应面临的诸多挑战。从微观层面看，绿色建筑规模化发展应考虑如下战略路径。

1. 注重绿色建筑推广应用，强力普及社会认知

绿色建筑规模化发展依赖于社会公众尤其是消费者和开发商的高度认可和建设购置。然而，现阶段社会大众只是通过媒体了解绿色建筑，并未真正理解绿色

建筑对于个人乃至整个社会、生态发展的重要作用。消费者在购房时的绿色理念比较淡薄，健康、舒适的绿色建筑也并非市场刚性需求。要使社会公众真正理解和认可绿色建筑，需要在不同地区建立绿色建筑示范区，让消费者切实体会到绿色建筑的好处，将绿色建筑的节能环保数据公布于众，并大力宣传绿色建筑对于节约运营成本、提高室内居住环境舒适性的益处，通过消费者的口碑宣传绿色建筑，促使绿色建筑被社会广泛关注和认可。

2. 完善绿色人才培养机制，大力加强人才输出

针对目前我国绿色建筑产业发展人才紧缺的现状，需要加大绿色建筑人才培养力度。一是要大面积培养专业技术人才或技工，如美国很多技术学校大量培养诸如安装太阳能光伏设备及检测等基本技能的人才，这有助于在培养专业技能人才的同时推广绿色专业技术；二是培养一批精通绿色建筑设计与建造的国际化精英人才。绿色建筑人才培养应密切关注产业需求，从主要解决"是什么"和"为什么"转变为解决"做什么"和"怎么做"，培养的人才既要具有较高的理论水平，更要有一定的理论应用能力和技术实践能力。完善绿色人才培养机制，更多的是要提高专业技能和绿色理念相结合的能力，只有这样才能为绿色建筑的大规模推广应用提供有效的人才支撑。

3. 实施科学有效管理模式，着力改善监管问题

能否实施有效的监督管理是影响绿色建筑发展的重要因素。为了促进绿色建筑规模化发展，政府部门不仅需要明确绿色建筑监管职责，强化监督各相关方对绿色建筑法规政策的落实，规范与扩大现阶段政府绿色采购，督促各相关方严格执行绿色建筑标准，防止有的建筑在获得绿色星级认证后，后期施工懈怠而造成绿色建筑的纸上谈兵。政府部门还应将绿色建筑相关政策的宣传力度与广度、处理绿色建筑认证的积极性与及时性、处理绿色建筑所面临困难的效率等作为相关机构的考核标准，改变只用 GDP 增长率等指标进行绩效考核的现状，从奖惩制度上促进绿色建筑的全面推广。

4. 坚持绿色可持续发展理念，不断完善评价体系

绿色建筑评价体系具有跨专业、多层次和多阶段的特点，应以可持续发展理念为指导，以保护自然资源、促进建筑与生态环境协调为主题。我国绿色建筑标准体系应结合国情，将评估体系的量化指标与我国已颁布的相关标准相统一。首先，绿色建筑评价体系应不限于不同功能类型的单体建筑（如办公建筑、住宅、商场等），还应建立普遍适用的绿色建筑评价体系，并紧密结合最新技术应用。其次，绿色建筑评价体系要结合各地区自然气候特点和经济发展现状。此外，还要考虑我国目前存在的一些特殊问题，如新建建筑室内装修所引起的环境问题在我国现阶段比较突出；集中供暖在我国多数城市还不普遍等。

5. 执行绿色政策引导策略，完善经济激励措施

绿色建筑的接受程度因城市经济发展水平的差异而有所不同，从而影响了绿

色建筑的建设规模。为此，政府可通过强制性税收政策，通过对非绿色建筑产品的投资者实行高标准收费，引导其向绿色建筑产业发展。政府还可通过政策引导，鼓励金融机构通过降低贷款利率、提高贷款额度、延长贷款年限等对绿色建筑参与者给予优惠。此外，政府在制定激励政策时，需要考虑绿色建筑在不同城市实施带来的经济效益的差异性，要立足当地绿色建筑评价标准、居民收入水平、开发商开发绿色建筑需额外承担的费用等，利用税收、财政价格补贴等经济杠杆，对消费者、开发商等行为主体实行激励，调动各方利益主体发展绿色建筑的积极性。

参考文献

[1] 蔡国峻. 南京青奥村服务中心绿色建筑技术集成应用 [J]. 建筑科学，2014，30（12）：30-35.

[2] 陈济朋. 起步五年再看中新天津生态城——访中新天津生态城投资开发有限公司总裁何东雁 [EB/OL]. http：//news. 163. com/13/1219/13/9GF8LJKH00014JB5＿all. html，2013-12-19/2015-10-28.

[3] 戴礼翔. 新加坡生态城：1965-2011-未来 Singapore Eco-city1965-2011-Future [J]. 建筑技艺，2011（6）.

[4] 董士璇，等. 基于系统动力学的绿色建筑规模化推进策略研究 [J]. 工程管理学报，2013，27（6）：16-20.

[5] 侯玲. 基于费用效益分析的绿色建筑的评价研究 [D]. 陕西：西安建筑科技大学，2006.

[6] 菅卿珍. 绿色建筑产业链构建与运行机制研究 [D]. 天津：天津城建大学，2014.

[7] 李楠楠. 绿色建筑全寿命周期增量成本的综合效益分析 [D]. 辽宁：东北财经大学，2012.

[8] 林海燕，王清勤. 加强绿色建筑科技研发，推动绿色建筑规模化发展 [J]. 工程建设标准化，2016（1）：55-59.

[9] 刘佳，刘伊生，施颖. 基于演化博弈的绿色建筑规模化发展激励与约束机制研究 [J]. 科技管理研究，2016，36（4）：239-243，257.

[10] 刘丽霞. 基于费用效益法的绿色建筑节能措施之经济评价研究 [D]. 江西：江西理工大学学报，2009.

[11] 刘岩. 巴西生态城市建设的启示 [J]. 生产力研究，2007（12）：168-169.

[12] 刘正荣，刘绍勇，高嘉云. 云南省绿色建筑规模化发展问题及建议 [J]. 墙材革新与建筑节能，2019（6）：24-28，36.

[13] 柳庆元. 基于生态人本理念的新加坡绿色可持续规划实践与思考 [J]. 上海城市规划，2015（1）：70-75.

[14] 吕沐宁. 绿色建筑规模化推广困境的经济分析 [J]. 科技经济导刊，2018，26（5）：146，148.

[15] 马辉，王建廷. 风险感知下开发商绿色开发决策演化博弈 [J]. 计算机工程与应用.

2012，48（17）：228-232.

[16] 莫天柱，杨元华．"绿色建筑适宜技术体系集成与示范"研究［J］．建设科技，2014（160）：40-42.

[17] 莫争春．绿色保险助力绿色建筑规模化发展建议［J］．建设科技，2017（9）：18-19.

[18] 滕祥，宋培义．绿色建筑与成本增量的控制分析［J］．工程建设标准化，2015（4）：236.

[19] 申琪玉．绿色建筑的经济性评价内容研究［J］．价值工程，2014，33（16）：126-127.

[20] 王浩，何海峰，许洁．绿色建筑群对城市建设的作用——以花桥国际商务城为例看绿色建筑群对城市建设的作用［J］．绿色建筑，2015（1）：36-38.

[21] 王璐，吴华意，宋红．数字城市与生态城市的技术结合模式初探［J］．湖北大学学报：自然科学版，2003，25（2）：177-181.

[22] 王肖文，刘伊生．绿色住宅市场化发展驱动机理及其实证研究［J］．系统工程理论与实践，2014，34（9）：2274-2282.

[23] 武涌，侯静，徐可西，等．中国建筑能效提升体系的研究［J］．建设科技，2015（12）：14-24.

[24] 徐建，胡雪晶．山东省绿色建筑规模化发展［J］．墙材革新与建筑节能，2015（1）：20.

[25] 杨杰，李洪砚，杨丽．面向绿色建筑推广的政府经济激励机制研究［J］．山东建筑大学学报，2013，28（4）：298-302.

[26] 姚德利．基于生态城市理念的低碳建筑管理体系研究［D］．天津：天津大学，2013.

[27] 张建新，郭娟黎．大型建筑群智能化系统总体设计要点简介［J］．建筑电气，2012，31（6）：96-98.

[28] 张仕廉，李学征，刘一．绿色建筑经济激励政策分析［J］．生态经济：学术版，2006（1）：312-315.

[29] 张树东，朱京海，单颖．基于环境技术集成的环境友好型住区规划研究——以大连大有恬园为例［M］//中国城市规划学会．转型与重构——2011中国城市规划年会论文集．南京：东南大学出版社，2011.

[30] 赵天．绿色生态示范区建设视角下的绿色建筑规模化发展途径［J］．建筑技艺，2017（6）：28-31.

[31] Ali HH，Al Nsairat SF. Developing a green building assessment tool for developing countries-case of Jordan. Build Environ 2009，44（5）：1053-1064.

[32] Darko A，Chan A，Gyamfi S，et al. Driving forces for green building technologies adoption in the construction industry：Ghanaian perspective［J］．Building and Environment，2017，125：206-215.

[33] Feng Q，Chen H，Shi X，et al. Stakeholder games in the evolution and development of green buildings in China：Government-led perspective［J］．Journal of Cleaner Production，2020，275（2）：122895.

[34] Kats G. Green building costs and financial benefits［M］．Boston，MA：Massachusetts Technology Collaborative，2003.

[35] Kats G. Greening our built world：Costs，benefits，and strategies［M］．Island Press，2013.

［36］ Son H，Lee S，Kim C. An Empirical Investigation of Key Pre-project Planning Practices Affecting the Cost Performance of Green Building Projects ［J］. Procedia Engineering，2015，118：37-41.

［37］ Xi W. The Influencing Factors of China's Green Building Development：An Analysis using RBF-WINGS Method ［J］. Building and Environment，2020.

［38］ Yang F，Lau SS，Qian F. Urban design to lower summertime outdoor temperatures：an empirical study on high-rise housing in Shanghai. Build Environ 2011，46（3）：769-785.

［39］ Yudelson J. The green building revolution ［M］. Island Press，2010.

［40］ Zhao D X，He B J，Johnson C，et al. Social problems of green buildings：From the humanistic needs to social acceptance ［J］. Renewable and Sustainable Energy Reviews，2015，51：1594-1609.

第6章 绿色建筑规模化发展支撑技术

绿色建筑规模化发展，需要强有力的绿色建筑技术支撑。大力发展绿色建筑，不仅需要众多经实践检验、已达到成熟应用的单项技术，更需要能够发挥综合效益的集成化绿色建筑技术。

6.1 绿色建筑技术及标准化综述

6.1.1 绿色建筑技术发展现状

我国自20世纪80年代初开始建筑节能工作，并从2004年起逐步推动绿色建筑发展。目前，贯穿于规划设计、施工及运营维护等阶段的各项绿色建筑技术，包括节地与室外环境、节能与能源利用、节水与水资源利用、节材与材料资源利用、室内环境质量技术等，均取得积极进展。

1. 节地与室外环境技术

（1）发展概况

节地技术是指能够带来减少土地占用、提高土地利用效率效果的技术，既包括节约用地，也包括集约用地。2005年，原建设部发布的《关于发展节能省地型住宅和公共建筑的指导意见》（建科〔2005〕78号）对工业建筑、公共建筑、居住建筑等不同建筑类型提出了城市集约节地的潜力所在，工业建筑要适当提高容积率，公共建筑要适当提高建筑密度，居住建筑要在符合健康卫生和节能及采光标准的前提下合理确定建筑密度和容积率等。在可持续发展理念影响下，节地技术愈来愈受到各地重视。2013年，原国土资源部对各地节约集约用地实践中的节地技术和模式进行了归纳梳理，提炼出节地效果明显、推广应用前景良好的7种类型、66项技术和模式，包括提高地面土地利用率、提高用地紧凑度与优化用地结构、合理布局用地等平面节地技术，以及利用土地地面、上空和地下进行建设的立体开发节地技术等。在室外环境方面，主要解决光污染、噪声污染、场地风向及热岛效应等问题，且充分结合当地地形地貌进行场地设计与建筑布局，保护场地内原有的自然水域、湿地和植被。

（2）常用技术

常用的节地与室外环境技术包括以下几方面。

1）建筑规划、设计节地技术。建筑规划、设计节地技术是通过合理确定建筑面积与规模、布局及间距、层高、层数、开间与进深等，提高建筑空间利用率，提倡建筑公共空间和设施的共享，避免不必要的高大空间、无功能空间、过渡性和辅助性空间，有效提高土地利用效率和建筑空间利用效率。

2）地下空间利用技术。地下空间利用可以为人类开拓新的生存空间，满足地面上无法实现的空间需求，具体的利用形式有地铁、地下停车场、地下街道、地下民居等，目前已在全国大面积使用，成果显著。

3）立体车库技术。立体车库技术主要采用升降横移式立体车库、巷道堆垛式立体车库、垂直升降式立体车库、简易升降式立体车库等，可以提高空间利用率，减少地面停车占地面积。

4）屋面种植技术。屋面种植技术是指在建筑屋面和地下工程顶板的防水层上铺以种植土，并种植植物，起到防水、保温、隔热和生态环保的作用。简单式种植屋面仅有地被植物和低矮灌木绿化屋面，花园式种植屋面有乔木、灌木绿化，配有亭台、园路、小池等供人休闲，可有效改善环境面貌和热岛效应，降低排水负荷，保护建筑物顶部，达到保温、降低能耗、减噪、缓解大气浮尘及净化空气等目的。

5）建筑外墙垂直绿化技术。建筑外墙垂直绿化技术是指在墙壁、阳台、窗台、屋顶、棚架等处栽种攀缘植物，以增加绿化覆盖率，从而改善城市生态环境。建筑外墙垂直绿化技术可以缓解城市热岛效应，使建筑物冬暖夏凉，并且显著吸收噪声，滞纳灰尘，净化空气，有良好的景观效益、高效的生态效益。在使用建筑外墙垂直绿化技术时，应根据不同地区气候特点选用不同植物种类，寒冷地区的维护成本较高。

2. 节能与能源利用技术

节能与能源利用主要包括降低能耗、提高用能效率及使用可再生能源三种方式。

（1）节能技术发展概况

我国绿色建筑的发展起源于建筑节能，20 世纪 80 年代中期，我国开始研究外墙附贴保温隔热技术，并逐步应用到北方严寒和寒冷地区的节能建筑；并在人口密度分布较高的地方采用集中式供暖方式，以提高能源利用率。20 世纪 90 年代起，我国更加注重对绿色建筑进行整体设计研究，以及被动式节能技术的应用等，如建筑结构设计尽可能多使用自然光源，建筑中出现更多的落地窗并采用透光好的玻璃增加自然光线的透射。在 20 世纪 90 年代后期，节能技术从改善建筑物围护结构保温隔热性能、提高居住环境质量入手，在节能建筑结构体系、新型节能墙体及屋面保温材料、密闭节能保温门窗、采暖系统等多方面取得了一定成果。由于建筑围护结构系统、暖通空调系统、建筑电气系统的能耗占建筑整体能耗的绝大部分，目前我国的建筑节能重点也集中在这三个系统。其中，围护结构节能技术主要包括墙体节能技术、门窗节能技术、屋面节能技术、建筑遮阳技术；暖通空调技术主要包括采暖系统节能技术、通风系统节能技术、空调系统节能技术；建筑电气节能技术主要包括供配电系统节能技术、照明系统节能技术、动力设备系统节能技术等。

（2）可再生能源利用技术发展概况

2006年，《建设部、财政部关于推进可再生能源在建筑中应用的实施意见》（建科〔2006〕213号）等一系列文件出台，全面启动可再生能源在建筑领域的规模化应用示范工作，推动了可再生能源技术发展。2011年3月，《关于进一步推进可再生能源建筑应用的通知》（财建〔2011〕61号）明确了"十二五"期间可再生能源建筑应用推广目标，要求切实提高太阳能、浅层地能、生物质能等可再生能源在建筑用能中的比重，开展可再生能源建筑应用集中连片推广。目前，我国建筑领域可再生能源利用技术主要包括太阳能利用技术、地热能利用技术、风能和生物质能利用技术四类。其中，我国太阳能利用技术发展于20世纪70年代末，当时建筑节能主要采用太阳能热水技术，将太阳能简单地直接转换为生活用水的加温。随着用户需求和节能减排要求的提高，太阳能技术得到逐步发展。2009年，我国启动"太阳能屋顶计划"，开展了太阳能光电建筑应用示范，大力支持太阳能光伏产业，对符合条件的太阳能光电建筑应用示范项目给予20元/瓦的补贴。如今，我国的太阳能利用技术已相对成熟，如：太阳能热水技术、太阳能供热采暖技术、太阳能热泵技术、太阳能光伏发电技术等。此外，我国从20世纪70年代初期开始现代意义上的地热资源开发利用，如今已得到快速发展。其中，地源热泵技术是目前中国建筑领域地热能开发应用的主要方式。通过热泵技术将低位能向高位能转移，以实现供热、制冷的高效节能供热空调技术，已被广泛用于绿色建筑中。

（3）常用技术

节能与能源利用技术主要包括建筑外围护结构保温隔热技术与新型节能建筑体系、供热采暖与空调制冷节能技术、可再生能源与新能源应用技术、城市与建筑绿色照明节能技术等四个方面。

1）CL建筑体系。CL建筑体系是指将一种永恒的节能技术措施融入墙体中构成的新型复合钢筋混凝土剪力墙结构体系，这种建筑体系将保温层与剪力墙的受力钢筋组合成CL网架板作为墙体的骨架，两侧浇筑混凝土后发挥受力和保温的双重作用。其最大优势是可使建筑物全寿命期中不需要对保温层进行维护维修，解决了目前普遍采用外墙粘贴、外挂保温层技术产生的易裂缝、空鼓、渗漏、脱落等隐患及寿命短等造成后期产生大量建筑垃圾和大量维修投资的问题。

2）呼吸幕墙技术。呼吸幕墙又称通风式双层幕墙、热通道式幕墙、节能幕墙等。它是由内外两层立面构成，形成一个室内外之间的空气缓冲层，外层可有明框、隐框幕墙或具有开启扇和检修通道的门窗组成，也可在一个独立支撑结构的两侧设置玻璃面层，形成空间距离较小的双层立面构造。双层幕墙同时具有夏季遮阳隔热和冬季保温、节能等功能，既可用于夏热冬暖的南方地区，又适用于严寒的北方地区。其中内通风双层幕墙通常在冬季较为寒冷的地区使用。

3）节能门窗。节能门窗的窗体材料有塑钢、隔热铝合金和玻璃钢等。塑钢型材是硬质聚氯乙烯（PVC）型材内部用钢衬增强，具有导热系数低，保温性能好、耐腐蚀等优点。隔热铝合金型材由铝合金型材和低导热系数材料复合而成，具有保温性能好，弯曲弹性模量高，刚性好等特点，适宜大尺寸窗或高风压场合使用；耐严寒和高温性能好，使得铝合金窗可广泛使用在严寒和高温地区。玻璃钢（FRP）即纤维强化塑料，具有轻质高强、耐腐蚀、导热率低（只有金属的 $1/100 \sim 1/1000$）等特点。

4）低温地板辐射采暖技术。地板辐射采暖是以不高于 60℃ 的热水，在埋置于地板下的盘管系统内循环流动，加热整个地板，通过地面均匀地向室内辐射散热的一种供暖方式。该系统以整个地面作为散热面，从而使其表面温度提高，是最舒适的采暖方式，其温度曲线正好符合人的生理需求。同时，具有高效节能、热稳定性好、初始安装成本低等特点。

5）太阳能热泵分布式中央采暖系统。太阳能热泵分布式中央采暖系统由能量提取、能量提升和能量利用三部分组成。其中，能量提取部分由槽式集热器组成，集热器将收集到的太阳能反射到真空管上，加热工作介质，被加热的工作介质进入热泵主机驱动主机运转，从而产生采暖所需的热水。热水一部分进入蓄能系统进行储存，在夜晚或阳光不足时，可利用蓄能系统释放的能量来满足房间对采暖的要求。连续阴雨天不能满足需求时，也可使用备用能源设备进行供热，不间断的供暖系统使房间更加舒适。此系统可用在 11 层及以下建筑，节能效果明显，具有运行费用低、超低温运转、寿命长、低碳环保等特点。

6）深层地热梯级利用技术。地热梯级利用是根据不同温度的地热流体进行的地热逐级利用，使地热能从最初的高温部分到最后的余热部分都被充分利用，地热资源利用率达 80%。利用地热进行供暖，既可缓解能源压力，同时在很大程度上可减少由燃油和煤炭供暖所造成的空气污染，具有很高的经济效益和环境效益。

7）地道风升（降）温技术。地道风升（降）温技术是指通过埋设在浅层地下的管道将空气与土壤进行热交换实现升降温的一种节能技术。利用天然的地层蓄热（冷）性能，为建筑提供冷（热）量。

8）智能照明控制技术。智能照明控制系统具有集成性、自动化、网络化、兼容性、易用性等特点，能实现照明的自动化控制，可美化环境、延长灯具寿命、节约能源。

9）生物质能利用。生物质能利用是指垃圾焚烧供热/发电、垃圾发酵制沼气、生物质气化炉具等，适用于农村建筑或在建筑园区内的应用。

3. 节水与水资源利用技术

（1）发展概况

绿色建筑节水与水资源利用技术主要围绕节水规划、提高用水效率、雨污水综合利用等方面展开，包括中水回用技术、雨水利用技术及采用节水器具及设备等。20 世纪 80 年代初，我国水资源需求量增加及北方地区干旱形势，促进了中水技术的发展。1988 年发布的《城市节约用水管理规定》（建设部令第 01 号），1991 年发布的《建筑中水设计规范》CECS30：91、1995 年发布的《城市中水设施管理暂行办法》（建城字第 713 号）及 2002 年发布的《建筑中水设计规范》GB 50336 等，推动了中水工程建设和中水技术发展。我国的雨水利用技术起步较晚，各地区根据自身情况进行了雨水利用的研究和探索。1988 年，甘肃省实施了"121 雨水集流工程"；1998 年，北京市进行了"城区雨水利用技术研究及雨水渗透扩大试验"。南方地区也积极探索雨水集流、雨水蓄积等技术，取得了良好效果。此外，由于水资源使用过程中面临较大的浪费问题，我国也逐步重视节水器具的应用，常用的节水器具包括节水型水龙头、节水便器、节水淋浴器、节水型洗衣机和自感应冲洗装置等，取得了良好成效。进入 21 世纪，城镇化进程不断加快，节水与水资源利用技术愈来愈受到重视，在绿色建筑领域也发挥了重要作用。

（2）常用技术

常用的节水与水资源利用技术包括以下几方面。

1）雨水回收利用技术。雨水回收利用技术是指建造雨水蓄流设施，通过下渗、回灌、屋面雨水拦截、蓄积、绿化工程等多途径实现雨水资源化。在住宅小区中，利用屋面收集雨水，改装雨水排水管道，在与用水设备衔接的每段管道处，接入雨水转换器，另一端由输入水管与过滤水箱相接，使下落的雨水由雨水转换器顺利进入输水管，经过滤进入收集水箱供家庭居民厕所冲水、浇花、拖地使用。国内已逐步推广应用的雨水回收利用有屋面雨水集蓄利用、屋顶绿化雨水利用、园区雨水集蓄利用、雨水回灌地下水等。

2）污水处理中水回用技术。污水处理中水回用技术是指采用物理、化学和生物处理等方法，将污水中所含有的污染物质分离出来，或将其转化为无害和稳定物质，使水质达到一定要求后排入小区的中水系统，进行再利用的技术。采用污水处理中水回用技术，有利于缓解水资源短缺矛盾，充分利用水资源，减少污水排放，发挥一定的经济效益。

3）屋面虹吸雨水排放技术。屋面虹吸雨水排放技术是指依靠特殊的雨水斗设计，实现汽水分离，从而使雨水立管中为满流状态。当立管中的水达到一定容量时，产生虹吸作用，可以尽快排除屋顶上的雨水。与普通雨水系统相比，雨水斗布置少，雨水管内水流速高，管径小，雨水立管数相对较少，造价低。同时，无需像重力流系统那样设置坡度，相同管径下排水量是重力流系统的 5～8 倍。采用虹吸式排水技术，排水效果好，安装简便，符合现代建筑造型需求，因而在国内已被广泛应用。

4）水处理监控系统。水处理监控系统是指依靠先进的计算机技术、网络通信技术合理有效地对水处理系统进行监控。生产过程中自动控制和报警、自动保护、自动操作、自动调节，可以提高运行效率，降低运行成本，减轻劳动强度。

4. 节材与材料资源利用技术

（1）发展概况

节材与材料资源利用主要围绕节材设计和材料选用两方面。在节材设计方面，可采用住宅建筑土建与装修一体化设计，并在可变换功能的室内空间采用可重复使用的隔断（墙），采用工业化生产的预制构件及采用整体化定型设计的厨房、卫浴间等技术。在材料选用方面，包括废弃物的循环利用、轻质建筑材料利用、植物纤维水泥复合板等可再生材料的利用及采用本地建筑材料等。

（2）常用技术

常用的节材与材料资源利用技术有以下几方面。

1）集成房屋技术。集成房屋技术是指通过在工厂预制墙体、屋面等，按照设计要求加工以钢结构为代表的承重结构，能够迅速组装为成套房屋的一种建造技术。广泛应用于施工现场的临时办公室、宿舍；交通、水利、石油、天然气等大型野外勘探、野外作业施工用房，城市办公、民用安置、展览等临时用房，旅游区休闲别墅、度假屋，抗震救灾及军事领域等用房。目前已在我国北方地区大面积推广。

2）高性能混凝土技术。高性能混凝土是一种新型高技术混凝土，是在大幅度提高普通混凝土性能的基础上采用现代混凝土技术制作的混凝土。它以耐久性作为设计的主要指标，针对不同用途要求，对下列性能重点予以保证：耐久性、工作性、适用性、强度、体积稳定性和经济性。高性能混凝土在配置上的特点是采用低水胶比，选用优质原材料，且必须加入足够数量的矿物细掺料和高效外加剂。

3）泡沫混凝土技术。泡沫混凝土又称发泡混凝土、轻质混凝土等，是一种利废、环保、节能、低廉且具有不燃性的新型建筑节能材料。泡沫混凝土是一种根据应用需要，通过化学或物理方法将空气或氮气、二氧化碳、氧气等气体引入混凝土浆体中，经过合理养护成型而形成的含有大量细小封闭气孔，并具有相当强度的混凝土制品。目前，泡沫混凝土技术在我国已发展成熟，主要应用于屋面泡沫混凝土保温层现浇、泡沫混凝土面块、泡沫混凝土轻质墙板、泡沫混凝土补偿地基。

4）固体废弃物利用技术。一般固体废弃物经收集分类后通过物理手段或生物化学作用综合处理，将其转化为可利用的材料。

5）高强度钢筋技术。高强度钢筋是指强度级别在 400MPa 以上，符合国家标准规定的 HRB400、HRB500 级钢筋要求的钢筋，具有强度高、综合性能优良等特点。高强度钢筋不仅能满足一般建筑的要求，更广泛地应用于高层建筑、大跨度建筑、抗震等级高的建筑、大型基础设施建设。推广使用高强度钢筋技术，不仅能节约建筑钢材用量，而且能提高建筑物质量等级。

5. 室内环境质量技术

（1）发展概况

建筑室内环境的空气品质、热环境、光环境、声环境及电磁环境等，均关系到居民的身心健康和生活质量。20 世纪 80 年代，我国出现大规模室内空气质量问题后，人们开始关注室内空气污染对健康的影响。20 世纪初，由室内环境污染问题引起的民事纠纷日益增多，我国有关部门对此问题高度重视，相继发布《室内装饰装修材料有害物质限量》GB 18582、《室内空气质量标准》GB/T 18883、《民用建筑工程室内环境污染控制规范》GB 50325 等一系列标准，推动了室内环境质量技术的发展。

（2）常用技术

常用的室内环境质量技术有以下几方面。

1）光导照明技术。光导照明技术是指通过室外采光装置捕获室外的日光，并将其导入系统内部，然后经过光导装置强化并高效传输后，由漫射器将自然光均匀导入室内需要光线的任何地方。从黎明到黄昏，甚至是阴天或雨天，该系统导入室内的光线仍然很足。光导照明系统具有节能、环保、健康、安全等特点，主要应用于单层建筑、多层建筑的顶层或地下室、建筑阴面等。可大大减少人工照明的使用量，达到绿色照明、生态照明、自然照明、健康照明的和谐统一。该技术较为成熟，已开始广泛应用于民间、商用、工业等方面。

2）建筑智能遮阳监控系统。建筑智能遮阳监控系统是指根据季节、气候、朝向、时段等条件的不同进行阳光跟踪及阴影计算，自动调整遮阳系统运行状态。该系统由遮阳装置、电机及控制系统组成。智能遮阳监控系统将充分发挥其遮阳技术的"主观能动性"，在原有基础上更节能、绿色、智能。合理应用建筑智能遮阳监控系统，对于节能减排、绿色节能将具有重要的意义和价值。目前该技术较成熟，正在广泛推广和使用。

3）室内空气质量智能监控系统。室内空气质量智能监控系统对室内连续进行各项气体含量进行监测，并能智能控制窗户、风扇、新风机等通风设备的开关与启停，进一步满足公众对真正优质的室内质量的需求，倡导健康、节能、环保的高品质生活。该技术正日趋成熟，逐步应用于高档住宅、公用建筑。

6.1.2 绿色建筑技术标准化现状

我国自 20 世纪 80 年代初开始，逐步推进建筑节能技术标准化工作。1986 年，《民用建筑节能设计标准（采暖居住建筑部分）》JGJ 26 出台后，我国又相继颁布实施多项与建筑节能有关的法律法规和标准。此后，随着绿色建筑概念的提出，我国相继出台了《绿色建筑评价标准》《绿色建筑评价技术细则》《绿色建筑评价标识管理办法》等，使得绿色建筑技术标准体系得到逐步建立。随后，按照先北方（严寒和寒冷地区）、然后中部（夏热冬冷地区）、最后南方（夏热冬暖地区）；先居住建筑、后公共建筑；先新建建筑、后既有建筑的原则，我国绿色建筑和建筑节能标准体系不断完善。与此同时，各地也结合本地区实际，对国家标准进行了细化，部分地区制订了要求更严格的建筑节能地方标准。目前，我国绿色建筑技术标准基本涵盖建筑设计、施工、验收、运行、检测、节能改造等各个环节。现行绿色建筑技术相关标准见表6-1。

现行绿色建筑技术相关标准　　　　　　　　　　表6-1

序号	标准名称及编号
1	《建筑节能工程施工质量验收规范》GB 50411
2	《建筑工程绿色施工评价标准》GB/T 50640
3	《节能建筑评价标准》GB/T 50668
4	《农村居住建筑节能设计标准》GB/T 50824
5	《绿色建筑评价标准》GB/T 50378
6	《公共建筑节能设计标准》GB 50189
7	《民用建筑能耗数据采集标准》JGJ/T 154
8	《公共建筑节能改造技术规范》JGJ 176
9	《公共建筑节能检测标准》JGJ/T 177
10	《居住建筑节能检测标准》JGJ/T 132
11	《严寒和寒冷地区居住建筑节能设计标准》JGJ 26
12	《夏热冬冷地区居住建筑节能设计标准》JGJ 134
13	《夏热冬暖地区居住建筑节能设计标准》JGJ 75
14	《既有居住建筑节能改造技术规程》JGJ/T 129
15	《城镇供热系统节能技术规范》CJJ/T 185
16	《建筑能效标识技术标准》JGJ/T 288
17	《绿色建筑检测技术标准》GSUS/GBC 05

6.1.3 绿色建筑技术发展及标准化中存在的主要问题

目前，我国绿色建筑技术发展及标准化尚存在问题有待解决，可归纳为以下几方面。

1. 关键性技术发展水平有待提高

总体而言，我国绿色建筑技术发展较为缓慢，部分绿色建筑技术的科技含量较低，在节能与能源利用、节水与水资源利用、节材与材料资源利用及室内外环境质量等方面的关键技术尚未得到有效推广应用。针对不同建筑类型、不同发展规模的绿色建筑关键性技术发展路径仍有待研究。

2. 技术标准体系不够完善

现有绿色建筑技术标准体系中，缺乏不同地域、不同类型、不同规模的绿色建筑技术标准规范，与绿色建筑技术相关的材料、设备标准尚未纳入。对于新建建筑的设计、施工相关标准较多，但对于既有建筑绿色改造技术体系尚待建立。

各项国家标准、行业标准及地方标准应互相补充、协调发展，共同指导绿色建筑健康发展。

3. 标准实施监督检查力度尚需加大

与实施绿色建筑技术标准相关的法规制度有待进一步完善，各方主体责任有待进一步明晰，绿色建筑技术标准的执行与监督有待进一步加强。在绿色建筑建设期，对于执行绿色建筑技术标准的监管并不理想，配套奖惩措施也须进一步落实。此外，有些绿色建筑的相应批复和竣工检查未能严格进行，存在一定的滞后性。

4. 集成化技术发展急需加强

绿色建筑技术集成是绿色建筑规模化发展的重要支撑，但目前绿色建筑技术单一化发展居多，未能充分考虑其内在联系，缺乏绿色建筑技术发展的集成化架构。同时，集成化绿色建筑技术服务系统的发展也存在一定滞后性，不能对采暖、制冷、通风、采光等要求及气候等因素进行合理的优化组合。绿色建筑技术集成化体系尚待建立，相应的技术集成评价方法也有待研究。

6.2 发展绿色建筑技术的理论基础

发展绿色建筑技术需要有理论指导，这些理论包括可持续发展理论、循环经济理论及全寿命期管理理论等。

6.2.1 可持续发展理论

按照世界环境和发展委员会在《我们共同的未来》中的表述，"可持续发展"（Sustainable Development）是指"既满足当代人的需要，又对后代人满足其需要的能力不构成危害的发展。"要实现可持续发展，是在保持经济快速增长的同时，依靠科技进步和提高劳动者素质，不断改善发展质量，提倡适度消费和清洁生产，控制环境污染，改善生态环境，保持可持续发展的资源基础，建立"低消耗、高收益、低污染、高效益"的良性循环发展模式。可持续发展在当初已成为人类迈向 21 世纪的行动纲领。

1. 可持续发展的内容

可持续发展涉及可持续经济、可持续生态和可持续社会三方面的协调统一，要求人类在发展中讲究经济效益、关注生态和谐和追求社会公平，最终达到人类社会的全面发展。可持续发展虽然缘起于环境保护问题，但作为一个指导人类走向 21 世纪的发展理论，已超越单纯的环境保护。它将环境问题与发展问题有机地结合起来，已成为一个有关社会经济发展的全面性战略。

在经济可持续发展方面，要求改变传统的以"高投入、高消耗、高污染"为特征的生产模式和消费模式，实施清洁生产和文明消费，以提高经济活动效益、节约资源和减少废物。从某种意义上说，集约型经济增长方式就是可持续发展在经济方面的体现。可持续发展要求经济建设和社会发展要与自然承载能力相协调。在发展的同时必须保护和改善生态环境，保证以可持续方式使用自然资源和控制环境成本，使人类的发展控制在地球承载能力之内。在生态可持续发展方面，同样强调环境保护，但不同于以往将环境保护与社会发展对立的做法。可持续发展要求通过转变发展模式，从人类发展的源头、根本上解决环境问题。在社会可持续发展方面，允许世界各国的发展阶段可以不同，发展的具体目标也各不相同，但发展的本质应包括改善人类生活质量，提高人类健康水平，创造一个保障人们平等、自由的社会环境。这也就是说，在人类可持续发展系统中，经济可持续是基础，生态可持续是条件，社会可持续才是目的。人类应共同追求以人为本位的自然、经济、社会复合系统的持续、稳定、健康发展。

2. 可持续发展的原则

可持续发展是一种社会经济发展理念，遵循公平性、持续性、共同性三大原则。公平性要求可持续发展不仅实现当代人之间的公平，而且要实现当代人与未来各代人之间的公平，因为人类赖以生存与发展的自然资源是有限的。各代人之间的公平要求任何一代都不能处于支配地位，即各代人都应有同样选择的机会空间。持续性是指生态系统受到某种干扰时能保持其生产能力。资源环境是人类生存与发展的基础和条件，资源的持续利用和生态系统的可持续性是保证人类社会可持续发展的首要条件。这就要求人们根据可持续性条件调整自己的生活方式，在生态可能的范围内确定自己的消耗标准。要合理开发、合理利用自然资源，使再生性资源能保持其再生产能力，非再生性资源不至过度消耗并能得到替代资源的补充，环境自净能力能得以维持。共同性则体现出要实现可持续发展的总目标，必须争取全球共同的配合行动，这是由地球的整体性和相互依存性所决定的。因此，要致力于既尊重各方利益，又保护全球环境与发展体系的国际协定至关重要。

3. 可持续发展与绿色建筑规模化发展

可持续发展思想将保护生态环境作为发展经济的前提和首要任务，认为未来世纪的经济是一种生态经济：农业是既能增长又能保护环境的可持续发展农业；工业是既能生产更多、更好产品又能保护环境的可持续发展工业；建筑业亦应提供优质、节能又融于自然的绿色建筑。

建筑主要依赖自然界提供能源和资源，同时又是社会、经济、文化的综合反映，与自然、社会环境休戚相关。从中国古代的"天人合一"到如今的可持续发展，减少建筑及建筑活动对自然环境的影响，达到人与自然和谐共处是一项重要内容。建筑的可持续发展，要求在建筑设计和建造过程中以可持续发展理论为指导，结合城市自身地域、资源、经济、文化优势，制定出符合"四节一环保"的方案，不断提高环境的生态品质，提高居民的生活质量。建筑物在制造和运行过程中需要消耗大量的自然资源和能源，并对环境产生重要影响，资源对建筑增长有着重要的支撑作用，但资源的不足又对建筑增长产生约束作用。大量建造和使用一般非绿色建筑，不仅浪费资源，也会使人类生存环境进一步恶化。

绿色建筑规模化发展需要有绿色建筑技术提供有力支撑，从单体绿色建筑向整体绿色生态城区发展，形成循环经济链而取得规模效益。要从新材料选择、先进设备使用、综合节能方案规划等方面因地制宜地选择和集成绿色建筑技术，减少资源浪费和污染排放，从单体绿色建筑走向整体规划、设计和建造宜人、舒适、智能的居住空间，并形成自然生态循环系统。

6.2.2 循环经济理论

循环经济（Cyclic Economy）即物质循环流动型经济，是指在人、自然资源和科学技术的大系统中，贯穿资源投入、企业生产、产品消费及废弃全过程，把传统的依赖资源消耗的线形增长经济，转变为依靠生态型资源循环来发展的经济。

1. 循环经济的内容

循环经济是以资源的高效利用和循环利用为目标，以"减量化、再利用、资源化"为原则，以物质闭路循环和能量梯次使用为特征，按照自然生态系统物质循环和能量流动方式运行的经济模式。循环经济要求运用生态学规律来指导人类社会的经济活动，其目的是通过资源高效和循环利用，实现污染的低排放甚至零排放，保护环境，实现社会、经济与环境的可持续发展。

循环经济是把清洁生产和废弃物的综合利用融为一体的经济，本质上是一种生态经济，是对"大量生产、大量消费、大量废弃"的传统增长模式的根本变革。

2. 循环经济的原则

循环经济遵循减量化（Reduce）、再利用（Reuse）、再循环（Recycle）的"3R"原则。减量化原则要求用尽可能少的原料和能源来完成既定的生产目标和消费。这就能在源头上减少资源和能源消耗，大大改善环境污染状况。换言之，必须预防废弃物产生而不是产生后治理。再利用原则要求尽可能多次及尽可能以多种方式使用物品。通过再利用，可以防止物品过早成为垃圾。再循环（资源化）原则要求尽可能多地再生利用或资源化。资源化能够减少对垃圾填埋场和焚烧场的压力。资源化有原级资源化和次级资源化两种方式。原级资源化是将消费者遗弃的废弃物资源化后形成与原来相同的新产品；次级资源化则是将废弃物变成不同类型的新产品。

循环经济不是单纯的经济问题，也不是单纯的技术问题和环保问题，而是以协调人与自然关系为准则，模拟自然生态系统运行方式和规律，使社会生产从数量型物质增长转变为质量型服务增长，推进整个社会走上生产发展、生活富裕、生态良好的文明发展道路。循环经济要求人文文化、制度创新、科技创新、结构调整等社会发展的整体协调。

3. 循环经济与绿色建筑规模化发展

我国建筑能耗占全社会能耗比例较高，既有建筑有 95% 以上是高耗能建筑。显然，在建筑领域发展循环经济尤为重要。

循环经济的"减量化"是从控制输入端用较少的原料和能源投入来达到既定的生产目的或消费目的，原则要求在建筑规划设计和建造过程中，不仅要考虑减少进入生产和消费过程的物资和能源，还要选用无害于环境的物资原料和能源。"再利用"原则要求从过程中提高产品和服务的利用效率，"再循环"原则要求从输出端控制生产出来的物品在完成其使用功能后重新变成可利用的资源。对于建筑而言，"再利用"原则和"再循环"原则均要求在建筑结构设计建筑材料选择等方面，要充分考虑资源的重复利用问题，使得建筑在建造和使用过程中所用的物资和能源能够在不断进行的循环过程中得到合理和持续的利用，减少废物排放，达到生产和消费的"非物资化"。绿色建筑规模化发展，在更高层次上要求在满足建筑物使用功能的前提下，选择最优设计方案，节约使用自然资源，减少资源消耗和废物排放；在产业之间形成合作共生链关系，最终形成有效的经济循环系统，使上下游产业链的资源互补，实现资源的循环利用和废弃物的再利用。

6.2.3　全寿命期管理理论

全寿命期管理（Life Cycle Management，LCM）早在 20 世纪 60 年代出现在美国军界，主要用于军队航母、激光制导导弹、先进战斗机等高科技武器管理中。所谓全寿命期管理，就是从长期效益出发，应用一系列先进的技术手段和管理方法，统筹规划产品的设计、生产、经销、运行、使用、维修保养直到回收再处置等各个环节，在确保规划合理、工程优质、生产安全、运行可靠的前提下，以全寿命期整体最优作为管理目标。

1. 全寿命期管理的内容

全寿命期管理是一个系统工程，需要将传统的以建筑规划及建造期为主的管理拓展到覆盖建筑规划、建造及使用期的全寿命期。通过综合考虑建筑全寿命期所投入的资源和产出效益，实施系统科学管理，最终实现经济、社会和环境效益最大化。

全寿命期管理具有宏观预测和全面控制两大特征。首先，综合考虑建筑规划、建造、使用直至报废的整个寿命期，避免追求短期效益行为，并可从制度上保证全寿命期成本（LCC）方法的应用。其次，能够打破部门界限，统筹考虑规划、建造、使用等不同阶段成本，以综合效益最优为出发点寻求最佳方案。最后，能够考虑所有可能发生的费用，并在合适的可用率和全部费用之间寻求平衡，找出 LCC 最小的方案。

2. 全寿命期管理的原则

全寿命期管理遵循源头控制、全程管理、局部与整体优化并重、成本效益为先等原则。源头控制是指全寿命期管理不但重视建筑全寿命期，更要抓住主要矛盾和控制点，从建筑规划设计开始就要进行管控。全程管理是指全寿命期管理覆盖建筑规划、建造直至使用、报废等所有阶段，并要综合考虑和分析各阶段影响成本、质量的各种因素。局部与整体优化并重是指建筑产品是一个整体，各阶段、各环节之间相互联系，因而需要正确处理各阶段、各环节之间的关系，按照系统工程思想协调局部优化目标与整体优化目标。成本效益为先是指要以整体效益为首要目标，而不是单纯追求成本下降，也不是单纯追求某一阶段的成本效益最佳。全寿命期管理立足于建筑全寿命期成本最小化，注重建筑全寿命期各阶段综合效益。

3. 全寿命期管理与绿色建筑规模化发展

建筑全寿命期涉及规划决策、建设实施、运营维护和报废回收阶段，因此，建筑全寿命期管理需要从规划、选址、设计、施工、运营、维护、翻新、拆除等环节进行统筹规划和管理，最终实现经济、社会、环境效益最大化目标。

全寿命期管理强调从全寿命期角度综合考虑成本效益。如果在建造阶段降低投资，有可能会增加建筑使用期维修保养成本；如果选用能效较低的设备，可能会节省设备费投入，但在日后运行过程中的高能耗会造成运行费增加，还会对环境造成更大的负面影响。由此可见，为了实现绿色建筑规模化发展，更加需要全寿命期管理理论的指导和应用。大规模建设绿色建筑，即使会产生规模效益，也会在投资初期比建造传统建筑有更大投入，但从绿色建筑全寿命期角度考虑，投资初期的高投入会在绿色建筑全寿命期产生更大的综合效益，是物有所值的。

6.3 绿色建筑技术的标准化和集成化路径

6.3.1 标准化路径

绿色建筑技术标准化是指对节地与室外环境、节能与能源利用、节水与水资源利用、节材与资料资源利用及运营管理等绿色建筑技术的适用范围、技术要求等进行统一规定的过程。绿色建筑技术标准化是推进绿色建筑技术发展的首要前提，通过对各项技术设定强制性标准和推荐性标准，规范绿色建筑技术使用，有利于促进绿色建筑技术集成和绿色建筑规模化发展。

为实现绿色建筑技术标准化，进一步促进绿色建筑规模化发展，需做好以下工作。

1. 完善绿色建筑技术标准体系

进一步研究我国不同地域、不同类型、不同规模绿色建筑的技术标准，结合现有标准及不同气候区、建筑类型特点，编制不同气候区、不同建筑类型的国家标准、行业标准、地方标准及团体标准，建立更具扩展性的绿色建筑技术标准框架体系。要进一步研究制定不同类型绿色建筑评价标准，以及与绿色建筑相关的材料、部品、设备标准。要研究新建建筑集成技术综合评价方法与指标体系，以及既有建筑绿色性能综合评价方法。要研究绿色建筑后评估技术与指标体系。完善绿色建筑技术标准体系，有利于对绿色建筑技术的应用指导和评价。

2. 推进绿色建筑关键技术的标准化研究

实现绿色建筑技术标准化，还要依靠科技进步，针对不同建筑类型、资源条件，围绕绿色建筑规划、设计、施工、运营、改造等环节，进行建筑节能、绿色建材、建筑环境、绿色性能改造、绿色施工、关键部品与设备开发等绿色建筑关键性技术的创新研究。鼓励企业加大研发投入，进行科研成果转化应用。支持各类科技企业与高等院校、科研机构产学研结合，搭建绿色建筑关键性技术研究的战略合作平台，拓宽绿色建筑技术研究的深度和广度。组建绿色建筑技术研发平台，形成相对固定、多层级的绿色建筑技术研发中心、创新服务平台、战略联盟，推进绿色建筑关键技术的标准化使用。

3. 加强绿色建筑技术标准实施的监督检查

完善相关法规制度，明确绿色建筑技术标准实施的责任和要求。同时，加强监督检查，加大对绿色建筑技术标准执行情况、工程质量安全、建筑节能等监管力度。无论是在项目批复环节，还是在竣工后检查环节，都应规范程序、严格审查，对绿色建筑技术标准的使用进行强力监管，为绿色建筑技术的全面发展提供有力保障。

6.3.2 集成化路径

绿色建筑技术集成化是指绿色建筑技术体系的综合应用。这种综合应用不是将各种绿色建筑单项技术简单相加，而是实现绿色建筑单项技术的有机结合，综合应用于建筑结构系统、地面系统、楼面系统、墙面系统和屋面系统，最大限度地创建适用和健康的环境，使建筑适应自然条件，减轻环境负荷。

目前，对于绿色建筑技术集成的研究可归结为实现方式和集成实践两方面。王璐等（2007）研究了生态城市中关于环境、建筑、交通等子系统的技术集成；张建新、郭娟黎（2012）研究了大型智能化建筑群的技术集成。此外，对绿色建筑的技术集成研究，多以某个低碳生态城市、建筑群等实际项目为研究对象。如我国住房和城乡建设部《超低能耗绿色建筑技术集成研究》（2011-k1-69）课题以中新天津生态城公屋展示中心为对象，系统开展了超低能耗绿色建筑研究工作，进行了自然通风、自然采光、太阳能辐照和能耗模拟分析等被动式技术的优化方法和节能技术集成研究，提出了适宜寒冷地区的超低能耗绿色建筑技术体系。莫天柱、杨元华（2014）则结合重庆的气候、经济、资源条件等特点，总结了绿色生态住宅小区工作成果经验，研究了系统化建筑节能与绿色建筑技术体系集成等内容。

为实现绿色建筑技术集成化，需要进一步做好以下工作。

1. 鼓励绿色建筑技术集成示范与应用

制定绿色建筑技术集成示范与应用相关管理办法，推广应用先进的绿色建筑技术，推动绿色建筑逐步实现点、线到面的规模化发展。完善有关激励政策，对于绿色建筑技术应用和集成度较高的建筑，给予相应的优惠政策支持和星级评价，以此鼓励绿色建筑技术的集成示范与应用，包括既有建筑绿色化改造技术集成应用示范和新建绿色建筑技术集成应用示范。支持绿色建筑技术集成示范区的常态化、长效化，带动建设一批具有较大规模、覆盖不同气候区、针对不同建筑类型的绿色建筑示范工程。

2. 建立绿色建筑技术集成信息服务系统

推动建设符合绿色建筑技术集成化要求的信息服务系统，通过集中采集、全面分析、综合协调及智能管控等手段，最大化地发挥绿色建筑技术信息服务效能。研究建立基础信息数据库，包括涵盖绿色建筑用材、部品、设备的技术、经济、环境评价方法的基础数据库，涵盖不同地域、多种类型绿色建筑全寿命期能源、资源消耗与碳排放强度数据库，不同地区、不同类型的绿色建筑信息数据库等。研究建立信息处理系统，包括绿色建筑技术的集成使用模拟系统，绿色建筑建造、运营、资源消耗监测信息系统，成套技术、材料、装备物联网信息系统，绿色建筑运行与安全监管信息技术平台等。研究建立管理和服务系统，包括绿色建筑运营管理信息系统，绿色建筑技术研发、咨询、评估与展示服务系统，成果推广应用服务系统等。

3. 实施绿色建筑技术集成评价

结合我国不同地域及气候条件、不同建筑类型及规模，研究建立基于全寿命期的绿色建筑技术集成检测评价方法，形成绿色建筑技术集成评价体系，从建筑施工图审查和竣工验收两个点把控，针对民用建筑、公共建筑和工业建筑等不同类别实施绿色建筑技术集成应用评价。鼓励采用基于地理信息系统（GIS）和建筑信息建模（BIM）技术的绿色建筑技术集成路径，引导、规范和促进我国不同地域及气候区、不同类型及规模的建筑群集成应用适宜的绿色建筑技术。

参考文献

[1] 程丽. 关于绿色建筑经济可持续发展策略分析 [J]. 中国住宅设施，2021 (3)：38-39.

[2] 韩春媛. 基于全寿命周期成本的绿色建筑经济效益分析 [J]. 建材技术与应用，2020 (6)：49-51.

[3] 黄茜. 建筑节能技术集成优化与评价研究 [D]. 湖北：武汉理工大学，2009.

[4] 互灼彪，基于全寿命周期理论的建筑节能 [J]. 科技创新导报，2012 (1)：50.

[5] 金婷婷. 可再生能源建筑应用技术集成系统的研究 [D]. 安徽：安徽理工大学，2015.

[6] 刘敏，张琳，等. 绿色建筑发展与推广研究 [M]. 北京：经济管理出版社，2012.

［7］刘沛．基于循环经济的建筑业可持续发展模式研究［D］．山西：太原科技大学，2009．

［8］刘伊生．建筑节能技术与政策［M］．北京：北京交通大学出版社，2015.06．

［9］莫天柱，杨元华．"绿色建筑适宜技术体系集成与示范"研究［J］．建设科技，2014
　　（16）：40-42．

［10］王璐，吴华意，宋红．数字城市与生态城市的技术结合模式初探［J］．湖北大学学报：
　　自然科学版，2003，25（2）：177-181．

［11］吴翔华，孙康，刘盼盼，付光辉，陆伟东．基于 OPT 维度的绿色建筑标准体系研究
　　［J］．建筑经济，2013（10）：16-20．

［12］张国伟．可持续发展的城市与建筑设计［J］．城市建筑，2021，18（6）：128-130．

［13］张玉红．基于全寿命周期成本理论的绿色建筑经济效益分析［J］．智能建筑与智慧城市，
　　2021（4）：120-121，126．

［14］张智光．绿色经济模式的演进脉络与超循环经济趋势［J］．中国人口·资源与环境，
　　2021，31（1）：78-89．

［15］朱浦宁．绿色建筑全寿命周期建设工程管理和评价体系研究［J］．住宅与房地产，2020
　　（36）：117-118．

［16］姚兵，刘伊生，韩爱兴．建筑节能学研究［M］．北京：北京交通大学出版社，2014.11．

［17］苑翔，李本强，刘刚．基于气候和建筑类型的绿色建筑标准体系［J］．工程建设标准化，
　　2014（7）：52-59．

［18］张建新，郭娟黎．大型建筑群智能化系统总体设计要点简介［J］．建筑电气，2012，31
　　（6）：96-98．

［19］Ge J，Zhao Y，Luo X，et al. Study on the Suitability of Green Building Technology for
　　Affordable Housing：A Case Study on Zhejiang Province，China［J］．Journal of Cleaner
　　Production，2020，275：122685．

［20］Song Y，Li C，Zhou L，et al. Factors affecting green building development at the munici-
　　pal level：A cross-sectional study in China［J］．Energy and Buildings，2020，231：
　　110560．

第7章 绿色建筑规模化发展主体
行为及经济激励机制

为了促进绿色建筑规模化发展，在现阶段需要采用经济激励方式鼓励相关方参与绿色建筑设计、建造和使用。有效的经济激励机制需要基于对绿色建筑参与主体行为的深入分析而设计。

7.1 基于博弈论的绿色建筑参与主体行为分析

7.1.1 博弈论基本原理

博弈论（Game Theory）又称对策论，是一种处理竞争与合作问题的决策方法。博弈论主要研究相互影响、相互依存的理性人的决策行为及其决策的均衡问题。通俗地讲，博弈论是一种游戏理论，可以理解为个人、团体或其他组织在一定环境条件或既定规则下，依靠其所掌握的信息，或同时或先后，或一次或多次，选择其自身允许选择的行为（或策略）并实施，从而取得相应结果（或收益）的过程。博弈的基础是参与各方对利益的追求。通过分析博弈过程，可以洞察各参与主体的行为规律并探析现象背后的运行机理。博弈论作为一种有力的分析手段，为组织和个人的决策提供了理论基础，也为激励机制的设计提供了有效工具。

1. 博弈分类及纳什均衡

根据参与人之间是否合作进行分类，博弈可分为合作博弈和非合作博弈。合作博弈是指参与人之间达成对各方具有约束力的协议，参与人进行的博弈不超出协议范围。反之，就是非合作博弈，研究人们在利益相互影响的局势中，如何选择策略使得自己的收益最大，即策略选择问题。根据参与人的行动顺序进行分类，非合作博弈可分为静态博弈和动态博弈。静态博弈是指参与人同时决策或选择行动，或者虽然有先后顺序，但后行动者不知道先行动者的行动或策略。动态博弈则是指参与人的行动有先后顺序，且后行动者可以知道先行动者的行动或策略，并可根据这些行动或策略做出相应选择。

按照参与人是否清楚对局情况下每个参与人的收益，博弈又可分为完全信息博弈和不完全信息博弈。完全信息博弈是指在每个参与人对其他所有参与人的特征、战略和收益情况（支付函数）都明确了解的情况下所进行的博弈。不完全信息博弈是指在每个参与人并不是对所有的参与人都了解，或者不够精确了解的情况下所进行的博弈。

对于非合作博弈，存在一种策略组合，这种策略组合由所有参与人最优策略组成，使得每个参与人的策略是对其他参与人策略的最优反应，没有人有足够理由打破这种均衡，这种均衡状态称为纳什均衡。不同类型的博弈对应着不同的均衡，博弈分类及其相应的均衡见表 7-1。

博弈分类及其相应的均衡　　　　　　　　　　表 7-1

行动顺序 ＼ 状态	完全信息	不完全信息
静态	完全信息静态 （纳什均衡）	不完全信息静态 （贝叶斯纳什均衡）
动态	完全信息动态 （子博弈精炼纳什均衡）	不完全信息动态 （精炼贝叶斯纳什均衡）

2. 演化博弈论

演化博弈论是博弈论发展的一个新领域，是将博弈理论分析与动态演化过程分析结合起来的一种理论。传统博弈理论要求参与人具有完全理性和完全信息的条件，而在现实生活中，信息的传递并不总是及时有效的，决策参与人之间是有差别的，经济环境与博弈问题本身的复杂性所导致的信息不完全和参与人的有限理性问题是显而易见的。个体的决策一般是依靠经验的积累，以及对周边个体的模仿。演化博弈论则是在博弈论的基础上提出不完全信息下的"有限理性"的假设，它将人类的活动和竞争行为与生物生存与进化相类比，研究人类经济行为的决策和行为方式的均衡，以及向均衡状态调整、收敛的过程与性质。

1973 年梅纳德·史密斯和普莱斯（Maynard Smith and Price）提出了演化博弈论中的进化稳定策略（Evolutionarily Stable Strategy，ESS）：若占群体中绝大多数的个体选择某种策略，则一种 ESS 确立下来就会达到稳定，任何举止异常个体的策略都不能与之比拟，偏离 ESS 的行为就会被自然选择所淘汰，所有进化策略都是纳什均衡策略。之后，演化博弈论逐步被融入经济学领域，并得到快速发展。

7.1.2　绿色建筑参与主体及其行为分析

利益相关主体是指任何能够影响组织目标实现或被该目标影响的群体或个人。绿色建筑开发和推广应用涉及许多利益相关主体，按照参与程度不同，绿色建筑利益相关主体可分为主要相关主体和次要相关主体。其中，主要相关主体包括：政府部门、建筑开发单位、建筑使用者；次要相关主体包括：规划设计单位、材料设备供应商、施工单位、监理单位、咨询单位和金融机构等。在研究绿色建筑规模化发展的经济激励机制时，涉及的主要决策方是政府部门及绿色建筑供需双方，因此，这里主要研究政府部门及绿色建筑供需双方的行为，即主要相关主体行为。

1. 政府部门

政府部门是指对绿色建筑规模化发展中起引导作用的中央政府和地方政府相关部门。政府部门是绿色建筑规模化发展的引导力量，政府的政策导向、经济激励机制是推动绿色建筑规模化发展的主要因素。政府部门作为公共利益的维护者，行动的出发点是社会整体利益，只要在其可承受范围内，政府部门就会做出既有利于个体利益、又有利于集体利益的决策。

政府部门作为社会管理者，当市场不能进行资源和能源优化配置时，就需要政府给予正确引导和制约。在绿色建筑规模化发展过程中，政府部门主要是通过制定强制性的法律法规、政策标准和鼓励性的经济激励政策，以主导者身份来使各市场主体在利益收支上能够平衡，从而调动相关群体发展绿色建筑的积极性，引导和推动绿色建筑市场的健康发展。政府部门引导绿色建筑市场具有较强的地域特征，虽然中央政府是政策的制定者，但真正的执行者是地方政府。政府部门对绿色建筑规模化发展的干预手段见表 7-2。

政府部门对绿色建筑规模化发展的干预手段　　　　　表 7-2

类型	中央政府	地方政府
制定法规	制定全国性技术经济政策及标准体系等	因地制宜，制定适合本地区的技术经济政策及标准体系等
推行政策	制定公共政策及年度工作方案来推动绿色建筑规模化发展	执行中央或上级政府的方针政策
引导监督	监督地方政府有效执行相关政策	落实相关政策，履行其监督和审批等职责

2. 建筑开发单位

建筑开发单位包括以营利为目的的企业（如房地产开发商）和以社会公益为目的的事业单位（从事科技、教育、文化、卫生等活动的社会服务组织等）。

建筑开发单位是建筑的发起人、投资者和决策者，作为绿色建筑的供给端，是绿色建筑规模化发展的主体力量。由于事业单位以政府职能、公益服务为宗旨，所开发的公益性建筑会全部或部分由财政拨款建设，通常会积极配合国家指导性政策和制度。而对于房地产开发商这类营利性企业，其行为及决策首先会受建筑开发成本与经济效益的影响，其次才会考虑社会环境及政策环境的影响。由此可见，营利性建筑开发单位的自主性较强，其开发倾向将直接影响绿色建筑规模化发展的推进效果。因此，这里主要研究营利性建筑开发单位的行为，即以下所称建筑开发单位主要是指以营利为目的的建筑开发单位。

3. 建筑使用者

建筑使用者是绿色建筑的需求端。由于政府办公建筑等公益性建筑的性质特殊，使用者多为固定人群，有些建筑使用者同时也是建筑开发单位，因此，这类建筑使用者的行为受市场的影响不大。

　　而对于居住建筑和商业建筑等用于出售或出租的建筑，使用者多为社会各类人群或组织，选择绿色建筑的积极性会受自身的购买能力与绿色理念的影响。此外，绿色建筑的市场价格、使用成本及舒适性等也是人们是否选择绿色建筑的主要决策依据。由此可见，购买或租借居住建筑或商业建筑的个人或组织将是绿色建筑规模化发展的拉动力量。因此，这里主要针对能够自主选择和购买建筑的使用者进行研究，即以下所称建筑使用者是指能够购买或租借居住建筑或商业建筑的个人或组织。

7.2　基于均衡理论的绿色建筑规模化发展经济激励机制

7.2.1　政府与绿色建筑开发单位的博弈分析

　　如前所述，政府部门和建筑开发单位在绿色建筑开发中处于重要地位，开发单位的选择直接影响绿色建筑的推广程度。通过系统分析政府部门与建筑开发单位之间的利益竞逐和行为特点，可为制定绿色建筑的经济激励政策提供思路和依据。现阶段，政府基本可以掌握市场状况及建筑开发单位的成本和效益情况，建筑开发单位则在政府制定和推行相关政策的前提下作出行为选择。基本可以认为，建筑开发单位与政府部门之间的信息是互通的，双方处于信息完全状态。因此，政府部门与建筑开发单位之间的行为分析可应用完全信息动态博弈模型来实现。

　　1. 模型构建

　　政府部门与建筑开发单位的博弈模型要素表述如下：

　　（1）参与人：政府部门（g）和建筑开发单位（d）。

　　（2）参与人行动顺序：政府部门先于建筑开发单位，建筑开发单位观察到政府部门的行为后再行动。

　　（3）参与人行为空间：政府部门选择是否对绿色建筑的建造实施相关经济激励政策，用 W 表示，$W = \{w_1, w_2\} = \{实施，不实施\}$；建筑开发单位选择建造绿色建筑或非绿色建筑，用 K 表示，$K = \{k_1, k_2\} = \{绿色，非绿色\}$。

　　（4）参与人策略空间：政府部门有 1 个信息集，2 种可选择的行动，即 $S_g = \{w_1, w_2\}$；建筑开发单位有 2 个信息集，每个信息集上有 2 个可选择的行动。因此，共有 4 个纯策略，其策略空间为 $S_d = \{w_1, k_1\}, \{w_1, k_2\}, \{w_2, k_1\}, \{w_2, k_2\}$。

　　（5）参与人支付函数：假设用 S_q 表示建筑开发单位的利润，$q = (m, n)$，其中，m 表示绿色建筑，n 表示非绿色建筑；t 为所得税税率；P_q 表示建筑开发单位开发项目（绿色建筑，非绿色建筑）时政府所得效益；R_q 表示建筑产品在建设和使用过程中需要由政府承担的外部损失（如环境污染等）；B 表示政府实施绿色建筑经济激励政策时对建筑开发单位采取的优惠额度；U 表示各方获得的总收益。其中，U_g 表示政府收益，U_d 表示建筑开发单位收益。则在各种策略下，各参与人的支付函数为：

$$U_g(w_1, k_1) = P_m - R_m - B \qquad U_d(w_1, k_1) = S_m(1-t) + B$$
$$U_g(w_1, k_2) = P_n - R_n \qquad U_d(w_1, k_2) = S_n(1-t)$$
$$U_g(w_2, k_1) = P_m - R_m \qquad U_d(w_1, k_2) = S_m(1-t)$$
$$U_g(w_2, k_2) = P_n - R_n \qquad U_d(w_1, k_2) = S_n(1-t)$$

政府部门与建筑开发单位的博弈模型如图 7-1 所示。

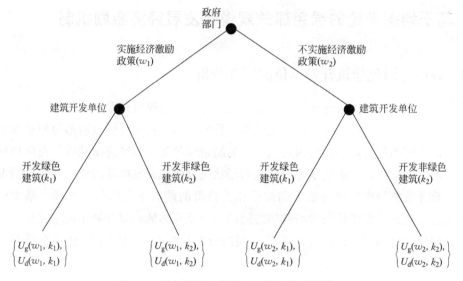

图 7-1　政府部门与建筑开发单位的博弈模型

2. 模型求解

运用逆向归纳法求解"子博弈精炼纳什均衡"，有以下两种情况：

（1）$S_m > S_n$ 时。即开发绿色建筑所获利润大于开发非绿色建筑时，则有：

1）建筑开发单位的选择：

针对 w_1：

$$\max\{U_d\} = \max\{U_d(w_1, k_1), U_d(w_1, k_2)\} = S_m(1-t) + B \qquad (7\text{-}1)$$

最优解为 $k^*(w_1) = k_1$，即建筑开发单位优先选择开发绿色建筑。

针对 w_2：

$$\max\{U_d\} = \max\{U_d(w_2, k_1), U_d(w_2, k_2)\} = S_m(1-t) \qquad (7\text{-}2)$$

最优解为 $k^*(w_2) = k_1$，建筑开发单位依然优先选择开发绿色建筑。

因此，无论政府部门是否实施绿色建筑经济激励政策，建筑开发单位都会选择开发绿色建筑。

2）政府部门的选择。此时有：

$$\max\{U_{\mathrm{g}}\}=\max\{U_{\mathrm{g}}(w_1,\ k_1),\ U_{\mathrm{d}}(w_2,\ k_1)\}=P_{\mathrm{m}}-R_{\mathrm{m}} \tag{7-3}$$

最优解 $w^*=w_2$，政府部门不实施经济激励政策。

（2）$S_{\mathrm{m}}<S_{\mathrm{n}}$ 时。即开发绿色建筑所获利润小于开发非绿色建筑时，则有：

1）$B<S_{\mathrm{n}}-S_{\mathrm{m}}$ 时。即政府部门提供的优惠额度小于开发绿色建筑所损失的利润时，建筑开发单位和政府部门的选择如下：

① 建筑开发单位的选择：

针对 w_1：

$$\max\{U_{\mathrm{d}}\}=\max\{U_{\mathrm{d}}(w_1,\ k_1),\ U_{\mathrm{d}}(w_1,\ k_2)\}=S_{\mathrm{n}}(1-t) \tag{7-4}$$

最优解 $k^*(w_1)=k_2$，建筑开发单位优先选择开发非绿色建筑。

针对 w_2：

$$\max\{U_{\mathrm{d}}\}=\max\{U_{\mathrm{d}}(w_2,\ k_1),\ U_{\mathrm{d}}(w_2,\ k_2)\}=S_{\mathrm{n}}(1-t) \tag{7-5}$$

最优解 $k^*(w_2)=k_2$，建筑开发单位同样选择开发非绿色建筑。

因此，无论政府部门是否实施绿色建筑经济激励政策，建筑开发单位都会选择开发非绿色建筑。

② 政府部门的选择。此时有：

$$\max\{U_{\mathrm{g}}\}=\max\{U_{\mathrm{g}}(w_1,\ k_2),\ U_{\mathrm{g}}(w_2,\ k_2)\}=P_{\mathrm{n}}-R_{\mathrm{n}} \tag{7-6}$$

最优解 $w^*=w_1=w_2$，政府部门是否实施经济激励对其利益同等。

2）$S_{\mathrm{n}}-S_{\mathrm{m}}<B<(P_{\mathrm{m}}-P_{\mathrm{n}})-(R_{\mathrm{m}}-R_{\mathrm{n}})$ 时，建筑开发单位和政府部门的选择如下：

① 建筑开发单位的选择：

针对 w_1：求解过程同式（3.1），最优解为 $k^*(w_1)=k_1$，建筑开发单位优先选择开发绿色建筑。

针对 w_2：求解过程同式（3.5），最优解 $k^*(w_2)=k_2$，建筑开发单位选择开发非绿色建筑。

因此，政府部门实施经济激励政策时，建筑开发单位选择开发绿色建筑；政府部门不实施经济激励政策时，建筑开发单位选择开发非绿色建筑。

② 政府部门的选择。此时：

$$\max\{U_{\mathrm{g}}\}=\max\{U_{\mathrm{g}}(w_1,\ k_1),\ U_{\mathrm{g}}(w_2,\ k_2)\}=P_{\mathrm{m}}-R_{\mathrm{m}}-B \tag{7-7}$$

最优解 $w^*=w_1$，政府部门实施经济激励相关的政策。

3）$B>(P_{\mathrm{m}}-P_{\mathrm{n}})-(R_{\mathrm{m}}-R_{\mathrm{n}})$ 时，建筑开发单位和政府部门的选择如下：

① 建筑开发单位的选择。求解过程与公式（7-1）和公式（7-5）相同，政府部门实施经济激励政策时，建筑开发单位选择开发绿色建筑；政府部门不实施经济激励政策时，建筑开发单位选择开发非绿色建筑。

② 政府部门的选择。此时：

$$\max\{U_{\mathrm{g}}\}=\max\{U_{\mathrm{g}}(w_1,\ k_1),\ U_{\mathrm{g}}(w_2,\ k_2)\}=P_{\mathrm{n}}-R_{\mathrm{n}} \tag{7-8}$$

最优解 $w^*=w_2$，政府部门不实施经济激励相关政策。

3. 模型结果分析

由以上模型求解结果可以看出，如果开发绿色建筑不能给建筑开发单位带来更多利润，政府部门实施绿色建筑经济激励的额度，即财政补贴或优惠额度，则是影响建筑开发单位决策的重要因素。在建筑售价或租金不变的前提下，如果政府部门经济激励额度能够弥补建筑开发单位开发绿色建筑相比开发普通建筑而多支付的成本，则建筑开发单位会开发绿色建筑。否则，即使政府实施经济激励政策，建筑开发单位也会选择开发非绿色建筑。另一方面，如果政府的经济激励程度过大，超过政府整体总收益，即使建筑开发单位愿意开发绿色建筑，政府部门也不会选择实施经济激励。结合我国绿色建筑规模化发展的不同阶段，可以考虑采取不同的经济激励措施。

（1）绿色建筑规模化发展起步阶段

绿色建筑规模化发展初期，相关法律法规和标准规范还有待完善，有关绿色建筑的技术、建材、设备等尚未普及，建造绿色建筑的投资额较大，而且在建造成本中包含保护环境和节约能源等正外部性成本。需求方对绿色建筑认识尚不到位，对价格的承受能力有限，建筑开发单位不能获得较高利润。因此，需要政府部门向建筑开发单位提供一定经济扶持，扶持力度要弥补建筑开发单位增量成本，通过行政手段和经济手段相结合的方式，促使建筑开发单位开发绿色建筑。

（2）绿色建筑规模化快速发展阶段

随着技术的进步和推广，开发绿色建筑的成本逐渐降低，绿色建筑产业链形成的规模经济日益凸显，民众绿色理念和对绿色建筑的认识不断加强，需求方对绿色建筑的需求也会不断加大。在政府的强制性政策与适当的激励性政策共同作用下，绿色建筑会迅速朝着规模化方向发展。在此阶段，政府部门的经济激励力度可适当降低，但不会影响绿色建筑规模化发展。

（3）绿色建筑规模化发展成熟阶段

最终绿色建筑规模化实现，绿色建筑集群、技术集成，绿色建筑产业链形成规模经济，利润额超过开发非绿色建筑。在此阶段，绿色建筑需求超过非绿色建筑，在利润驱动下，建筑开发单位必然会主动选择开发绿色建筑，而政府部门则可取消经济激励政策，转为由市场这只"看不见的手"自发调节和配置资源，从而达到社会最优状态。

7.2.2 绿色建筑开发单位与使用者的博弈分析

绿色建筑市场中，无论是建筑开发单位或使用者，在决策时都不是个体行为，而是群体行为。建筑开发单位或使用者的决策是一个根据对方的选择而调整的动态过程。由于建筑开发单位和使用者在绿色建筑市场选择过程中都具有"有限理性"特征，目光长远的建筑开发单位和使用者将会选择较优方案，而短视者会看到身边的人因此受益而逐渐选择更优方案，这就意味着有限理性博弈双方往往不能从一开始就找到最优策略，而是通过多次学习调整的过程，最终达到均衡。在这种条件下，可应用进化博弈模型来分析绿色建筑开发单位和使用者的行为规律。

1. 模型构建

（1）核心参与者：建筑开发单位（d）和使用者（c），分别为有限理性的博弈方，拥有有限信息。

（2）策略选择：建筑开发单位可选择开发绿色建筑或开发非绿色建筑；使用者可选择购买绿色建筑或购买非绿色建筑。

（3）假设建筑开发单位开发绿色建筑会产生增量成本，相应地售出绿色建筑会获得增量收入，使用者购买绿色建筑后会获得增量效益，如节水、节能等收益，环境、绿化等方面的舒适性等。

（4）假设 U_0 表示使用者选择购买非绿色建筑获得的效用，U_z 表示使用者选择购买绿色建筑获得的相对于非绿色建筑的增量效用；C_0 表示建筑开发单位开发非绿色建筑付出的成本，C_z 表示建筑开发单位开发绿色建筑的增量成本；R_0 表示建筑开发单位开发非绿色建筑获得的收益，R_z 表示建筑开发单位开发绿色建筑相对于非绿色建筑的增量收益。

建筑开发单位与使用者动态博弈支付模型见表 7-3。

建筑开发单位与使用者动态博弈支付模型　　　　　表 7-3

建筑开发单位 建筑使用者	开发绿色建筑 y	开发非绿色建筑（$1-y$）
购买绿色 x	U_0+U_z,R_0+R_z	$0,-C_0$
购买非绿色（$1-x$）	$0,-C_0-C_z$	U_0,R_0

2. 模型求解

假设建筑开发单位开发绿色建筑的概率为 y，开发非绿色建筑的概率为（$1-y$）；使用者购买的概率为 x，不购买的概率为（$1-x$）。根据以上条件进行分析，可运用动态博弈方程寻找演化稳定均衡策略。

（1）使用者的稳定均衡策略

对于使用者来说，选择购买绿色建筑和购买非绿色建筑的期望收益分别记为 U_{c1} 和 U_{c2}，群体的平均期望收益为 $\overline{U}_c$，则有：

$$U_{c1}=y(U_0+U_z) \tag{7-9}$$

$$U_{c2}=(1-y)U_0 \tag{7-10}$$

$$\overline{U}_c=xU_{c1}+(1-x)U_{c2} \tag{7-11}$$

根据复制动态博弈方程可得：

$$F(x)=\frac{\mathrm{d}x}{\mathrm{d}t}=x(U_{c1}-\overline{U}_c) \tag{7-12}$$
$$=x(1-x)\big[y(2U_0+U_z)-U_0\big]$$

令 $F(x)=0$，可以得到：

$$X_1^* = 0, \ X_2^* = 1; \ Y^* = U_0 / (2U_0 + U_z)$$

由假设可知，$0 < U_0 / (2U_0 + U_z) < 1$，因此：

① 当 $y = U_0 / (2U_0 + U_z)$ 时，无论 x 取何值，$F'(x) = 0$。也就是说，当建筑开发单位选择开发绿色建筑的概率达到 $Y^* = U_0 / (2U_0 + U_z)$ 时，则达到均衡稳定状态。

② 当 $y > U_0 / (2U_0 + U_z)$ 时，$F'(0) > 0$，$F'(1) < 0$，$X_2^* = 1$ 是进化稳定策略（Evolutionary Stable Strategy，ESS）。即使用者选择购买绿色建筑与建筑开发单位开发绿色建筑良性互动，达到帕累托最优。

③ 当 $y < U_0 / (2U_0 + U_z)$ 时，$F'(0) < 0$，$F'(1) > 0$，$X_1^* = 0$ 是进化稳定策略。即建筑开发单位开发绿色建筑概率较小时，使用者逐渐选择购买非绿色建筑。

（2）建筑开发单位的稳定均衡策略

对于使用者来说，选择开发绿色建筑和开发非绿色建筑的期望收益分别记为 U_{d1} 和 U_{d2}，群体的平均期望收益为 $\overline{U}_d$，则有：

$$U_{d1} = x(R_0 + R_z) + (1-x)(-C_0 - C_z) \tag{7-13}$$

$$U_{d2} = x(-C_0) + (1-x)R_0 \tag{7-14}$$

$$\overline{U}_d = yU_{d1} + (1-y)U_{d2} \tag{7-15}$$

根据复制动态博弈方程可得：

$$F(y) = \frac{dy}{dt} = y(U_{d1} - \overline{U}_d)$$
$$= y(1-y)[x(2C_0 + C_z + 2R_0 + R_z) - (C_0 + C_z + R_0)] \tag{7-16}$$

令 $F(y) = 0$，可以得到：

$$Y_1^* = 0, \ Y_2^* = 1, \ X^* = (C_0 + C_z + R_0) / (2C_0 + C_z + 2R_0 + R_z)$$

由假设可知，$0 < (C_0 + C_z + R_0) / (2C_0 + C_z + 2R_0 + R_z) < 1$，因此：

① 当 $x = (C_0 + C_z + R_0) / (2C_0 + C_z + 2R_0 + R_z)$ 时，无论 y 取何值，$F'(y) = 0$。也就是说，当使用者选择购买绿色建筑的概率达到 $x = X^*$ 时，则达到均衡稳定状态。

② 当 $x > (C_0 + C_z + R_0) / (2C_0 + C_z + 2R_0 + R_z)$ 时，$F'(0) > 0$，$F'(1) < 0$，$Y_2^* = 1$ 是进化稳定策略。即建筑开发单位选择开发绿色建筑与使用者购买绿色建筑良性互动，达到帕累托最优。

③ 当 $x < (C_0 + C_z + R_0) / (2C_0 + C_z + 2R_0 + R_z)$ 时，$F'(0) < 0$，$F'(1) > 0$，$Y_1^* = 0$ 是进化稳定策略。即使用者购买绿色建筑的概率较小时，建筑开发单位会逐渐减小绿色建筑开发力度。

3. 模型结果分析

由演化博弈求解结果可知，$X^* = (C_0 + C_z + R_0) / (2C_0 + C_z + 2R_0 + R_z)$ 和 $Y^* = U_0 / (2U_0 + U_z)$ 是绿色建筑市场进化的临界值。对于使用者而言，当建筑开

发单位选择开发绿色建筑的概率大于 Y^* 时，消费者会自发选择购买绿色建筑；对于建筑开发单位而言，当消费者选择购买绿色建筑的概率大于 X^* 时，建筑开发单位会自发加大绿色建筑开发力度。建筑开发单位与使用者的非对称博弈演化趋势如图 7-2 所示，图中 O 点和 A 点都是进化稳定策略，但最终进化为哪一种策略取决于系统的初始状态和外部因素。

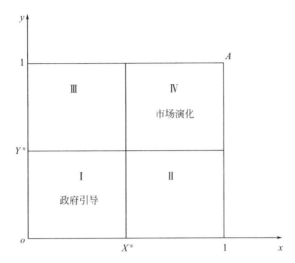

图 7-2　建筑开发单位与使用者的非对称博弈演化趋势

当 x 值与 y 值同时落入（X^*，1）和（Y^*，1），即在区域Ⅳ中时，绿色建筑市场会随着演化规律的特性自发地向使用者购买、建筑开发单位开发绿色建筑的方向发展，该状态具备一定的稳定性，不需要政府任何实质性控制，且外界的微小变化也不会干扰绿色建筑规模化发展趋势。

当 x 值与 y 值同时落入（0，X^*）和（0，Y^*），即在区域Ⅰ中时，绿色建筑市场根据博弈演化规律，逐渐向使用者购买、建筑开发单位开发非绿色建筑这一稳定均衡策略发展。这是绿色建筑市场发展初期，绿色建筑尚未被使用者接受，建筑开发单位也面临成本、技术等因素影响而选择背离绿色建筑开发。此时，政府必须充分利用政策手段，通过一定的强制性监管和激励性措施，使建筑开发单位开发绿色建筑的数量，即提高 y 值；加强使用者绿色环保消费理念的宣传，使其逐步接受绿色建筑，进而提高 x 值。当 x 值与 y 值提高到一定程度，落入区域Ⅳ时，绿色建筑规模化将初步形成，绿色建筑市场也不再依赖于政府引导，该阶段可减少政府对市场的控制，主要由市场发挥其良性运转机制。

当 x 与 y 值落入区域Ⅱ或Ⅲ时，由于建筑开发单位与使用者供需不能统一，市场状态很不稳定，市场会自发演化进入到区域Ⅰ或区域Ⅳ中。此时，仍需要政府有相关的引导与支持，使 x 与 y 值落到区域Ⅳ中。

通过分析临界值 $X^* = (C_0 + C_z + R_0)/(2C_0 + C_z + 2R_0 + R_z)$ 和 $Y^* = U_0/(2U_0 + U_z)$ 可知，应利用政策手段，使 X^* 和 Y^* 的值尽可能减小，以使市场

演化区域 Ⅳ 增大，使区域 Ⅱ、Ⅲ 和政策引导区域 Ⅰ 减小。对于临界值 $Y^* = U_0/(2U_0+U_z)$，则可通过增大 U_z，进而增大分母，即使用者选择绿色建筑的增量效用越大，就会使均衡点的值越小。这说明随着绿色技术的发展与推广，绿色建筑将会给使用者带来更多效用，进而拉动绿色建筑市场演化区域的增大。对于临界值 $X^* = (C_0+C_z+R_0)/(2C_0+C_z+2R_0+R_z)$，$R_z$ 的增大会使分母增大，进而使 X^* 值减小。在绿色建筑发展初期，政府可通过经济激励政策使建筑开发单位收益增大，而从长远角度看，绿色建筑将会给企业带来品牌效益、环境效益和社会效益，增量收益会随着绿色建筑规模化的逐渐形成而增加。因此，在政策引导和市场演化作用下，经过一定时期，x 与 y 值将进入 $(X^*, 1)$ 和 $(Y^*, 1)$ 区域，并趋近于 $(1, 1)$ 这一良性均衡稳定策略，促进绿色建筑规模化的形成。

7.2.3 绿色建筑规模化发展的经济激励机制设计

通过对绿色建筑规模化发展主要利益相关主体及其行为分析，可以得到面对政府不同策略时，建筑开发单位在利益驱动下的主要行为倾向及建筑使用者与建筑开发单位在绿色建筑规模化发展不同阶段的行为演化规律。在此基础上，可结合我国绿色建筑规模化发展现状，设计推动我国绿色建筑规模化发展的经济激励机制。

1. 总体思路

绿色建筑规模化发展经济激励机制的设计是基于"激励相容"和"纳什均衡"理论的，旨在激励中引入更多市场机制，通过经济激励政策解决各方利益主体间的矛盾，在满足各相关主体利益的同时，实现集体利益最大化，以推动绿色建筑规模化发展。

通过以上对绿色建筑利益相关主体行为的博弈分析，已得到不同阶段绿色建筑市场良好运转的均衡策略。目前，我国正处于绿色建筑规模化快速发展阶段，绿色理念已基本深入人心，建筑开发单位在现有的经济激励政策驱使下，有意愿开发绿色建筑。然而，尽管政府已通过财政补贴、税收优惠等政策弥补了建筑开发单位开发绿色建筑的增量成本，但建筑开发单位在利益驱使下，仍然会提高绿色建筑价格。由于目前政府缺少对使用者的经济激励政策，使得使用者的自身利益得不到保证，购买绿色建筑的积极性不高，导致绿色建筑市场处于不够稳定的区域Ⅲ。

为此，经济激励机制设计应以"需求拉动"为指导，即对需求端（建筑使用者）实施激励，引导建筑使用者选择绿色建筑，从而形成对绿色建筑的较强需求。然后，再通过市场机制传递给建筑开发单位，使建筑开发单位选择开发绿色建筑成为最优选择，进而使市场状态由区域Ⅲ进化到区域Ⅳ。绿色建筑规模化发展经济激励机制设计的总体思路如图7-3所示。

2. 基本原则

研究和探讨经济激励政策，既要立足于绿色建筑政策的目标导向和现实需

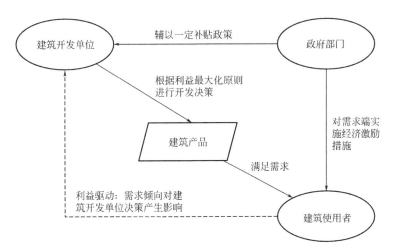

图 7-3　绿色建筑规模化发展经济激励机制设计的总体思路

求，又要结合我国财政政策的发展与实际情况。在现阶段，绿色建筑规模化发展经济激励政策的设计应遵循以下原则。

（1）不同需求者分类激励原则

由于建筑需求者涉及社会众多个人和组织，其使用目的不同，会选择购买不同类型的建筑。针对不同类型建筑的需求者，应实施不同形式、不同程度的经济激励政策。此外，对于同一类建筑的使用者也会有所区别。例如，对于居住建筑，有的需求者是刚性需求，而有些是追求更高的生活质量或者出于投资目的。因此，应针对这样不同的需求者，设计激励程度不同的政策。

（2）政策形式灵活多样原则

每一种激励政策均有其利弊。例如，财政补贴相对于税收优惠更直接，更能刺激需求者，但财政补贴却需要从政府财政预算中直接支出，对政府财政资金要求较高。因此，应采取多样化激励政策，使各项政策互相配合发挥效用。此外，针对中央政府指导性政策，各地应在考虑本地区经济发展水平的基础上，灵活制定适合本地区发展的经济激励政策，为推动绿色建筑规模化发展发挥最大效用。

（3）激励程度适当原则

绿色建筑规模化发展涉及政府部门、建筑开发单位、建筑使用者等诸多利益主体，因此，经济激励机制的设计首先应充分考虑绿色建筑市场中各方主体利益，不能低于市场平均收益。其次，由于经济激励政策实施需要投入大量资金，要考虑政府对绿色建筑支持的财政资金承担能力，以确保经济激励政策能够稳定实施。

3．经济激励措施

国内外许多绿色建筑都是自愿建造而非强制性的。国内近年来也有一些针对推动绿色建筑发展的经济激励措施研究。马辉、王建廷等（2002）认为，应根据相应的绿色住宅级别设定合适的激励强度，且随着绿色建筑的不断发展，政府应逐步降低对绿色建筑的激励力度，逐步发挥市场的推动作用。张仕廉等（2006）对绿色建筑的经济外部性与非绿色建筑的不经济性进行分析后指出，在存在经济外部性情况下，市场不能使资源达到有效配置，但通过政府干预，就可在一定程度上对资源进行有效配置，在考虑消除非绿色建筑的不经济性与发挥绿色建筑的经济性时，要针对绿色建筑实行补贴减税政策，针对非绿色建筑要施行高标准、高强度的强制征税政策。杨杰等（2013）应用博弈论对绿色建筑经济激励机制进行了分析评价，认为当前经济激励机制成为绿色建筑推广的瓶颈。

就目前情况而言，政府实施经济激励措施推进绿色建筑规模化发展，可从实施税收优惠、贷款优惠和财政补贴等角度考虑。

（1）税收优惠

税收优惠是通过税收体系进行的一种间接性财政支出，与纳入国家预算的直接财政支出没有本质上区别。但由于税收优惠发生在征税环节，只是减少政府的财政收入，并不像财政补贴一样需要额外的资金来源。税收优惠激励措施有利于长期实施，因此，要充分发挥税收政策的诱导作用，对绿色建筑需求端给予一定的税收优惠。

对需求端实施税收优惠可从绿色建筑的购买环节考虑，考虑免征或低税征收，包括契税、印花税等。以北京市契税政策为例，提出一种绿色建筑税收优惠政策实施建议，参见表7-4。

绿色建筑税收优惠政策实施建议　　　　　　　　　　表7-4

北京市现行契税政策	绿色建筑契税优惠政策
个人购买面积不超过 90m^2 的普通居住建筑,且该居住建筑为家庭唯一住房的,契税税率为 1%	个人购买面积不超过 90m^2 的普通绿色居住建筑,且该居住建筑为家庭唯一住房的,可免征契税
个人购买面积在 90m^2 以上 144m^2 及以下的普通居住建筑,且该居住建筑为家庭唯一住房的,契税税率为 1.5%	个人购买面积在 90m^2 以上 144m^2 及以下的普通绿色居住建筑,且该居住建筑为家庭唯一住房的,契税税率可优惠至 1%
其他情况:所购住宅面积在 144m^2 以上;购买非普通居住建筑、二套及以上居住建筑;购买商业投资性房产,如商铺、办公写字楼、商务公寓等,契税税率为 3%	其他情况:所购住宅面积在 144m^2 以上;购买非普通居住建筑、二套及以上居住建筑;购买商业投资性房产,如商铺、办公写字楼、商务公寓等,契税税率可优惠至 1.5%~2%

对于以上实施建议，还可根据实际情况进一步细化，针对不同星级认证的绿色建筑，应对绿色建筑使用者实行不同比例的契税返还政策。例如厦门市新出台政策，对二星级绿色建筑使用者返还 20% 的契税，对三星级绿色建筑使用者返还 40% 的契税，使得税收构成阶梯式、多元化的优惠。同时，还可对绿色建筑的使用、出售与转让环节涉及的税收种类，例如营业税、房产税等，研究更进一步的税收减免政策。

（2）贷款优惠

金融机构可以对购买绿色建筑的用户给予购房贷款的利率优惠，具体内容可包括：①对购买绿色建筑的用户在贷款年限、额度、利率等方面给予优惠；②对于绿色居住建筑购买者申请住房公积金贷款的，降低贷款条件，缩短贷款审批时间，延长贷款期限，提高贷款额度，降低贷款利率等。

尽管在相关文件中提到可对绿色建筑使用者在购房贷款利率上给予适当优惠，但在落实这项政策过程中还存在一些问题。目前，只有安徽省对具体优惠数额有规定，即要求金融机构对绿色建筑的消费贷款利率可下浮 0.5%。此外，江苏省在《江苏省绿色建筑发展条例》中提出，使用住房公积金贷款购买二星级以上绿色建筑的，公积金贷款额度可在现有基础上增加 20%。公积金贷款与商业贷款最大的区别在于商业贷款利率高，因此，公积金贷款额度的增大意味着购买者在购买绿色建筑时，可以减少商业贷款，多贷公积金，自然会形成利息优惠。

（3）财政补贴

中央政府和地方政府需要筹集一定的资金作为专项资金，对于达到星级标识的绿色建筑使用者给予财政补贴，财政补贴主要指价格补贴。价格补贴是一项非常有效的激励措施。很多发达国家在推广可再生能源和绿色建筑时，都广泛采用对消费者进行价格补贴的优惠政策。通过价格刺激，达到扩大市场需求的效果，进而带动生产的扩大。

价格补贴可从两方面实施：

1）对因开发绿色建筑发生的增量成本而提高的价格给予现金补贴，针对不同星级的绿色建筑设定不同的价格补贴额度。目前，我国对绿色建筑开发单位有类似的补贴政策，对达到二星标识的绿色建筑每平方米奖励 45 元，三星标识每平方米奖励 80 元。而这种奖励更应实施在需求端，将因增量成本而增加的价格直接补贴给使用者，只要需求增加，自然会拉动绿色建筑开发。

2）对应用绿色技术的建筑，在使用阶段所消耗的水、电、热、气等能耗给予价格优惠。例如，可对利用浅层地温能供暖制冷的居住建筑，执行居民峰谷分时电价；对地源热泵系统应减征或者免征水资源费等，以降低绿色建筑的运行和使用成本。

此外，由于使用者在绿色建筑中所获得的舒适体验与节能收益在这个过程中有所增加，政府可按照年限划分，来逐渐降低对使用者的补贴，通过购买和使用的财政补贴，实现对绿色建筑需求端的财政激励。

（4）其他激励措施

其他激励措施包括：

1）提高需求端对绿色建筑的认识。以往民众了解绿色建筑的途径通常是媒体，得到的是简单的概念层次的解释，且使用者对于"四节一环保"等绿色理念比较淡薄，不愿出高价选择绿色建筑。要使民众真正认可绿色建筑，就需要将绿色建筑的理念扩展到实体层面，在不同地区，尤其是二三线城市及西部地区，建立绿色建筑示范区，使民众切实体会到使用绿色建筑所获得的收益。政府部门要将绿色建筑的节能数据对公众予以公布，并大力宣传绿色建筑节约的使用成本、室内居住环境的舒适性，使绿色建筑真正被社会广泛关注和认可，从而刺激绿色建筑需求。

2）政府部门通过采购绿色建筑主动拉动需求。政府部门应发挥率先垂范作用，在政府工程采购中，尽可能在采购成本控制范围内选择购买绿色建筑，以引导建筑开发单位积极开发绿色建筑。这样既可通过政府采购行为来扩大绿色建筑市场需求，又可使建筑使用者感受到政府的政策导向，从而推动绿色建筑规模化发展。

参考文献

[1] 安娜. 绿色建筑需求端经济激励政策的博弈分析 [J]. 生态经济，2012 (2)：107-110.

[2] 蔡伟光，武涌. 需求端导向的大型公共建筑节能激励机制设计 [J]. 暖通空调，2007 (8)：23-27.

[3] 储海燕. 江苏省推进绿色建筑发展的经济激励机制研究 [J]. 江苏建筑，2014 (4)：102-105.

[4] 戴雪芝，李妍，狄彦强. 大型公建和政府投资公益性建筑全面实行绿色建筑标准的目标分析与政策研究 [J]. 建设科技，2014 (11)：52-55.

[5] 董丛. 我国绿色住宅发展的战略选择和对策研究 [D]. 北京：首都经济贸易大学，2013.

[6] 董琳. 沈阳市公共建筑节能激励政策研究 [D]. 辽宁：辽宁大学，2012.

[7] 董宁. 我国绿色建筑的发展及经济激励政策研究 [D]. 湖南：南华大学，2010.

[8] 费衍慧. 我国绿色建筑政策的制度分析 [D]. 北京：北京林业大学，2011.

[9] 付峰，蔡莲. 绿色建筑市场发展多主体演化博弈及仿真研究 [J]. 河南科学，2020，38 (7)：1157-1164.

[10] 高升，郭迎春. 绿色建筑发展和推广的政策选择 [J]. 菏泽学院学报，2010 (4)：127-129.

[11] 韩青苗. 我国建筑节能服务市场激励研究 [D]. 黑龙江：哈尔滨工业大学，2010.

[12] 黄定轩，陈梦娇，黎昌贵. 绿色建筑项目供给侧主体行为演化博弈分析 [J]. 桂林理工大学学报，2019，39 (2)：482-491.

[13] 金靖，宋敏. 绿色建筑利益相关者的利益诉求和行为分析 [J]. 价值工程，2013 (31)：134-135.

[14] 金占勇，孙金颖，刘长滨，等. 基于外部性分析的绿色建筑经济激励政策设计 [J]. 建筑科学，2010 (6)：57-62.

[15] 李辉. 城市公共空间的绿色建筑体系研究 [D]. 吉林：东北师范大学，2006.

[16] 李慧. 建筑节能经济激励政策及相关问题研究 [D]. 西安建筑科技大学，2008.

[17] 李学征. 中国绿色建筑的政策研究 _ 李学征 [D]. 重庆大学，2006.

[18] 廖欢. 绿色建筑主体博弈、市场约束及治理路径 [J]. 绿色科技，2014 (5)：269-272.

[19] 林敏，张福生，陈敏佳. 发展绿色建筑的激励约束机制研究 [J]. 建筑经济，2012 (8)：16-18.

[20] 林敏．新农村发展绿色建筑的利益主体博弈行为分析［J］．山西建筑，2011（3）：230-232.

[21] 刘戈，李雪．基于博弈分析的绿色建筑激励机制设计与激励力度研究［J］．科技管理研究，2014（4）：235-239.

[22] 刘戈，刘伟．绿色建筑运营管理主体行为进化博弈分析［J］．建筑经济，2016，37（3）：89-93.

[23] 刘华兵．大型公共建筑节能改造激励政策研究［D］．重庆：重庆大学，2012.

[24] 刘敏，张琳，廖佳丽．绿色建筑发展与推广研究［M］．北京：经济管理出版社，2012.

[25] 刘晓娟，王建廷．国内外绿色建筑激励政策比较研究［J］．城市，2013（1）：65-68.

[26] 刘晓天，任涛，汤洁．建立有效的绿色建筑激励政策［J］．建设科技，2007（6）：24-26.

[27] 卢慧娟．保障房建设实施绿色建筑激励政策研究［D］．重庆：重庆大学，2014.

[28] 马辉，王建廷．绿色建筑市场激励理论与方法［M］．北京：化学工业出版社，2012.

[29] 庞宏威．演化博弈视角下绿色建筑市场发展研究［D］．湖北：湖北大学，2014.

[30] 仇保兴．进一步加快绿色建筑发展步伐——中国绿色建筑行动纲要（草案）解读［J］．城市发展研究，2011（7）：1-6.

[31] 仇保兴．我国绿色建筑发展和建筑节能的形势与任务［J］．城市发展研究，2012（5）：1-7，11.

[32] 滕佳颖，许超，艾熙杰，杨涵，张连强．绿色建筑可持续发展的驱动结构建模及策略［J］．土木工程与管理学报，2019，36（6）：124-131，137.

[33] 王波．政府补贴条件下绿色建筑发展关键主体博弈研究［J］．技术经济与管理研究，2018（4）：17-21.

[34] 王波，文华，张伟，张敬钦．绿色建筑发展关键主体动态博弈——基于供给侧结构性改革视角［J］．科技导报，2019，37（8）：88-96.

[35] 王洪波，刘长滨．基于博弈分析的新建建筑节能激励机制设计［J］．建筑科学，2009（2）：24-28.

[36] 王梦夏．绿色建筑推广影响因素研究［D］．北京：首都经济贸易大学，2014.

[37] 徐江，刘应宗，尤爱军．建筑节能激励政策的非对称博弈分析［J］．电子科技大学学报（社科版），2006（3）：9-12.

[38] 徐晓林．西安市公共建筑节能经济激励政策研究［D］．陕西：西安建筑科技大学，2010.

[39] 徐振强．我国省级地方政府绿色建筑激励政策研究与顶层政策设计建议［J］．建设科技，2014（2）：56-64.

[40] 闫瑾．发展绿色建筑的政策激励研究［J］．统计与决策，2008（10）：119-121.

[41] 杨波，赵黎明．绿色建筑发展的外部性及激励机制研究［J］．低温建筑技术，2014（1）：137-139.

[42] 杨杰，李洪砚，杨丽．面向绿色建筑推广的政府经济激励机制研究［J］．山东建筑大学学报，2013（4）：298-302，317.

[43] 袁梦童．我国建筑节能经济激励政策研究［D］．重庆：重庆大学，2013.

[44] 臧志超．基于合作博弈的绿色建筑供应链主体合作模式研究［J］．住宅与房地产，2018

(34)：253.

[45] 张国东．促进地源热泵在建筑中应用的经济激励机制研究 [D]．黑龙江：哈尔滨工业大学，2008.

[46] 张建国，谷立静．我国绿色建筑发展现状、挑战及政策建议 [J]．中国能源，2012 (12)：19-24.

[47] 张金玉．绿色建筑管理模式研究 [D]．山东：山东科技大学，2009.

[48] 张立．大型公共建筑节能管理模式研究 [D]．陕西：西安建筑科技大学，2012.

[49] 张曼．绿色生态城区发展的激励政策研究 [D]．重庆：重庆大学，2013.

[50] 张仕廉，李学征，刘一．绿色建筑经济激励政策分析 [J]．生态经济，2006 (5)：312-315.

[51] 郑世刚，张兆旺，朱剑锋，李晶晶．绿色建筑相关利益群体博弈分析——基于绿色建筑价值链视角 [J]．科技进步与对策，2012 (18)：143-146.

[52] 朱昀嘉．我国公共建筑节能激励政策研究 [D]．北京：北京工业大学，2014.

[53] Edwin H. W. Chan，Queena K. Qian. The market for green building in developed Asian cities the perspectives of building designers [J]. Energy Policy, 2009, 37 (8)：3061-3070.

[54] GQ. Chen，H-Chen，Z. M. Chen，Bo Zhang. Low-carbon building assessment and multi-scale input-output analysis [J]. Communications in Nonlinear Science and Numerical Simulation. Volume, 2011, 16 (1)：583-595.

[55] He L. The incentive effects of different government subsidy policies on green buildings [J]. Renewable and Sustainable Energy Reviews, 2020 (135)：110123.

[56] I Teotónio, Cabral M, Cruz C O, et al. Decision support system for green roofs investments in residential buildings [J]. Journal of Cleaner Production, 2019 (249)：119365.

[57] Joseph Iwaro，Abraham Mwasha. A review of building energy regulation and policy for energy conservation in developing countries [J]. Energy Policy, 2010, 38 (12)：7744-7755.

[58] Queena K. Qian, Edwin H. W. Chan. Government measures needed to promote building energy efficiency (BEE) in China [J]. Facilities, 2010, 28 (11/12)：564-589.

[59] Rana A，Sadiq R，Alam M S，et al. Evaluation of financial incentives for green buildings in Canadian landscape [J]. Renewable and Sustainable Energy Reviews, 2021 (135)：110199.

[60] Skea. Jim. Cold Comfort in a high Carbon Society [J]. Building Research and Information, 2009 (1)：74-78.

[61] Shi Y，Li B. Transferring green building technologies from academic research institutes to building enterprises in the development of urban green building：A stochastic differential game approach [J]. Sustainable Cities & Society, 2018.

[62] Zou Y, Zhao W, Zhong R. The spatial distribution of green buildings in China：Regional imbalance, economic fundamentals, and policy incentives [J]. Applied Geography, 2017 (88)：38-47.

第8章　绿色建筑规模化发展投资效益评价

进行绿色建筑规模化发展投资效益评价，不仅有利于考核评价各地绿色建筑规模化发展绩效，而且有利于发现绿色建筑规模化发展的短板和弱项，便于对症下药，更好地促进绿色建筑规模化发展。根据价值工程原理，绿色建筑规模化发展投资效益评价可用其综合效益与成本的比值表示，即 $e = E/C$。其中，E 代表绿色建筑规模化发展所带来的宏观、微观综合效益；C 为绿色建筑规模化发展全寿命期成本。

8.1　绿色建筑全寿命期成本估算

全寿命期成本（Life Cycle Cost，LCC）是指产品在整个寿命期内所产生的成本。绿色建筑全寿命期成本则是指绿色建筑设计、建造、使用、维修和报废过程中发生的所有费用。估算绿色建筑全寿命期成本时，应充分考虑绿色建筑全寿命期各阶段的成本构成。

8.1.1　绿色建筑全寿命期成本估算研究现状

目前，国内外对于绿色建筑全寿命期成本估算的研究主要集中于单体建筑，对于大范围及规模化发展的绿色建筑成本估算的研究尚处于空白。对于单体绿色建筑全寿命期成本估算的研究主要分为两方面：一是针对绿色建筑全寿命期进行阶段划分，然后分析每个阶段绿色建筑成本构成，并将未来年成本折算为现值，汇总成为单体绿色建筑全寿命期总成本；二是分析比较绿色建筑与普通建筑，计算绿色建筑在建造和运营阶段"四节一环保"方面的增量成本，然后以绿色建筑成本与普通建筑成本的差值来反映单体绿色建筑全寿命期增量成本。

在研究规模化发展情境下的绿色建筑全寿命期成本时，由于难以将规模化发展的绿色建筑全寿命期成本与普通建筑全寿命期成本相对比，且考虑到大范围及规模化发展的绿色建筑全寿命期阶段划分与单体建筑类似，因此，这里将根据绿色建筑全寿命期阶段划分，从单体绿色建筑及绿色生态城市成本估算中探究规模化发展情境下的绿色建筑全寿命期成本构成及估算方法。

国内外已有研究成果主要集中于办公建筑及普通商品住宅等单体绿色建筑全寿命期成本估算，这些研究成果对于研究规模化发展情境下的绿色建筑全寿命期成本估算方法有一定参考价值。美国建筑环境与经济可持续性评价工具（Building of Environmental and Economic Sustainability，BEES）可对建筑全寿命期成本进行计算，但 BEES 仅能计算建筑全寿命期中建材和设备采购、安装、维修和更换总成本，成本构成涵盖范围较小。周佳（2007）将生态住宅全寿命期划分为决策、设计、实施、运营维护和建筑拆除 5 个阶段，并以南京某住宅小区为例计算了全寿命期成本。陈偲勤（2009）在分析绿色建筑影响因素的基础上，将绿色建筑全寿命期分为决策设计、施工建造、使用维护及回收报废 4 个阶段，并提出设计建造成本与使用维护成本存在此消彼长的关系。张慧萍（2012）在分析奥地利 MIVA 办公建筑及上海万科朗润园后，将绿色建筑全寿命期划分为决策立项、设计策划、建设调试、维护使用及回收报废 6 个阶段，并针对每个阶段提出了单体建筑相应的成本构成，如土地获取费、建筑安装成本、维护成本等。

国内外对于绿色社区及低碳生态城等建设范围较大的研究目前仍处于起步阶段，研究成果仅可对全寿命期阶段划分和成本估算起到一定参考和借鉴作用。黄雅贤（2012）以中新天津生态城中的低能耗中学为例，阐述了中新生态城绿色建筑的技术特点和节能措施，并分析了外墙保温、屋面保温、节能灯具等绿色建筑技术的增量成本，以体现其节能效果和成本效率。叶祖达（2012）针对低碳生态控制性规划政策提出了规划建设的成本效益模型，并就政府、开发商、消费者等多方主体进行了成本效益分析。最后，结合石家庄正定新区的绿色空间建设、绿色交通、能源、水资源等开发建设进行了实证分析。

上述关于单体绿色建筑全寿命期成本估算的研究可为研究规模化发展情境下的绿色建筑全寿命期成本估算提供一定参考。

8.1.2 绿色建筑全寿命期成本构成分析

综合国内外研究成果及绿色建筑发展实际，规模化发展情境下的绿色建筑全寿命期阶段划分与单体建筑类似，同样可分为策划决策、建设实施、使用维护及报废回收 4 个阶段，各阶段主要工作内容及成本构成如下。

1. 策划决策阶段

绿色建筑策划决策阶段的主要工作内容有进行项目可行性研究、获取建设用地、筹措建设资金等。这一阶段成本包括进行以上各项工作所花费的成本，其中比重最大的应是在建设实施阶段发生的土地获取费用，包括土地使用费、迁移补偿费等。

2. 建设实施阶段

建设实施阶段的主要工作内容包括勘察、设计和建造。这一阶段是绿色建筑实体形成阶段，将会消耗大量人力、物力、财力等各种资源。成本包括勘察设计费、建筑安装工程费、设备工器具费及工程建设其他费等。该阶段建筑安装工程费、设备工器具费将会占较大比例。

3. 使用维护阶段

使用维护阶段是建筑全寿命期内所占时间最长的一个阶段，也是建筑耗能最大的一个阶段，约占建筑总能耗的 70%~80%。即使是能效最高的建筑物，使用阶段能耗也会占建筑总能耗的 50%~60%。绿色建筑使用维护成本是指绿色建筑使用过程中需要付出的使用成本及维修保养成本。

4. 报废回收阶段

建筑经多年使用达到其耐用期限时，将会拆除并对其可用材料进行回收，进行这些工作所产生的费用即为拆除回收成本。其中，拆除回收成本包含拆除建筑物、清理现场及处理材料回收所花费的人工费、机械使用费、措施费及相关管理费。如果拆除后确实有可供出售或利用的零部件、废旧材料等，还要考虑和计算残值。

8.1.3 绿色建筑全寿命期成本估算方法

绿色建筑全寿命期成本估算方法的核心是将绿色建筑全寿命期成本作为一个整体考虑，而不是只考虑建设成本。

1. 全寿命期成本的初步估算

如前所述，绿色建筑全寿命期成本是指在绿色建筑策划决策、建设实施、使用维护及报废回收各阶段产生的各项成本总和。以绿色建筑竣工交付使用时间作为分界点，将策划决策成本 C_1 及建设实施成本 C_2 划归为绿色建筑规模化建设成本 C_{I}，将使用维护成本 C_3 及报废回收成本 C_4 划归为绿色建筑规模化运营成本 C_{II}，于是得到规模化发展情境下的绿色建筑全寿命期成本 LCC 如式（8-1）所示。

$$LCC = C_{I} + C_{II} = C_1 + C_2 + C_3 + C_4 \qquad (8\text{-}1)$$

其中，各阶段成本 C_1、C_2、C_3 和 C_4 可根据其相应费用组成进行分别计算。

2. 全寿命期成本的动态折算

由于绿色建筑全寿命期长达数十年，甚至上百年，而所有成本发生的时点并不相同。从资金的时间价值考虑，不同时点发生的成本，其时间价值是不同的。因此，采用式（8-1）计算绿色建筑全寿命期成本并不准确，也不够科学。为此，需要将发生在不同时点的成本折算到同一时点上。由于绿色建筑规模化发展的投资效益通常需要（或假想）在绿色建筑寿命期终止时进行评价，因此，与传统折现（将建筑全寿命期成本折算到期初）不同，规模化发展情境下的绿色建筑全寿命期成本需要折算到建筑全寿命期末（即计算终值）。

（1）建设成本 C_{I} 的折算

建设成本 C_{I} 包含策划决策成本及建设实施成本。假设绿色建筑全寿命期各年利率为 i，建设期为 m 年，使用期为 n 年。策划决策成本假设在建设期初全部支出，建设实施成本分年在建设期每年末支出（C_{21}，C_{22}，$\cdots C_{2m}$）。于是，折算到建筑全寿命期末的建设成本 $C_{I}(m+n)$ 为：

$$C_{I}(m+n) = C_1(1+i)^{m+n} + C_{21}(1+i)^{m+n-1} + C_{22}(1+i)^{m+n-2} + \cdots + C_{2m}(1+i)^{n}$$

$$(8\text{-}2)$$

（2）使用成本 C_{II} 的折算

使用成本 C_{II} 包含使用维护成本及报废回收成本。假设使用期各年利率仍为

i，除报废回收成本 C_4 发生在全寿命期末外，使用维护成本均在使用期每年末支出（C_{31}，C_{32}，$\cdots C_{3n}$）。于是，折算到建筑全寿命期末的使用成本 $C_{II}(n)$ 为：

$$C_{II}(n)=C_{31}(1+i)^{n-1}+C_{32}(1+i)^{n-2}+\cdots+C_{3n}+C_4-S \qquad (8\text{-}3)$$

其中，S 表示残值。

3. 全寿命期成本终值计算

综合以上建设成本 C_I 和运营成本 C_{II} 的折算，即可得到规模化发展情境下的绿色建筑全寿命期成本终值为：

$$LCC_n=C_I(m+n)+C_{II}(n) \qquad (8\text{-}4)$$

8.2 绿色建筑规模化发展综合效益分析

绿色建筑规模化发展具有典型的正外部性特征，这种正外部性会给建筑开发单位、使用者和社会带来良好效益。但鉴于绿色建筑特点及参与绿色建筑的开发单位、使用者、政府等利益相关者对其投入和收益并不对等，这里只分析在静态条件下绿色建筑相关方能从中获取的效益。

8.2.1 综合效益评价指标体系的构建

1. 绿色建筑综合效益的内涵

绿色建筑在全寿命周期内，能最大限度地节约资源，节能、节地、节水、节材、保护环境和减少污染，做到健康适用、高效使用，与自然和谐共生。由此可见，绿色建筑的综合效益涵盖经济效益、环境效益和社会效益三方面。

（1）经济效益

绿色建筑的经济效益是建筑生产、使用活动中资金占用、成本支出与有效的产出成果之间的比较，资金占用少，成本支出少，有效产出多，则经济效益就好。绿色建筑的经济效益是驱动建筑开发单位、使用者及整个社会更多地开展绿色建筑活动的根本因素。

具体而言，绿色建筑在其建造、使用阶段可以减少对水、能源、土地、材料等资源的消耗，从而可以直接带来经济效益。在节能方面，绿色建筑大量采用自然通风和自然采光，使用太阳能等清洁能源，使用高效围护结构，比传统建筑带来至少 50% 甚至达 80% 的节能效果。在节水方面，绿色建筑使用节水器具，有中水、雨水循环净化系统，从而可以节约大量用水，并能有效减少污水排放。在节地方面，绿色建筑通过合理设计，充分利用地上、地下土地资源，提高土地利用效率。在节材方面，绿色建筑大量使用高性能材料和再生材料，可降低材料消耗。此外，由于绿色建筑使用较为先进的材料和建造技术，更为合理高效的设计形式，以及带来良好生态环境，使得建筑在其使用年限中受到侵蚀或损害的可能性大大降低，进而在使用期间维护费用可以得到降低，甚至在某些情况下，建筑寿命也会随之延长，从而提高投资收益。

（2）环境效益

绿色建筑的环境效益是指绿色建筑的建造、使用带来的自然资源节约和自然生态环境改善。在人类社会活动中，环境效益越来越成为一项重要的考量因素，长期良好的环境效益会带来更好的经济效益和社会效益。

绿色建筑的环境效益体现在对能源、水、材料、土地等资源的节约，对周边环境中空气、噪声、光线等条件的改善，以及生态环境的营造等方面。绿色建筑能减少对能源、水、材料、土地的浪费，起到很好的循环利用和节约作用。绿色建筑技术带来的 CO_2、SO_2 等主要污染物排放的减少，产生减排效益和对生态环境的改善。绿色建筑注重良好生态环境的营造，通常有更多的绿化，起到固碳、减少尘埃和噪声的作用。综上所述，绿色建筑的环境效益一方面体现在建造和使用过程中碳排放量的减少，另一方面则体现在节约和循环利用对自然生态环境的改善。

（3）社会效益

绿色建筑的社会效益是指绿色建筑对包括建筑开发单位、使用者在内的社会全体成员带来的益处。绿色建筑的社会效益可分为微观社会效益、区域社会效益和宏观社会效益。微观社会效益是指绿色建筑强调为人们提供健康、舒适、安全的人居活动空间和减少患病的机会成本，提高人民生活质量和居住舒适度。区域社会效益是指绿色建筑能够改变社区形象和精神风貌，节约资源，减少污染排放，以及改善生态环境，使得给水排水、配电、交通、教育等各项公共事业，甚至整个城市都能从中分享效益。宏观社会效益是指一方面绿色建筑能够加强全社会的"环保意识"，改变人们的生活和消费理念；另一方面绿色建筑对建立和谐社会有很大的积极影响，例如促进就业、促进产业链上不同行业的一体化增长，从而促进整个社会的稳定和可持续发展等。

2. 综合效益评价指标的选取

绿色建筑的综合效益具体反映在经济效益、环境效益和社会效益三方面，这也是绿色建筑综合效益的一级评价指标。每项一级评价指标都可细分为若干二级评价指标，且一级评价指标与二级评价指标是相互作用的。

通过分析国内外文献资料，收集汇总针对绿色建筑的效益评价指标，再通过对这些评价指标进行鉴定和频度统计，初步筛选出使用频率较高的指标。再结合绿色建筑规模化发展研究的侧重点及实际获取指标数据的可能性，最终确定的能够反映绿色建筑规模化发展综合效益的评价指标分述如下。

（1）土地利用提高率 $e_{(1)}$

土地利用率是指建筑面积与总用地面积之比，可用土地利用率的提高来代表绿色建筑节地效果。通过优化选址和设计，因地制宜地利用地上、地下空间，突出建筑的多样性和协调性，从而可提高土地利用率。土地利用提高率指标单位：%。

（2）能源消耗降低量 $e_{(2)}$

绿色建筑在能源方面的经济效益，主要体现在提高建筑围护结构的热工性能，提高采暖、空调系统的效率，应用可再生能源、绿色照明系统等方面。能源消耗降低量指标单位：$kW \cdot h/m^2$。

能源消耗降低量具体可通过以下几方面来计算：

1）提高采暖、空调系统的效率方面。建筑的采暖、空调负荷主要来自于建筑外围护结构的传热、室内外空气交换、室内热源三部分。其中，前两部分与气候及建筑设计、建造密切相关。建筑外围护结构的传热通过外墙、外窗、屋顶和地面发生，室内外空气交换通过外窗发生，而传热的大小与室内外温度差、外围护结构面积和外围护结构传热系数成正比。绿色建筑从设计层面优化，采用合理的建筑物形体系数（建筑物的外包面积与所围成的体积之比）和窗墙比，采用室内外自然通风、遮阳等被动技术手段，节能墙体和高性能窗户等主动技术手段，综合改善建筑热工性能，从而可降低建筑的采暖、空调负荷，达到节能目的。科技进步带来采暖、空调设备的更新换代，集中供暖、地热、空气能空调、高性能无污染冷媒等先进设备的应用，在不断提高采暖和空调系统的效率。

绿色建筑能耗可用计算机仿真模拟软件分析得出。不使用软件模拟时，则可参考式（8-5）进行计算：

$$e_{21} = C_e \times T \times L \tag{8-5}$$

其中，e_{21} 为采暖或空调设备的耗电降低量（$kW \cdot h/m^2$）；C_e 为单位建筑面积采暖或空调设备的日均耗电降低量 [$kW \cdot h/(d \cdot m^2)$]；T 为采暖或空调设备的年均运行时间（d/a）；L 为建筑寿命期（a）。

2）应用可再生能源方面。可再生能源是指在自然界中可以不断再生、永续利用的能源。绿色建筑常用太阳能、地热能、风能等可再生资源。主动的可持续能源利用技术，一般将可持续能源转化为电能，再进行利用；被动的可持续能源利用技术，则是使用可持续能源加热水等媒介，再用于采暖或直接使用。这部分能耗可用式（8-6）计算：

$$e_{22} = [F_发 + cm(t_末 - t_初) \times \lambda]/S \tag{8-6}$$

其中，e_{22} 为应用可再生能源的耗电量（$kW \cdot h/m^2$）；$F_发$ 为利用可再生能源发电量；c 为水的比热容；m 为年产热水质量；$t_初$ 为水初始温度；$t_末$ 为水加热后温度；λ 为能源换算系数；S 为总建筑面积。

3）应用绿色照明系统方面。照明是建筑中一项能源消耗较大的系统。通常，绿色建筑会采用良好的设计充分利用自然光源，此外，还使用绿色照明设备。高效绿色照明系统的耗电降低量用 e_{23} 表示。

综上所述，能源消耗量指标 $e_{(2)}$ 可表示为：

$$e_{(2)} = e_{21} + e_{22} + e_{23} \tag{8-7}$$

（3）废水回收利用增加量 $e_{(3)}$

绿色建筑通常会使用节水型供水系统，控制管网水压，避免超压出流；使用循环集中供热系统在改善生活条件的同时避免无效冷水的浪费；合理选择植物种类，使用节水灌溉技术创造良好生态环境；使用节水器具杜绝跑冒滴漏造成浪费。此外，绿色建筑会加强中水系统的使用，分类设置中水处理和循环使用设施，以达到直接增加可供水量、节约大量水资源和减轻城市排水负担、减少污染排放的绿色效果。一般情况下，中水来自生活排水，用于冲厕、绿化和景观等场合，而处理时采用物化处理、生物处理和膜生物反应器处理等方法。雨水是一种有巨大利用潜力的水资源。绿色建筑尽量避免珍贵雨水的白白流失，使用复杂利用系统，达到节水效果，实现绿色效益。这也是绿色建筑中一项非常重要的内容。常用的雨水利用有屋面雨水集蓄、绿地雨水渗透、地面雨水渗透等方式。屋面雨水集蓄是指将雨水收集起来，用于家庭、公共和工业等方面的杂用水，或深度处理后作为饮用水；绿地雨水渗透是指在屋顶或地面设置绿化，承接并收集、过滤雨水；地面雨水渗透是指采用透水地面铺装，使雨水能够进入地下而进入自然的水循环系统，避免流失。

特别地，在沿海地区，还可发展对海水的开发和利用。绿色建筑使用这些节水技术，可实现水的"供给—排放—贮存—处理—回用"的循环使用系统，从而改变传统建筑中水的"供给—使用—排放"的简单、低效模式，实现节水效益。

单位建筑面积废水回收增加量指标 $e_{(3)}$ 可用下式计算：

$$e_{(3)} = (Q_{中水} + Q_{雨水})/S \tag{8-8}$$

其中，$Q_{中水}$ 为中水回收利用增加量；$Q_{雨水}$ 为雨水回收利用增加量；S 为总建筑面积。

（4）建材使用降低量 $e_{(4)}$

绿色建筑在建筑材料的生产制造、设计施工、装修和使用维护等各个环节注重建筑材料的高效利用、重复使用和再生利用。绿色建筑通过采用合理的结构形式及有效优化，从设计层面减少主要材料的使用。通过推广使用高强度混凝土、高强度钢筋等高强度材料和轻质砌块等轻质材料，降低承重结构和围护结构的材料用量，通过使用先进的材料实现材料耐久性的提升和建筑寿命的延长。通过建筑构配件的工厂化、标准化、集约化、规模化生产，提高建筑产品的工厂化预制程度，实现节材、节能、减排的综合效益。贯彻循环经济理念，在建筑材料的设计、生产和建筑物建造时就考虑未来建筑部件或材料的可拆卸、可重复使用和可再生利用问题。积极使用再生材料或部件，提高资源利用率。通过先进的工程管理技术，严格设计、施工、生产等流程，强化材料消耗核算管理，在建造阶段最大限度地减少材料浪费。

单位建筑面积建材使用降低量 $e_{(4)}$ 可用下式计算：

$$e_{(4)} = (\sum_{i=1}^{n} M_i)/S \tag{8-9}$$

其中，M_i 为每种材料的使用降低量（折算为 m^3）；S 为总建筑面积。

（5）运营维护费用降低额 $e_{(5)}$

绿色建筑的优化设计和先进材料的使用，使其具有良好的耐久性。而建筑周边有良好的生态环境，在很大程度上可减少建筑受到污染空气等的侵蚀，从而延长建筑材料及建筑本身的寿命。在这种情况下，绿色建筑是一种方便维护且维护成本较低的建筑。绿色建筑使用阶段的效益，就体现在维护成本的降低和建筑使用年限的延长方面。然而，绿色建筑能够延长使用多少年，还需要不断评估，且这一数值在不断变化中。这里仍参照建筑设计使用年限，而不考虑延长的使用年限。因此，单位建筑面积绿色建筑运营维护费用降低额用 $e_{(5)}$ 来衡量。

（6）碳减排量 $e_{(6)}$

绿色建筑环境效益首先且最为主要的体现是使用绿色技术带来的 CO_2、SO_2 等主要污染物排放的减少。CO_2 排放来源主要是建造阶段建筑材料的生产、运输过程消耗的化石能源及日常使用时消耗的各种能源，绿色建筑可减少对这些能源的消耗，同时也就减少了这部分 CO_2 的排放。

假设采用绿色建筑技术使用本地建材、减少运输带来的减排量为 $F_本$，节约材料带来的减排量为 $F_节$，由于采用绿色施工技术而带来的减排量为 $F_施$，则绿色建筑建造阶段的减排量 $F_{建设}$ 为：

$$F_{建设} = F_本 + F_节 + F_施 \qquad (8\text{-}10)$$

绿色建筑在使用过程中，也会消耗电、煤、天然气等能源，释放 CO_2。假设减排量为 $F_{运营}$，则单位建筑面积碳减排量 $e_{(6)}$ 可用下式计算：

$$e_{(6)} = (F_{建设} + F_{运营})/S \qquad (8\text{-}11)$$

（7）固体废物回收增加量 $e_{(7)}$

绿色建筑的效益还体现在对于建筑垃圾等固体废物的回收利用。随着绿色建筑技术发展和建筑垃圾技术创新，建筑固体废物也可得到回收利用。如废弃砖经过粉碎后用于建筑板材的骨料，不但质轻强度高，而且隔声、膨胀系数小，可大大降低板材成本。通过固体废物的回收利用，可提高建筑垃圾的有效利用率，减少环境污染。固体废物回收增加量越大，则表明绿色建筑的环境效益越好。

（8）生态环境改善 $e_{(8)}$

绿色建筑注重生态环境的改善，因而在建筑全寿命期内不仅可减少 CO_2 等气体的排放，通过提高绿化面积吸收 CO_2，释放 O_2，还能改善光环境、声环境和风环境，改善区域及整体的生态环境。生态环境改善程度可通过专家打分法获得效益评价值。

（9）健康舒适度 $e_{(9)}$

健康舒适度代表民众对绿色建筑的满意度。随着我国社会经济的快速发展和人民生活水平的大幅提高，居民的住宅需求已由适用性、安全性逐步走向舒适性、健康性。绿色建筑在满足居住、工作基本要素的基础上，更需要提供健康、舒适的环境。健康舒适度可通过打分法获得。

（10）公共设施节约率 $e_{(10)}$

公共设施节约率是绿色建筑带给整个区域的社会效益，需要综合评价和衡量，公共设施节约程度可通过专家打分法获得。绿色建筑通过合理设计，使得整个区域的规划趋向科学、合理，可减少给水排水、配电、交通等市政设施的压力，使市政公共设施得到节约和有效利用，促进整个区域的稳定和可持续发展。

（11）产业发展促进效果 $e_{(12)}$

绿色建筑的发展涉及建筑产业链，基本涵盖商品混凝土、钢结构、预制构件、建筑科研、建筑技术、设计、施工、安装、装饰等，以及工业废水废气处理、建筑垃圾处理、废水回收利用、绿色建筑技术研发创新、智能技术应用等各个方面。因此，绿色建筑带动相关产业的发展和创新也是反映其社会效益的一个重要方面。绿色建筑对于产业发展的促进效果较为综合，很难评估和量化，主要依靠专家打分法获得评价值。

3. 综合效益评价指标体系的构建

根据以上分析，绿色建筑综合效益评价指标体系可分为两个层级，第一层级包括：经济效益 D_1、环境效益 D_2 和社会效益 D_3 三项指标，第二层级包括：土地利用增加率 $e_{(1)}$、能源消耗降低量 $e_{(2)}$、废水回收利用增加量 $e_{(3)}$、建材使用降低量 $e_{(4)}$、运营维护费用降低额 $e_{(5)}$、碳减排量 $e_{(6)}$、固体废物回收增加量 $e_{(7)}$、生态环境改善 $e_{(8)}$、健康舒适度 $e_{(9)}$、公共设施节约效果 $e_{(10)}$、产业发展促进效果 $e_{(11)}$ 等 11 项指标。绿色建筑规模化发展综合效益评价指标体系如图 8-1 所示。

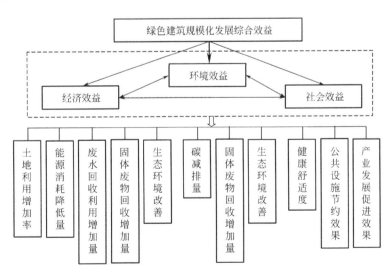

图 8-1　绿色建筑规模化发展综合效益评价指标体系

8.2.2　综合效益评价系数的确定

将经济效益、环境效益、社会效益三项一级指标看作元素集，即 $D_i(i=1,$

2，3），将二级指标看作各元素集中的元素，应用网络层次分析法（ANP）计算各个指标权重，然后运用模糊综合评判法对各级评价指标水平进行评估，最终即可求得绿色建筑规模化发展综合效益系数。

1. 构造超矩阵

根据绿色建筑规模化发展综合效益指标评价体系，构造超矩阵如下：

$$W = \begin{bmatrix} W_{11} & W_{12} & W_{13} \\ W_{21} & W_{22} & W_{23} \\ W_{31} & W_{32} & W_{33} \end{bmatrix}$$

其中，

$$W_{ij} = \begin{bmatrix} w(e_{i(1)}, e_{j(1)}) & w(e_{i(1)}, e_{j(2)}) & \cdots & w(e_{i(1)}, e_{j(n_j)}) \\ w(e_{i(2)}, e_{j(1)}) & w(e_{i(2)}, e_{j(2)}) & \cdots & w(e_{i(2)}, e_{j(n_j)}) \\ \cdots & \cdots & \cdots & \cdots \\ w(e_{i(n_i)}, e_{j(1)}) & w(e_{i(n_i)}, e_{j(2)}) & \cdots & w(e_{i(n_i)}, e_{j(n_j)}) \end{bmatrix}$$

式中，$e_{i(n_i)}$ 是隶属于 D_i 的二级效益指标（$i=1$，2，3），$e_{j(n_j)}$ 是隶属于 D_j 的二级效益指标（$j=1$，2，3），D_i、D_j 可以是相同或不同的元素集。n_j 表示隶属于 D_j 的指标个数。

构造加权矩阵，将超矩阵归一化。将各元素集 $D_i(i=1$，2，3）间的重要性进行比较，见表8-1。

加权比较矩阵　　　　　　　　　　　　　　　　　　　　表8-1

D_i	D_1	D_2	D_3	归一化特殊向量
D_1				a_{1i}
D_2		$i=1,2,3$		a_{2i}
D_3				a_{3i}

与 D_i 无关的元素组对应的排序向量分量为 0，由此得加权矩阵 A：

$$A = \begin{bmatrix} a_{11} & a_{12} & a_{13} \\ a_{21} & a_{22} & a_{23} \\ a_{31} & a_{32} & a_{33} \end{bmatrix}$$

构造新的矩阵，即矩阵中的向量为 $\overline{W}_{ij} = a_{ij} W_{ij}$，则新的矩阵：

$$\overline{W} = \begin{bmatrix} a_{11}W_{11} & a_{12}W_{12} & a_{13}W_{13} \\ a_{21}W_{21} & a_{22}W_{22} & a_{23}W_{23} \\ a_{31}W_{31} & a_{32}W_{32} & a_{33}W_{33} \end{bmatrix}$$ 为加权超矩阵，$\overline{W}$ 已经列归一化。

2. 计算综合权重值

$\overline{W}^m$ 在 $m \to \infty$ 收敛后，收敛结果可作为综合权重值 $\overline{\overline{W}} = \overline{W}^m$。若不能收敛，出现周期性，则取 $\overline{\overline{W}} = \frac{1}{m} \sum_m W^m$ 为综合权重值，即：

$$\overline{\overline{W}} = (W_{(1)}, W_{(2)}, \cdots, W_{(i)}, \cdots, W_{(12)})^{\mathrm{T}}$$

式中，$W_{(i)}$ 为第 i 个评价指标的权重。

3. 确定综合效益评价系数

$$D_1 = \{e_{1(1)}, e_{1(2)}, e_{1(3)}, e_{1(4)}, e_{1(5)}\}$$
$$D_2 = \{e_{2(1)}, e_{2(2)}, e_{2(3)}\}$$
$$D_3 = \{e_{3(1)}, e_{3(2)}, e_{3(3)}\}$$

在评价级度集 $V = (v_1, v_2, v_3, v_4, v_5)$ 下，由一定数量的专家对三大元素集中的效益指标数值进行评分，确定其隶属关系矩阵 $U_i(i = 1, 2, 3)$。

$$U_i = \begin{bmatrix} u_{i1} \\ u_{i2} \\ \cdots \\ u_{in_i} \end{bmatrix} = \begin{bmatrix} u_{i11} & u_{i12} & \cdots & u_{i15} \\ u_{i21} & u_{i22} & \cdots & u_{i25} \\ \cdots & \cdots & \cdots & \cdots \\ u_{in_i 1} & u_{in_i 2} & \cdots & u_{in_i 5} \end{bmatrix}$$

式中，隶属矩阵各指标 $u_{in_i s}(s = 1, 2, 3, 4, 5)$ 计算公式为 $u_{in_i s} = \dfrac{M_{in_i s}}{m}$，$m$ 为参评专家人员总数，$M_{in_i s}$ 是参评专家中认为元素集 D_i 中第 n_i 个指标的数值隶属于 V_s 等级的专家人数。

因此，每个指标的指数为 $\overline{x_i(n_i)} = \sum\limits_{s=1}^{5} u_{in_i s} V_s$

式中，$\overline{x_i(n_i)}$ 为元素集 D_i 中第 n_i 个指标的指数，其每一个数值都可写成：$\overline{x(k)}(k = 1, 2, \cdots, 11)$，并将它们对应的权重 $\overline{\overline{W}}$ 找出，对各项加权所得值即为综合效益的评价指数 E：

$$E = \sum_{k=1}^{11} w(k)\overline{x(k)}$$

8.3　绿色建筑规模化发展投资效益评价方法

8.3.1　价值工程基本原理

价值工程（Value Engineering，VE）是以提高产品（或作业）价值和有效利用资源为目的，通过有组织的创造性工作，寻求用最低全寿命期成本，可靠地实现使用者所需功能，以获得最佳综合效益的一种管理技术。价值工程中的"工程"是指为实现价值提高的目标所进行的一系列分析研究活动。价值工程中的"价值"也是一个相对概念，是指作为某种产品（或作业）所具有的功能与获得该功能的全部费用的比值。这种"价值"既不是研究对象的使用价值，也不是研究对象的交换价值，而是研究对象的比较价值，是作为评价事物有效程度的一种尺度提出来的。这种对比关系可用下面的数学公式表达：

$$V = \frac{F}{C} \tag{8-12}$$

式中　V——研究对象的价值（Value）；

　　　　F——研究对象的功能（Function），广义地讲，是指产品或作业的功用和用途；

　　　　C——研究对象的成本，即全寿命期成本（Cost）。

由此可以看出，产品的价值高低，取决于产品所具有的功能与为获得这种功能所花费的成本之比值。凡是成本低而功能强的产品，其价值就高；反之，则价值低。价值工程的目的，就是通过对产品进行系统分析，寻求提高产品价值的途径和方法，以便提高产品功能，降低产品成本。

8.3.2　基于价值工程的投资效益评价方法

应用价值工程评价绿色建筑规模化发展投资效益，关键在于确定绿色建筑规模化发展全寿命期成本和综合效益。全寿命期成本和综合效益一旦确定，即可应用价值工程原理，求得绿色建筑规模化发展投资效益。

1. 全寿命期成本和综合效益的确定

（1）绿色建筑全寿命期成本的确定。首先针对评价对象分别估算策划决策成本 C_1、建设实施成本 C_2、使用维护成本 C_3 及报废回收成本 C_4，然后将上述成本折算为绿色建筑全寿命期末成本 $C_1(m+n)$。

（2）绿色建筑综合效益的确定。针对评价对象综合考虑经济效益、环境效益和社会效益，应用前述综合效益评价指标体系及综合效益评价系数确定方法确定绿色建筑规模化发展综合效益（或综合效益系数）E。

绿色建筑全寿命期成本和综合效益的确定方法前面已详细阐述，此处不再赘述。

2. 绿色建筑规模化发展的投资效益——"价值"确定

针对评价对象，即可应用 $e = E/C$ 计算绿色建筑规模化发展方案的"价值"，也即绿色建筑规模化发展投资效益。e 值越大，说明绿色建筑规模化发展方案的"价值"越大，投资效益越好。反之，则说明投资效益差。

基于价值工程理论评价绿色建筑规模化发展投资效益，不仅考虑了绿色建筑规模化发展的全寿命期成本，而且将全寿命期成本所能获得的综合效益也全部考虑在内。这种评价方法不仅可应用于单一方案的评价，而且可应用于多方案比选。

参考文献

[1] 柴宏祥，胡学斌，彭述娟，等. 绿色建筑节水项目全生命周期增量成本经济模型 [J]. 华

南理工大学学报（自然科学版），2010（11）：59-63.

[2] 陈偲勤. 从经济学视角分析绿色建筑的全寿命周期成本与效益以及发展对策 [J]. 建筑节能，2009（10）：53-56.

[3] 丁孜政. 绿色建筑增量成本效益分析 [D]. 重庆：重庆大学，2014.

[4] 黄雅贤，周海珠，王雯翡，等. 中新天津生态城绿色建筑实践——以生态城低能耗中学项目为例 [J]. 建设科技，2012（20）：53-56，61.

[5] 姜凤. 绿色建筑项目的经济与环境效益分析 [D]. 北京：首都经济贸易大学，2016.

[6] 蓝筱晟. 基于模糊数学的绿色建筑投资决策研究 [J]. 重庆建筑，2017，16（3）：13-15.

[7] 李静，田哲. 绿色建筑全生命周期增量成本与效益研究 [J]. 工程管理学报，2011（5）：487-492.

[8] 李一红. 绿色建筑增量成本效益估算模型构建——基于系统动力学视角 [J]. 财会通讯，2020（2）：118-122.

[9] 梁惠民. 绿色建筑经济效益分析与市场前景 [J]. 新经济，2016（22）：36-40.

[10] 刘苗苗. 生态建筑全寿命周期成本与效益研究 [D]. 陕西：西安建筑科技大学，2013.

[11] 刘秋雁. 绿色建筑全生命周期成本效益评价研究——基于碳排放量的角度 [J]. 建筑经济，2014（1）：97-100.

[12] 刘兴民. 绿色生态城区运营管理研究 [D]. 重庆：重庆大学，2014.

[13] 刘秀杰. 基于全寿命期成本理论的绿色建筑环境效益分析 [D]. 北京：北京交通大学，2012.

[14] 芦辰，付光辉. 基于风险分担的绿色建筑投资风险评估模型研究 [J]. 价值工程，2015，34（10）：262-264.

[15] 宋立新，蔡希. 低碳绿色城市新区的规划构建——肇庆新区重点地段城市设计与控制性详细规划探析 [J]. 规划师，2015（4）：136-143.

[16] 孙晓峰，蔺雪峰，戚建强. 中新天津生态城绿色建筑管理探索与实践 [J]. 建筑节能，2015（8）：113-118.

[17] 伍倩仪. 基于全寿命周期成本理论的绿色建筑经济效益分析 [D]. 北京：北京交通大学，2011.

[18] 吴志锋. 绿色建筑全寿命周期造价分析与管理 [J]. 才智，2012（26）：72-73.

[19] 杨彩霞，尹波，柯莹，周海珠. 天津中新生态城宜居住宅低成本绿色建筑技术体系及管理策略研究 [J]. 绿色建筑，2013（1）：15-19.

[20] 姚清. 绿色建筑全寿命周期成本系统分析 [J]. 合作经济与科技，2014（15）：111-112.

[21] 余思敏，蔡国田，赵黛青. 建筑中可再生能源集成利用的成本效益分析 [J]. 建筑经济，2015（6）：12-15.

[22] 叶祖达. 中国绿色住宅建筑成本效益与经济效率分析 [J]. 住宅产业，2014（1）：10-14.

[23] 叶祖达. 绿色建筑的市场化：经济效率与成本效益分析 [J]. 住区，2015（1）：38-42.

[24] 叶祖达. 绿色生态城区规划建设碳排放评估——迈向科学、透明、定量的低碳城镇化决策工具 [J]. 建设科技，2015（18）：17-21.

[25] 张大伟. 基于全寿命周期的绿色建筑增量成本研究 [D]. 北京：北京交通大学，2014.

[26] 张慧萍. 基于全寿命周期理论的绿色建筑成本研究 [D]. 重庆：重庆大学，2012.

［27］ 周佳. 生态住宅全生命周期成本研究［D］. 黑龙江：哈尔滨工业大学，2007.

［28］ Devine A，Mccollum M. Understanding social system drivers of green building innovation adoption in emerging market countries：The role of foreign direct investment［J］. Cities，2019，92（Sep.）：303-317.

［29］ Dwaikat L N，Ali K N. The economic benefits of a green building-Evidence from Malaysia［J］. Journal of Building Engineering，2018，18：448-453.

［30］ Khoshbakht M，Gou Z，Dupre K. Cost-benefit Prediction of Green Buildings：SWOT Analysis of Research Methods and Recent Applications［J］. Procedia Engineering，2017，180：167-178.

［31］ Onuoha I J，Aliagha G U，Rahman M S A. Modelling the effects of green building incentives and green building skills on supply factors affecting green commercial property investment［J］. Renewable & Sustainable Energy Reviews，2018，90（JUL.）：814-823.

第三篇　高校绿色校园建设

高校不仅拥有功能各异的建筑和设施，消耗大量能源资源，而且在培养绿色人才、创新和驱动节能减排方面承担着重要责任。深入推进绿色校园建设，不仅可以有效带动高校校园乃至整个建筑领域节能减排工作的开展，促进国家绿色发展战略的实施；而且可以将绿色理念更好融入教学科研，推动绿色人才培养和绿色技术的产学研用。这对于促进全社会绿色发展具有十分重要的意义。

本篇将分3章阐述我国高校绿色校园建设。包括：我国绿色校园和节约型校园建设现状、高校绿色校园建设内容、高校绿色校园建设实施路径及措施。

第9章 我国绿色校园和节约型校园建设现状

　　建设绿色校园，加强高校节能减排工作，对于加快推进生态文明建设意义重大，也是低碳生态城市建设的重要内容。20 世纪 90 年代，"绿色校园"在我国开始被提出。进入 21 世纪，节约型校园建设在我国逐步开展，并取得显著成效。2015 年 10 月召开的党的十八届五中全会首次把"绿色发展"作为五大发展理念之一，为高校绿色校园建设指明了方向。

9.1 发展历程及建设成效

9.1.1 发展历程

　　尽管人们对绿色校园的提法不一，内容侧重各有不同，但其核心是可持续发展。"绿色校园"概念自 20 世纪 90 年代开始提出以来，20 多年的发展历程可分为概念形成阶段（1990—2000）、示范建设阶段（2000—2015）、全面推进阶段（2015 年以来）。

　　1. 概念形成阶段（1990—2000）

　　20 世纪 90 年代，人们提出"绿色校园"概念之后，其内涵在可持续发展理念的基础上逐步得到丰富。

　　1994 年 3 月，国务院发布的《中国 21 世纪议程》明确指出："让可持续发展思想贯穿从初等到高等的整个教育过程中"，要求培养学生具有环境保护意识和可持续发展的理念。1996 年 12 月，原国家环境保护局、中共中央宣传部、原国家教育委员会联合颁布《全国环境宣传教育行动纲要（1996—2010）》，首次提出"绿色学校"的概念，要求到 2000 年全国逐步开展创建"绿色学校"活动。"绿色学校"的主要标志是：学生切实掌握各科教材中有关环境保护的内容；师生环境意识较高；积极参与面向社会的环境监督和宣传教育活动；校园清洁优美。

　　1998 年 5 月，清华大学在《建设"绿色大学"规划纲要》中率先提出"绿色大学建设"倡议，将可持续发展理念融入大学人才培养、学科建设、科学研究和校园建设的各个环节，建议"创建绿色大学示范工程"。自此，"绿色大学"的概念开始逐步清晰、内涵也开始逐步丰富起来。

2. 示范建设阶段（2000—2015）

进入 21 世纪，绿色大学建设实践逐步开展起来。部分高校启动了"绿色大学"工程，一批高校节约型校园建筑节能监管平台示范建设在政府有关部门的推动和支持下也取得显著成效。

2001 年 4 月，原国家环境保护总局在《2001—2005 年全国环境宣传教育工作纲要》要求，要在全国高等院校逐步开展创建"绿色大学"活动。并进一步明确"绿色大学"的主要标志是：学校能够向全校师生提供足够的环境教育教学资料、信息、教学设备和场所；环境教育成为学校课程的必要组成部分；学生切实掌握环境保护的有关知识，师生环境意识较高；积极开展和参与面向社会的环境监督和宣传教育活动。环境文化成为校园文化的重要组成部分，校园环境清洁优美。同年，清华大学、复旦大学等先后启动了"绿色大学"工程。"绿色大学"工程主要包括三层含义：用"绿色教育"思想培养人；用"绿色科技"意识开展科学研究和推进环保产业；用"绿色校园"示范工程熏陶人。

2005—2007 年，教育部先后印发《教育部关于贯彻落实国务院通知精神做好建设节约型社会近期重点工作的通知》《关于建设节约型校园的通知》《关于开展节能减排学校行动的通知》等文件，推进节约型校园建设工作。2008 年，教育部专门组织"985 工程"重点建设高校首次就建设可持续发展校园开展专题研讨，32 所"985 工程"重点建设高校联合发布了《建设可持续发展校园宣言》，倡议在大学校园将可持续发展理念与科学研究紧密结合，贯穿于人才培养全过程，渗透到校园建设管理的每一个领域。同年，国家发展改革委员会、住房和城乡建设部、财政部、教育部、国家机关事务管理局联合开展工作，坚持以推进生态文明建设为统领，积极推进节约型校园建设，编制了《高等学校节约型校园建设及管理技术导则（试行）》和《关于推进高等学校节约型校园建设进一步加强高等学校节能节水工作的意见》，为节约型校园建设指明了发展方向和技术路线。

2008 年，住房和城乡建设部、教育部联合推出全国首批 12 所高校作为节约型校园建设示范高校。2009 年，住房和城乡建设部、教育部联合印发《高等学校校园建筑节能监管系统建设技术导则》及有关管理办法，指导高校节约型校园建设工作。在 2009 年及之后几年中，又相继确定了第二批（2009 年 18 所）、第三批（2010 年 42 所）和第四批节约型校园建设示范高校。

2010 年，在清华大学召开的"2010 绿色大学建设国际研讨会"全面研讨了绿色大学建设理念，交流了构建绿色教育体系、发展绿色科技、建设绿色校园、倡导绿色文化等方面的实践经验，探讨了共建"绿色大学"等协作行动，就如何积极推进绿色大学建设、共同承担时代和历史赋予高校的责任达成了多方共识。

2011 年，由同济大学、天津大学、浙江大学、香港理工大学等 8 所高校及两所科研机构共同发起"中国绿色大学联盟"，共同致力于推进绿色校园建设。2012 年，在巴西召开的联合国可持续发展峰会上，中国与欧美等国绿色校园联盟共同举办了"高等教育可持续发展分论坛"，并发布全球宣言，推进大学可持续发展。2013 年，我国第一部国家标准《绿色校园评价标准》开始实施。该标准将"绿色校园"定义为：在全寿命周期内最大限度地节约资源（节能、节水、节材、节地）、保护环境和减少污染，为师生提供健康、适用、高效的教学和生活环境，对学生具有环境教育功能，与自然环境和谐共生的校园。

2014 年，住房和城乡建设部、教育部联合印发《节约型校园节能监管体系建设示范项目验收管理办法（试行）》，旨在规范指导验收工作，确保节约型校园节能监管体系建设示范项目取得实效。

3. 全面推进阶段（2015 年以来）

2015 年 10 月，党的十八届五中全会确立了"创新、协调、绿色、开放、共享"的发展理念，这是关系我国发展全局的一场深刻变革。我国首次将"绿色"作为五大发展理念之一，就是要发起一次生态革命，解决人与自然和谐问题。坚持绿色发展，不仅是经济领域的一场变革，也会深刻影响包括高校在内的社会各个领域。"绿色发展"理念为高校绿色校园建设指明了方向。

2015 年，在全球应对气候变化框架协议大会（巴黎大会）上，中国绿色大学联盟与世界各国各地区绿色校园 NGO 组织共同签署了"推动大学参与全球气候变化应对共同行动"宣言。2016 年，教育部学校规划建设发展中心联合国内 7 家知名高校建筑设计研究院发起成立中国绿色校园设计联盟，发出中国绿色校园发展倡议。同年，教育部学校规划建设发展中心又发起成立了中国绿色校园社团联盟。

2017 年，国务院发布的《国家教育事业发展"十三五"规划》提出：要开展绿色校园建设，提高学校节能水平，加强节能运行管理和监督评价，加强校园绿化和环境美化，为师生提供安全、绿色、健康的教学和生活环境。

随着各项政策制度的颁布实施，节能环保理念得到不断渗透，绿色科技推广应用日益广泛，绿色已逐渐成为大学校园建设与运营的主色调，可持续发展也将成为大学发展的主旋律。

9.1.2　建设成效

近年来，我国绿色校园及节约型校园建设取得显著成效，主要体现在以下几方面。

1. 制定和实施了一系列政策标准

住房和城乡建设部、教育部、财政部先后发布相关政策及技术导则，围绕建筑节能监管体系建设、推进新技术与可再生能源应用、建筑节能改造等具体内容，明确了节约型校园建设的各项关键技术要求及措施。将绿色发展理念贯穿于校园规划、建设、运营全寿命期，为高校建设节约型校园提供了指导。特别是《绿色校园评价标准》GB/T 51356—2019 的发布，有利于更好地引导和规范我国绿色校园建设。截至目前，绿色校园及节约型校园建设相关政策标准见表 9-1。

绿色校园及节约型校园建设相关政策标准　　　　　　　　　　表 9-1

政策或标准	政策或标准名称
相关政策	《教育部关于贯彻落实国务院通知精神做好建设节约型社会近期重点工作的通知》教发〔2005〕19 号
	《教育部关于建设节约型学校的通知》教发〔2006〕3 号
	《教育部关于开展节能减排学校行动的通知》教发〔2007〕19 号
	《关于印发〈国家机关办公建筑和大型公共建筑节能专项资金管理暂行办法〉的通知》财教〔2007〕558 号
	《关于推进高等学校节约型校园建设进一步加强高等学校节能节水工作的意见》建科〔2008〕90 号
	《关于印发〈高等学校校园建筑节能监管系统建设技术导则〉及有关管理办法的通知》建科〔2009〕163 号
	《高等学校校园设施节能运行管理办法》(2009 年)
	《高等学校校园建筑能耗统计审计公示办法》(2009 年)
	《关于成立全国高校节能联盟的通知》中高学后〔2010〕20 号
	《关于进一步推进公共建筑节能工作的通知》建财〔2011〕207 号
	《节约型校园节能监管体系建设示范项目验收管理办法(试行)》建科〔2014〕85 号
相关标准	《高等学校节约型校园建设管理与技术导则(试行)》建科〔2008〕89 号
	《高等学校校园建筑节能监管系统建设技术导则》(2009 年)
	《高等学校校园建筑节能监管系统运行管理技术导则》(2009 年)
	《绿色校园评价标准》GB/T 51356—2019

2. 设立了百余所示范建设高校

自 2008 年起,住房和城乡建设部、教育部联合推出四批节约型校园建设示范高校,先后有 159 所高校被确定为节约型校园建筑节能监管体系建设示范单位,46 所高校作为节约型校园建筑综合节能改造建设示范单位获得财政补贴资金。这些示范建设高校主要围绕节能、节水及绿色教育等方面进行系统建设,其探索和实践为全面推进绿色校园建设起到了示范和引领作用。表 9-2 为部分高校绿色校园节能节水成效。

部分高校节能、节水成效　　　　　　　　　　表 9-2

代表性高校	节能	节水
清华大学	积极开展新能源利用,建成超低能耗示范楼,大功率用电设备实现变频控制,减少了校园电网能耗	雨污分流,选择种植耐旱的植物,路面铺装大多为透水型材料
北京大学	进行节能器具的改造和节能技术应用,建立了"供暖集中监控系统"	安装使用节水器具,进行绿地节水喷灌改造,排查地下管网跑冒滴漏情况,引入中水系统

代表性高校	节能	节水
北京交通大学	高层楼及住宅塔楼使用无负压供水系统,使用太阳能发电系统、节能高效用电设备,应用校园智慧能源管理系统	使用节能型用水设备设施,实施中水开发与利用,以及雨水拦截工程
同济大学	建立校园设施节能监管平台,利用可再生能源建成学生集中浴室太阳能利用系统	建设中水处理和回用系统,洗浴废水热回收利用系统,人工湿地水处理系统
浙江大学	建设能耗监测平台,进行季度能耗通报,改造生活区供热系统,采用分散式供热与高效能热源并配备集中控制系统	学生浴室末端智能刷卡,智能监测中心水平台监控重点设备,结算平台对校内二级单位用水进行收费
天津大学	充分利用地热,结合市政热网、燃气调峰锅炉,形成多元能源供应链,建成节约型校园节能监管平台	建立多层级分区的雨水利用系统,分质供水
江南大学	自主研发设计"数字化能源监管平台",教室安装高灵敏度远红外+光敏的照明节电开关	安装红外节水器,建设雨水回用系统
北京师范大学	采取分时、分区供暖,采用学生宿舍购电系统,使用一卡通计费系统	雨水收集利用,更换节水器具,建立节水考核制度

3. 开展了绿色低碳发展教育活动

2001年,清华大学、复旦大学等高校先后启动了"绿色大学"工程。主要包括:用"绿色教育"思想培养人;用"绿色科技"意识开展科学研究和推进环保产业。2008年,教育部专门组织部分"985工程"重点建设高校首次就建设可持续发展校园开展专题研讨,32所"985工程"重点建设高校发布了建设可持续发展校园宣言,形成8点共识,倡议在大学校园内将可持续发展理念与科学研究紧密结合,贯穿于人才培养全过程,渗透校园建设管理的每一个领域。

例如:清华大学自1998年起,在全校范围内开设了环境类选修课:环境保护与可持续发展,提出了创建绿色大学的目标,开始尝试建立面向全校的生态教育课程体系,陆续开设了《环境伦理学》《环境风险分析》《工业生态学》等课程。北京大学开设了环境类全校通选课,涵盖了环境科学、环境工程、全球变化等多方面,每学期举办多场环境保护类讲座。哈尔滨工业大学实行绿色教育课程体系建设,学校设置若干选修课程或讲座,要求非环境专业开设环保课程,学生必须选修一门课程才能毕业。北京交通大学发挥学科优势,于2010年成立低碳研究与教育中心,开展了低碳城市、绿色交通、建筑节能、可再生能源应用等方面的科研及学术讲座,编辑出版"十二五"国家重点出版物"绿色交通、低碳物流及建筑节能技术研究"系列丛书及《绿色低碳评论》等,开设了《绿色低碳发展概论》课程。目前,国内许多高校都开设了绿色发展相关课程。

9.2　适应绿色发展的建设需求

9.2.1　国家绿色发展理念

党的十八届五中全会确立了"创新、协调、绿色、开放、共享"五大发展理念，国民经济和社会发展十三五规划也将"绿色发展"作为重要内容。党的十九大报告强调，必须树立和践行绿水青山就是金山银山的理念，坚持节约资源和保护环境的基本国策，像对待生命一样对待生态环境，形成绿色发展方式和生活方式，坚定走生产发展、生活富裕、生态良好的文明发展道路，建设美丽中国。

绿色发展是遵循自然规律永续发展的必要条件，是实现生态文明的根本途径，也是人民对美好生活追求的重要体现。绿色发展作为经济社会发展新理念，是生态文明建设在经济社会发展中的深刻表达，具体表现为：一是将低碳发展和循环发展都看作是绿色发展的基本内容，进而提出"推动低碳循环发展"的绿色发展新模式。二是绿色发展的核心任务是通过加大环境治理力度，提高环境质量。三是绿色发展的新资源观，倡导全面节约和高效利用资源。四是绿色发展也是安全发展，就是通过加大生态修复保护力度，筑牢生态安全屏障，促进人与自然的和谐共生和和谐发展。五是绿色发展成果由人们享用，并将其视为实现人民幸福、国家富强和中国美丽的物质基础。

9.2.2　绿色校园建设要求

将环境保护和可持续发展的理念和思想贯穿到学校人才培养全过程，着力打造绿色校园，是全面贯彻落实党的十八届五中全会、十九大精神的有效载体，是适应绿色发展理念的重要组成部分。在新时代绿色发展理念引领下，对校园建设提出了新的更高要求。

1. 以可持续发展思想为指导，绿色发展将成为高校未来发展理念

绿色校园建设需要将可持续发展思想和理念融入学校各项教育和管理活动中，在教育层面推进绿色文明，保持学校的持续发展潜力。绿色校园是新时代学校发展的方向，也是促进经社会可持续发展的重要内容。高校将绿色发展作为未来发展理念，就是要将节能减排、环境保护、可持续发展的理念和思想贯穿到人才培养、科学研究和社会服务全过程，在"绿色教育""绿色科技"和"绿色文化"等方面下功夫。

2. 建立绿色校园整体发展规划，实现人才培养与生态环境的有机结合

"绿色校园"建设应列入学校整体发展规划，要明确建设目标和路径，建立健全"绿色校园"制度保障体系。加强绿色校园建设，需要遵循自然规律，突出特色，合理布局，科学进行绿化，实现人与校园建筑的和谐统一，建立具有绿色

文化内涵的优质学习生活环境。要紧紧围绕绿色、低碳、节能这一核心，将绿色发展融入课堂教学，开发校本课程，提高教育的实效性，增强学生绿色发展的责任心和使命感。营造具有绿色意识、健康向上的精神文化氛围。

9.3 目前存在的问题和障碍

9.3.1 存在问题

纵观我国绿色校园建设情况，目前仍处于初级阶段，存在"自上而下"（政府推动）的中国特色现象，缺乏"自下而上"（高校自发）的动力机制。"节约型校园建设"示范高校大多以项目为主，普通高校在绿色校园建设方面的政策支持和动力不足，仍存在一些急需解决的问题。

1. 相关标准有待完善，政策支持需要加强

目前，针对绿色校园的标准只有《绿色校园评价标准》GB/T 51356—2019，相关技术指导也只能参照《高等学校节约型校园建设管理与技术导则》及相关节能监管、能耗审计等导则办法，缺乏统一的绿色校园评价标准、运营维护规范等。同时，由于我国高等院校的类别多样（综合类、师范类、理工农医类、艺术类等），绿色校园评价标准也需要更具有针对性，特别是在"教育与推广"条目下，亟须构建符合高校特点的评价指标体系。

此外，绿色校园并非高校必须严格遵守的建设模式，政府有关部门对于绿色校园建设只能起到引导和提倡作用，高校对于绿色校园的全面建设具有选择权。对于高校而言，绿色校园建设是一个庞大的系统工程，政府关注更多的是校园硬件设施建设，而对于绿色教育和绿色人才培养的政策引导和支持则相对较弱，有待加强。

2. 运行管理制度不完善，绿色校园意识不强

目前，全社会乃至高校对绿色校园的内涵认识不一，有的只是将绿色校园环境理解为绿色校园，而且对绿色校园各评价指标的执行力度也参差不齐，尚未形成较为完整的管理体系，管理部门或管理职责不明确，运行管理制度缺失。目前，有许多高校都建有能耗监测平台，但存在能耗数据统计不全不准或能耗监测平台运行维护不够、处于半瘫痪状态等问题。有些高校能源管理制度不完善，缺少有效的激励政策，师生员工节能环保意识不强。还有很多高校没有区分能源的使用性质，能源费用一律由学校支出，各用能部门尚未形成强烈的能源成本意识。

3. 绿色教育和科研有限，绿色校园文化氛围不浓

各高校不同专业课程中涉及绿色发展的专业知识参差不齐，很多学校尚未设

置绿色发展的专门课程，从而使绿色发展教育在学生中的覆盖面受到限制。同时，由于各高校的学科、专业特色和优势不同，绿色教育在同一高校不同专业的教育程度也各不相同。目前，多数高校在绿色校园建设方面的资金投入有限，专门投入资金进行绿色校园研究也就受到更大限制。除课堂教学和科学研究外，很多高校在校园文化建设中的绿色、环保活动还有待加强，尚未形成浓厚的绿色校园文化。

9.3.2　发展障碍

建设绿色校园，加强绿色教育，对生态文明建设具有重要意义。我国绿色校园建设起步较晚，诸多高校尚未认识到建设绿色校园的重要意义，绿色校园建设尚存在诸多障碍。

1. 绿色校园建设的认知水平有待提高

绿色校园是一种全新的办学理念，涉及高校教育教学、校园建设、科学研究、校园管理等各个方面。由于对绿色校园的认识不深、理解不够、把握不准，绿色校园建设并未引起足够重视，主要表现在以下两方面。

一是对绿色校园内涵理解尚不到位，有的甚至将绿色校园建设仅仅理解为校园绿化，认为绿色校园就是多种花草、打扫卫生等。实际上，"绿色"之内涵非常丰富，不仅包括校园环境绿化，而且还包括绿色教育熏陶、绿色科技推动等。

二是涉及绿色发展的专门课程设置较少。在多数高等院校中，只有节能、环保相关专业才会开设节能、环保相关课程，而其他专业则很少开设这方面课程。绿色教育的普及度不足，也在很大程度上影响了学生绿色发展意识的增强。

2. 绿色校园建设资金投入有待加大

绿色校园建设中的校园环境绿化建设、节能改造工程及绿色文化活动等都需要有一定的资金保障。近年来，对于绿色校园建设走在前列的省市，教委等相关部门设立了平台建设和节能改造基金，可供高校申请。但由于平台建设和能源资源节约专项工程所需建设资金额度大，通常在获得中央政府、地方政府等资助的基础上，还需要各高校配套相当比例的经费。但对于大多数高校而言，建设资金较为缺乏，在一定程度上影响了节能改造等相关工作开展。

3. 绿色校园建设的技术创新能力有待加强

绿色校园建设离不开绿色技术的支撑，高校绿色校园建设的技术创新能力有待加强。首先，我国绿色技术创新的基础较为薄弱，生态工艺应用较少，生态设备效果较弱，技术选择环境有待改善，创新能力普遍存在不足。低技术能力已成为一些高校绿色技术创新的主要障碍。其次，虽然绿色技术发展速度很快，但在我国尚未成熟，还没有形成完备的体系，很多难题还尚待解决。目前，有些工艺还只是一个理念，未能在技术和设计上予以落实。技术和工艺上的瓶颈不突破，导致绿色技术创新过程中的诸多不确定，影响了绿色技术创新进程，阻碍了绿色校园发展。与发达国家相比，我国存在设备效果较差、资源综合利用技术水平较低，尚未形成能够有效支撑绿色校园的技术体系。面对上述各类问题，不少高校对绿色技术创新的动力不足。

参考文献

[1] 卞素萍．绿色大学建设的发展趋势与创新模式 [J]．南通大学学报（社会科学版），2016，32（2）：114-119.

[2] 柴延松．打造绿色生态校园 促进学校可持续发展——中国石油大学（华东）绿色校园建设实践探索 [J]．高校后勤研究，2017（5）：1，82.

[3] 陈天宇，张艳宇，田国华，等．中国高等院校绿色校园建设现状研究 [J]．中国标准化，2019（16）：88-89.

[4] 崔志宽，李建龙，李卉，等．建设绿色大学的必要性、存在的问题及其策略分析 [J]．绿色科技，2013（7）：319-322.

[5] 冯为为．加强绿色校园建设 促进城市永续发展 [J]．节能与环保，2017（5）：36-37.

[6] 高飞．浅析地方高校节约型校园建设中存在的问题 [J]．资源节约与环保，2016（6）：193-194.

[7] 黄同翔．节约型高校基本建设管理研究 [D]．江西：南昌大学，2009.

[8] 李莉．绿色管理对于社会可持续发展的现实意义——以高校校园绿色建设为例 [J]．企业经济，2010（10）：42-44.

[9] 陆敏艳，陈淑琴．中国高校绿色校园建设历程及发展特征 [J]．世界环境，2017（4）：36-43.

[10] 陆敏艳，葛坚，陈淑琴，等．关于推动我国绿色校园建设的相关政策分析 [J]．建筑技术，2016，47（10）：873-875.

[11] 栾彩霞，祝真旭，陈淑琴，等．中国高等院校绿色校园建设现状及问题探讨 [J]．环境与可持续发展，2014，39（6）：71-74.

[12] 秦书生，杨硕．绿色大学建设面临的障碍及其破除 [J]．现代教育管理，2016（2）：40-45.

[13] 盛双庆，周景．绿色北京视野下的绿色校园建设探讨 [J]．北京林业大学学报（社会科学版），2011，10（3）：98-101.

[14] 宋明钧．节约型社会背景下的节约型校园建设 [J]．国家教育行政学院学报，2006（8）：19-21.

[15] 孙钦荣，余晓平．绿色校园建设工作的问题分析 [J]．黑龙江科技信息，2010（36）：347.

[16] 邰皓．高校绿色校园建设问题研究 [D]．吉林：东北师范大学，2014.

[17] 谭洪卫．我国节约型校园建设发展历程 [J]．建设科技，2008（15）：25.

[18] 谭洪卫．中国绿色校园的发展与思考 [J]．建设科技，2013（12）：25-29.

[19] 邹国强，景慧，汪旸．高等学校绿色校园建设的策略研究 [J]．国家教育行政学院学报，2017（6）：27-32.

［20］席晖. 国内外高校绿色校园评价体系比较研究［J］. 装饰，2018（11）：140-141.

［21］谢亚男. 基于《绿色校园评价标准》的大学校园评价与比较分析研究［D］. 江苏：苏州大学，2018.

［22］杨晶晶，申立银，周景阳，等. 国内外绿色校园评价体系比较研究［J］. 建筑经济，2016，37（2）：91-94.

［23］赵成林. 绿色发展理念下高校绿色校园建设新常态的模式重建［J］. 克拉玛依学刊，2017，7（3）：66-69.

［24］赵天旸，刘卉，金鑫. 试析北京大学开展绿色校园建设的有效途径［J］. 环境保护，2009（6）：40-42.

［25］郑玉洁，王琳，林孝宽，等. 生态文明与资源集约：江西高校绿色校园建设历程、问题与路径［J］. 东华理工大学学报（社会科学版），2020，39（6）：615-619.

［26］朱晟炜，谭洪卫，陈淑琴，等. 我国高校绿色校园文化建设现状调查及分析［J］. 建筑节能，2014，42（4）：95-99.

［27］Gregory R. A. Richardson，Jennifer K. Lynes. Institutional motivations and barriers to the construction of green buildings on campus：A case study of the University of Waterloo，Ontario［J］. International Journal of Sustainability in Higher Education，2007，8（3），339-354.

第10章 高校绿色校园建设内容

建设高校绿色校园，首先需要明确高校绿色校园建设内容。所谓绿色校园，是指在高校全寿命期内，最大限度地节约资源（节地、节能、节水、节材）、环境保护、减少污染，推广绿色教育、为学生和教师提供健康、适用和高效的学习及使用空间，并对学生具有教育意义的和谐校园。结合高校特点和功能，绿色校园可从绿色建筑、绿色环境、绿色教育、绿色科技、绿色文化等方面考虑。

10.1 绿色建筑

建设高校绿色建筑，就是将绿色建筑的理念与校园特点相结合，通过科学合理的建筑设计，实现校园生活学习环境的低能耗、无污染、高效率及生态平衡。其特点是做到人及建筑与环境的和谐共处、永续发展。现阶段，国家鼓励高校在新校区建设中试点建设超低能耗建筑和高性能绿色建筑。对于校园内部教学用房、教学辅助用房、行政办公用房、生活服务用房等多种类型建筑，需要在严格执行本地区建筑节能强制性标准的同时执行绿色建筑标准。

10.1.1 国内外高校绿色建筑发展经验

国内外高校在绿色建筑方面已有诸多成功应用先进节能技术的典型案例，在营造舒适的学习科研和办公环境的同时，展现了卓越的绿色节能特性。目前，欧美国家已针对绿色校园建筑编制了设计指导手册，并对绿色校园建筑进行了较为全面的评估。我国对于绿色校园建筑的研究和实践也在逐步展开。其中，以法国巴黎马恩谷地科学研究与土木工程学院、美国耶鲁大学森林与环境学院-克鲁恩大楼、英国东英吉利大学建立的 Elizabeth Fry、同济大学的文远楼和旭日楼、复旦大学江湾校区新建环境科学楼等为代表，展现出高校绿色建筑节能技术的综合运用和与自然协调的艺术设计。

1. 节能技术的综合运用

大部分绿色校园示范性节能项目均采用了太阳能智能集中供热系统、中水回用系统、地源热泵、地送风、冰蓄冷、中庭通风等节能技术，综合性节能技术的运用使得校园建筑节能效果显著。

以同济大学为例，该校在节能方面的进步在于节能设备改造，学校在教学楼、办公楼及学生公寓改建过程中，楼厅照明采用智能照明控制系统，保证人走水无，无人灯灭。学校所有建筑均使用太阳能智能集中供热，充分利用楼顶有效空间，实现一次性投资受益 10 年，不仅环保而且节能。浴室采用恒温混水及射频卡计费系统，自动完成对用水量的统计。大型建筑物（如图书馆、公共教学楼、理工实验楼及综合管理楼等）安装中庭通风系统，形成一个自下而上的自然通风系统，可充分利用夜间的低温空气和白天的高温空气，将它们实时储存，既能降低中庭顶部的热负荷，使白天室内温度降低，减少空调设备的使用，又能利用顶部通风窗来达到夜间通风效果。

2. 与自然协调的建筑景观设计

绿色校园建筑不仅为师生提供了一个舒适宜人的室外休闲空间，同时也强化了建筑自身与周围绿色校园环境基底的密切结构关系，进一步体现了绿色校园建筑的整体性与协调性。

以法国巴黎马恩谷地科学研究与土木工程学院为例，该项目占地面积约 4 万 m^2，包含了实验室、办公室和教室，并附有一个餐厅和众多各式各样的运动健身设备。该设计方案是由所谓的"景观波浪"定义的，拥有一个种植面积广阔且如波浪般上下起伏的混凝土绿色屋顶。主体建筑采用了在桥梁建设中较为常见的拱形结构技术，并巧妙地设计了一个巨大的混凝土测试实验室。这一便捷可达的绿色屋顶不仅提供了一个舒适宜人的室外休闲空间，而且体现了设计方案的整体性与协调性。在建筑内部，一个位于地面一层的大型多功能空间将场地中的诸多共享功能汇集在一起，其中包含可俯瞰到中央公园的玻璃单元。从建筑节能环保角度而言，因采用一个先进的整体生物气候系统，将太阳能的收集与利用达到最大化，从而在节约能源方面取得良好效果。与此同时，自然通风方法和雨水收集技术在设计中也均有运用。

英国诺丁汉大学朱比丽分校新校园主要教学建筑朝向西南主导风方向，以获得最大的风源和日照利用。在采光上，校园主要教学建筑内部安置了被动式红外线移动探测器和日照传感器，并由智能照明中央系统统一控制，代替人工开关以节约能源。为避免日照直射形成室内眩光，主要教学建筑的外立面窗口上部均安装有水平木百叶。朝向西南夏季主日照面的窗口安装了可拆卸的临时性遮阳帆布，以避免不必要的制冷能耗。同时，在保温隔热的处理上使用了暴露的强化混凝土柱和梁腹，以充分利用其良好的蓄热性，在建筑屋顶处使用了人工覆土，以减小屋顶热损失。此外，建筑外墙被覆以红杉木板条，除具有良好的蓄热性外，在中庭内部还能起到吸声作用。

10.1.2　高校绿色建筑建设要点

高校绿色建筑的建设要点与一般的绿色建筑建设要点大致相同，主要应包括以下四方面。

1. 关注建筑全寿命期

建筑从最初的规划设计到施工建设、运营维护及最终拆除，形成一个完整的全寿命期。关注建筑全寿命期，意味着不仅在规划设计阶段要充分考虑并利用节能减排技术和环境因素，而且确保施工过程对环境的影响最低，运营维护阶段能为人们提供健康、舒适、低耗、无害空间，拆除后还要对环境危害降到最低，并使拆除材料尽可能再循环利用。

2. 与自然条件相协调

综合分析规划用地的日照、风向及周边区域绿化等自然条件，结合建筑自身对环境质量的要求，通过合理的建筑布局及建筑自身设计来最大化地利用自然资源，从而达到降低建筑能耗的目的。主要表现在以下方面：

（1）充分利用建筑场地周边的自然条件，尽量保留和合理利用现有适宜的地形、地貌、植被和自然水系；

（2）在建筑的选址、朝向、布局、楼距、形态、窗墙比等方面，充分考虑当地气候特征和生态环境，采取措施降低热岛强度；

（3）建筑风格和规模与周围环境保持协调，保持历史文化与景观的连续性；

（4）尽可能减少对自然环境的负面影响，如减少有害气体和废弃物的排放，减少对生态环境的破坏，建筑及照明设计避免产生光污染及场地环境的噪声控制。

3. 能源开发与循环利用

应编制校园中长期能源及水资源综合利用专项规划，充分运用可再生绿色能源（太阳能、浅层土壤热能、风能、生物能等）为建筑供能，如采用光伏发电、风车发电、地源热泵、相变蓄能等技术。同时，还要加强对能源的循环利用，如建筑内余热/冷的回收利用，中水的回收利用等。

4. 建材选取与节约回收

合理采用绿色建材，以减少对天然材料资源的消耗，并减少材料资源开发活动对生态环境的破坏；鼓励使用本地建材（包括土建工程材料和道路材料等），以降低建筑运输成本，从而降低建筑造价；鼓励尝试对废弃建筑材料的回收与再利用。例如，沈阳建筑大学对具有一定纪念意义的建筑材料进行回收，再构建成具有纪念意义的景观小品，如"刚强"雕塑，机关楼入口广场的红砖墙，建筑学院办公区的壁柱等。

结合地方气候特点，对新建主要功能建筑的地基基础、结构体系、结构构件进行优化设计，采用适宜的建筑结构节能技术，减少建筑的能量流失，达到节材效果，具体表现为以下方面：

（1）通过优良的设计和管理，优化生产工艺，采用适用技术、材料和产品；

（2）合理利用和优化资源配置，改变消费方式，减少对资源的占有和消耗；

（3）因地制宜，最大限度地利用本地材料与能源；

（4）最大限度地提高资源利用效率，积极促进资源的综合循环利用；

（5）增强耐久性能及适应性，延长建筑物的整体使用寿命；

（6）尽可能使用可再生、清洁的资源和能源。

10.2 绿色环境

高校绿色环境是指将可持续发展理念纳入校园规划及周边规划中，将植绿、造绿、披绿贯彻到校园基础设施建设和校园日常管理中，使校园环境具备"崇尚自然，天人合一"的特质，给人以舒适、和谐的美感。绿色环境是绿色校园建设的基础，学生的环境意识和环境行为能力与其所处的校园环境有着密切联系。建设清洁优美、布局合理、环境宜人、生态良好的校园环境，并与校园文化融为一体，是绿色校园建设的重要内容之一。

高校绿色环境应以加强保护环境和减少污染为宗旨，为广大师生提供适用、健康、高效的学习、科研、生活环境。绿色环境建设不仅是建立环境优美的生态区域，同时也是高校可持续发展理念的教育基地。绿色校园本身就应是一个可持续发展社区，一个推广环境新技术的社区，一个精心规划的生态园林景观遍布的园区。在绿色校园环境中，可以随处感受到学校事业与环境协调发展的氛围，使全校师生员工及社区群众在这种氛围中受到良好的熏陶和教育。

10.2.1 国内外高校绿色环境发展经验

近年来，国内外高校纷纷开展绿色校园建设的实践活动，其中比较有代表性的有美国布朗大学的"布朗运动"，加州大学的"校园环境规划"；英国爱丁堡大学的"环境议程"；美国哈佛大学和加拿大滑铁卢大学的"校园绿色行动"，以及国内多所大学的"节约型校园"等。国外高校的"可持续校园"，着眼点主要是能源利用效率、减少温室气体排放、低碳的膳食结构和交通出行方式、固体废弃物减量化和循环利用、可再生能源应用、环境教育及环境责任感等，这与我国高校的"绿色校园"理念和实践内容基本一致。

综合而言，绿色校园环境的主要指标有景观绿化率、三废排放量和废物利用率及空气质量等。

1. 提高景观绿化率

建设绿色校园环境，就是将环境保护和可持续发展思想贯穿到生态校园建设中，使绿色校园环境起到教育和示范的双重作用。绿色校园环境建设主要包括学校绿化美化等生态建设、节能型校园建设等相对显性的建设工程，也是绿色大学最容易被认可的部分。国内外一些大学通过提高景观绿化率来打造绿色校园环境。

国外如英国诺丁汉大学朱比丽分校新校园建设，是由迈克·霍普金斯建筑师事务所（Michael Hopkins & Partners）进行设计，突出生态设计特征，将一废旧工业用地最终转变成一个充满自然生机的公园式校园。2001 年，该项目获得英国皇家建筑师协会年度可持续性奖（RIBA Journal Sustainability Award）。朱比丽分校新校园距主校园约有 1.6km，通过自行车和公交可以很方便地进入到诺丁汉城市中心。校园中的月牙形基地是在原有自行车工厂用地的基础上更新再利用的，这是英国可持续发展策略在实践中的体现。鼓励将位于城市中的工业废地充分再利用形成人工湖，将新建筑与郊区住宅连接起来，成为整个城市的一个新"绿肺"，并通过建筑边缘的水渠对雨水进行自然回收利用，通过培养水生动植物带动水体的生态循环，从而减少人工保养费用等。

国内如沈阳建筑大学在校园建设方面获得国家"2008 年中国人居环境范例奖"。该校园选址在大学城，紧邻高新技术产业开发区。园区位于城郊，距城市中心距离适中，交通便利。自然环境好，气候适宜，环境优美，绿化率较高，适宜人们生活与学习。该大学在整体集约发展的前提下，校园按生态功能进行分区，一边是人工生态功能区，包括科研教学区、学生生活区、运动休闲区；另一边是半自然生态区，由人工河、微型自然保护区等区域构成；在校园北侧，由于靠近城市干道，为了达到除尘降噪的目的，这片区域设置为自然生态区。

2. 提高三废利用率

减少废水、废气和废渣的总量，提高废物利用率是绿色校园环境保护的重要内容。校园三废主要是由生活、教学和科研产生的，虽然三废的毒性小，但由于学校是人口密集区，每天避免不了排放大量污染物，如生活废水、废气、实验室废液和生活垃圾。学校一方面要提倡师生合理利用身边资源、减少污染物的排放，另一方面要对污染物进行分类处理和回收再利用，环保节能，造福周边。学校应积极采用环境无害化技术，建立垃圾收集、回用与处理系统及污水处理与回用系统，改善校园生态环境。

如清华大学对生活污水治理实施两套方案，一部分污水排入市政管网，进入市属污水处理厂；一部分污水由校园自行处理，并循环使用。自 2005 年开始，该大学开始自行修建污水处理系统，先后建成生活废水处理系统和生活污水处理系统，分别利用传统的 SBR 处理技术和膜生物反应器技术对中水水源进行净化处理，两套系统的工程设计污水再生能力分别为 1200t/d 和 1500t/d。经检测，处理后的中水完全符合生活杂用水和观赏性水景用水的再生水水质标准。此外，对于毒性较大的科研废水，学校购进管道闸阀截流处理微电子所实验废水，处理后的水质经检测完全符合回用水标准，可作为附近绿化植被的喷灌用水。该工程将流向此管段的雨水一并收集利用，每年节约自来水量为 3.3 万 t，可满足学校15 万 m² 绿地的浇灌用水。

又如沈阳建筑大学制定发布了实验室安全管理规定，要求各实验室必须根据国家规定，加强对废气、废液、废渣和噪声的处理与排放的管理，不得污染环境。一是各实验室必须指定专人负责收集、存放有毒有害废液、化学及生物固体废弃物的管理工作。学校实验办定期收集和处理有毒有害废液和固体废弃物。处理工作实施"分类收集、定点存放、专人管理、集中处理"的工作原则。二是盛装化学废液的容器应是专用收集容器，不得使用敞口容器存放化学废液，容器上应有清晰的标签。一般化学废液，分含卤有机物废液、一般有机物废液、无机物废液等三类废液收集桶分别收集和存放；剧毒物质废弃物，必须单独分类存放，并按剧毒试剂管理的规定进行妥善保管。三是新建、改造、扩建实验室时必须将有害物质、有毒气体的处理列入工程计划一起施工，并坚持竣工合格验收制度。

3. 改善校园园区空气质量

绿色校园环境的建设还需要使师生能够呼吸到健康洁净的空气，学校要控制校园内尾气排放量，改善校园空气质量。国内的一些大学提出了相应的措施，对校园内车辆实施规范化管理。

如沈阳建筑大学将校园主体建筑群和人员密集地段设为步行区，机动车的停放则安排在核心以外或整个校园的外围地块。鼓励步行、骑自行车等交通方式。创建以步行为主的交通环境，控制校园内汽车尾气排放。

又如江苏城乡建设职业学院新校区规划构建了以公共交通、慢行交通为主体的区域综合交通体系，打造校园内部慢行系统完善、环境舒适和机动减速的绿色交通系统。校园公交系统的规划以清洁能源、低碳交通为理念，采用清洁电力能源为动力，减少了空气污染，改善校园空气质量。

10.2.2　高校绿色环境建设要点

建设优美的校园环境主要通过景观规划、绿化面积、绿色建筑等硬件设施来体现。高校绿色环境的建设要点主要包括景观生态性、建筑布局合理性两方面。

1. 景观生态性

景观生态性建设是绿色校园的基础，也是绿色校园的直接体现。如清华大学校园内大部分景观建设，很好地体现了人与环境和谐相处的理念。景观生态性建设主要表现在较高的绿化覆盖率、生物多样性、景观布局的宜居性和关键景点的优美性等方面。

（1）高绿化覆盖率

高覆盖率的绿色植物是绿色校园最直观、最基础的体现。绿色植物不仅美化环境、放松心情、缓解疲劳，还可以净化空气，减低二氧化碳含量。我国自古有多植树的传统，清华大学在建校之初便广植林木，绿化率保持在较高水平。根据我国校园规划实践，当绿地率达35%时可达较好的空间环境效果。同时，也可利用建筑屋面和阶梯教室的倾斜外墙种植绿化，既可提高绿化率也可提高观赏性。

（2）生物多样性

生物多样性是绿色校园景观生态性建设的另一特点。校园高绿化率并非依靠单一性植物而达成，虽然单一性植物便于管理，但却会造成生物的共生性差，且景观单调易导致审美疲劳。相反，不同的植物群落可以生物共生形式，错落地生存在一起，这样的植物群落不仅可以形成异质性景观，而且可以吸引更多的生物加入，如昆虫、鱼类等，最终形成一个动植物共生的，更接近真实自然的生物群落。这一群落比单一性生物组成的环境生物容量更大，对周遭环境的吸收吐纳能力更强，对人类生活环境的净化功效更强。绿化物种要选择适宜当地气候和土壤条件的乡土植物，选用耐候性强、病虫害少、对人体无害、能体现良好生态环境和地域特点的植物；采用包含乔、灌木的复层绿化，减少单纯的草坪绿化。

（3）景观布局可观性

现代校园规划注重结合地形特点，通过植物、水、风等自然要素和人、建筑相结合，创造出一个具有视觉美感、感官舒适、空间层面上生态环保的和谐校园环境。注重人与自然的和谐，强调自然生态的保护，文化氛围的营造与地域特色的体现是当今绿色校园环境建设的大趋势。校园绿化要坚持乔木、灌木、草坪、花卉并举的原则，巧妙运用高、中、低三个层次相结合的方法提高绿化覆盖率。校园环境是校园活动的露天舞台，其规划设计的主旨不应只是传递美学上的信息，还应表达人的活动内容、活动规律。空间形态的丰富性和宜人性贯穿在整个校园从宏观的空间形态到微观的细部处理各个环节之中。同时，绿化与建筑、道路、广场在布局和空间层次上协调统一，各种植物造景层次分明、质感丰富。合理的植物配置应充分体现本地区植物资源的特点，突出地方特色。合理的植物种群选择和搭配会对绿地植被的生长起到促进作用。种植区域的覆土深度应满足乔、灌木自然生长的需要和有关覆土深度的控制要求。

要充分利用校园原有水系，改造利用原有水网，建立一个校园绿色水域，利用校园内存在的水系统打造具有校园特色、中国文化特色的景观，为校园创造一些浪漫元素。同时，这些水系可以用来节水，水系可作为收集雨水的天然容器，用来灌溉和调节微型气候，水系、绿地、道路绿化也可组成一系列不同风格的校园风景。

2. 建筑布局合理性

校园建筑功能空间的多样性决定了其空间布局的复杂性，校园建筑应与校园环境相协调，通过优化布局，寻求最佳组合。建筑布局从宏观上影响建筑室外风环境、室外活动空间布局、建筑立面风压分布等，关系到人们在建筑室外活动区域的舒适性，也影响建筑单体室内自然通风的可行性。建筑群体布局不当，可能导致在某些区域易形成无风区或涡流区，不利于室外散热和污染物消散。良好的建筑布局不仅可以提高人们在室外活动空间的舒适性，兼顾寒暑、中和阴阳，而且可利用建筑物的压差为建筑的自然通风提供有利条件。

在建筑规划设计时，通过对校园风环境、声环境、光环境和热环境的模拟分析，为绿色校园建设提供精确化指导。要尽量使建筑布局在夏季、过渡季和冬季的室外风速都低于规定的基本要求，且室外风场均匀性较好，当风速处于一定范围内时，能形成较为舒适的室外风环境；在夏季和过渡季可利用建筑压差实现建筑自然通风，降低建筑空调能耗，有利于通过自然通风实现室内舒适性。通过建筑布局，尽量最大限度地利用自然采光，这样不仅可以降低校园建筑运行成本，最重要的是可以节省能耗。

10.3　绿色教育

　　高校绿色教育是全方位的环境保护和可持续发展的意识教育，要将这种教育渗透到自然科学、人文科学和社会科学等综合性教学和实践环节中，使其成为全校学生的基础知识结构及综合素质培养要求的重要组成部分。绿色教育是我国高校在建设绿色校园中不可缺少的重要环节。

　　高校绿色教育的特征具体表现在两方面：首先是环境保护和可持续发展等相关知识的学习，其次是培育学生爱护环境、节约能源资源等生活观念和人生观。在绿色校园建设过程中，绿色教育渗透在高校教育的各个环节，用绿色理念、绿色价值等激励学校与师生共同追求环保与创新，培养具有可持续发展理念和环境保护意识的高素质人才，使之成为我国实施可持续发展战略、建设资源节约型和环境友好型社会的骨干和核心力量。

10.3.1　国内外高校绿色教育发展经验

　　自 20 世纪 70 年代起，国外高等院校开始重视绿色大学建设，经过多年探索与实践，哈佛大学、耶鲁大学、加州大学等一批典型高校已在绿色教育方面形成一套比较成熟完善的体系。在我国，绿色教育概念最早于 1998 年由清华大学提出，随后也涌现了一批高校开始对绿色教育进行探索。国内外绿色校园教育建设经验可概括为以下三方面。

　　1. 开设综合全面的绿色教育课程

　　国内外很多高校通过开设绿色教育课程，让学生更好地学习和了解可持续发展相关知识。

　　如哈佛大学在 2000 年成立了绿色校园促进机构（Harvard Green Campus Initiative），采用企业运营模式，充分为希望节能、环保的院系提供有偿服务。2003 年 10 月开始，哈佛大学绿色校园促进机构开始设立相关课程：《可持续性：改变我们制度的挑战》，该课程获得许多学生的青睐并成为学校热门的选修课，受众广泛。

　　耶鲁大学从本科通识教育，到博士专业教育都设立了较为系统的绿色人才培养专业教育体系。在绿色课程设计方面，2014—2015 学年，耶鲁大学林业与环境研究学院开设了 192 门课程，这些课程除满足本院学生学习之外，多数还面向全校各专业本科生和研究生，供其选择学习。

　　清华大学在文化素质教育课组中设置了"环境保护与可持续发展"课程，包括以学科交叉为特点的《环境保护与可持续发展》《生态学》《绿色制造导论》等多门绿色教育系列课程，并将其列为本科生全校性公共基础课。全校非环境学科专业所开设的环境相关课程，涵盖环境污染控制、能源与生态保护、环境、经济与社会各个方面，并结合专业教学开展循环经济、清洁生产、节能减排等知识和方法教育。

北京大学开设的环境类全校通选课程，涵盖环境科学、环境工程、环境伦理、全球变化、可持续发展等多个方面，每年能接受到较为专业的环境类课程训练以及学习环境保护知识的机会的学生约占每年本科新生总人数的1/5。每学期，学校还会举办多场环境保护类讲座，为对环保有兴趣但又无法全程进行通选课学习的同学提供其他了解环境保护的机会。

北京交通大学自2012年成立低碳研究与教育中心，编制绿色低碳学生手册，每年配发给新入学本科生和研究生；通过组织专家讲座、竞赛和暑期社会实践等活动进行绿色低碳宣传教育。还编制《绿色低碳发展概论》，并在本科生中开设了"绿色低碳发展概论"课程。

2. 支持校园绿色团体开展各项活动

绿色教育活动不仅仅局限在课堂上，为了充分调动学生参与校园绿色环保活动的积极性，丰富学生课外生活，很多高校支持成立各种绿色团体，开展各项绿色环保活动。

哈佛大学的"绿色小组"会定期向在校师生发送有关环保的各项文件，内容涉及最新的节能产品介绍及校内捐赠的时间、地点等。同时鼓励学生参与节能创新项目。路德学院的环保组织者每年都会发动志愿者去"路德学院花园"参与种植或收获天然无公害食品的活动，达到实践与理论并行的目的。

清华大学广泛开展学生"绿色教育"课外实践活动和环境科研活动。在全校学生参加研究工作训练计划（SRT计划）中，占立项总数10%~15%的课题专门征集"绿色科技实践"课题，以扩大"绿色教育"课外实践与研究活动的规模。积极组织学生夏季学期的认知实习、生产实习去工厂、企业参加与环保相关的科学研究、技术开发和技术改造项目。在全校学生课外科技竞赛活动中，加强"绿色环保科技"，以污染源头治理为目的的"绿色制造工艺"以及从生命周期观点出发的"绿色产品设计"大奖赛，扩大竞赛规模，加大对竞赛的支持力度。在实践活动中，着重培养学生在环保和可持续发展领域的创新意识和创造能力，鼓励学生参与环境无害化技术研究。

北京大学每年开展的暑期社会实践活动中都有大量的环境保护类内容；长期从事环保活动的综合社团，会广泛开展各种环境保护活动，如设置和更新宣传栏，定期举办环境保护宣传周及免费发放环保筷、环保铅笔、可再生纸等环保产品；开展绿色寝室、循环回收、林木培植等活动；每年举办节能、节水宣传周，定期开展光盘行动、校园环境治理等主题活动，推进"绿色校园"教育常态化；制作宣传册、光盘等资料，利用网络媒体，传播"绿色"文化。积极参与文明城区建设，与海淀区相关部门联合举办倡导绿色、低碳生活公益活动，营造全校共建"绿色校园"、全员参与绿色行动的浓厚氛围。

3. 鼓励开展绿色环保领域科学研究

自 1999 年起，耶鲁大学就专门设立了"格劳德·多尼利环境研究奖"，每年遴选出 3 位在环境和生命科学研究领域做出突出成绩的本科毕业生予以奖励。同时，耶鲁大学针对在环境学习和研究方面感兴趣的本科生，专门设立了"暑期环境学术奖"，学校为学生们提供了大量的旅行、学习、体验、研究与训练机会。同时，学生还有机会到相关的环境组织、政府机构、实验室和其他大学从事研究活动。

耶鲁大学通过建立专职机构将开展绿色研究制度化，从 1972 年开始成立了多家绿色研究机构，如耶鲁环境法律与政策中心、绿色化学与工程中心、气候与能源研究院、耶鲁可持续食品工程等 8 家专门从事绿色研究的校级机构相继成立。这些机构不仅在各自领域开展前沿研究，而且在跨学科专业领域广泛开展横向合作。

10.3.2　高校绿色教育建设要点

高校绿色教育应贯穿于高校教育各个环节，主要包括以下六方面。

1. 设立绿色校园建设专门机构

绿色校园建设机构要制定高校绿色教育计划，并让全校师生都按计划进行，做好学校各部门协调配合工作。要负责高校开展绿色校园建设的所有相关工作，如绿色教育课程设计、开展绿色教育相关师资培训、对校园进行绿色规划及实施、组织建设绿色校园设施等。

同时，高校应建立和完善监督管理机制，监督管理绿色校园建设机构的工作进展，并将工作指标作为学校领导的目标责任制考核内容，以利于更好地推进高校绿色教育。

2. 构建绿色教育教学新体系

更新教育理念，实施绿色教育，构建绿色教育教学新体系是绿色教育建设极为重要的着力点。

（1）课程设置

要制定符合"绿色""生态"要求的教育计划，改革教学内容和课程设置，使之适应绿色教育和可持续发展要求，在各专业教学内容中进行可持续发展内容的综合性渗透教育；将绿色教育课程设置为各专业必修公共课程；改革绿色教育课程体系，对所有专业都开设有关生态文明、环境保护和可持续发展的必修课。

（2）课程内容

在所有专业课程中都应渗透绿色意识，让绿色覆盖所有教育过程和教育领域。推行各门学科"染绿"计划，让"低碳教育"和绿色文化进课堂。绿色教育课程的内容，既要紧跟国际发展趋势，又要结合实际情况，内容组合上既有固定的可持续发展理论等相关知识，又要充分注意到取材的科学性和广泛性，并辅以新闻摘录、科学前沿、背景信息、案例分析等资料来加深学生对课程主干内容的理解，扩充视野，建立一个开放式知识体系。

3. 设立绿色校园建设与管理奖励经费

高校在每年计划经费或节能奖励经费中，划拨出适当比例专项经费用于奖励在绿色校园建设过程中发挥先进作用的单位或个人，如促进绿色校园建设的绿色环保学生社团，在绿色科研方面发表重要成果的师生等，鼓励学校教职工和学生积极参与到绿色校园建设活动中。

4. 加强绿色教育师资培训

在开展高校绿色教育时，教师必须要具备从事绿色教育所必需的绿色知识、意识、道德、技能和价值观。高校需要加强高校教师绿色教育培训，提高他们自身绿色素质，在教师中积极开展各种绿色教育培训与研讨会，采用多种培训手段强化教师的绿色意识。

5. 组织绿色校园建设实践活动

（1）校内实践活动

1）建立绿色环保学生社团，给予绿色环保社团场地、资金和技术支持，提供社团活动场所和鼓励经费，并安排专业教师指导，培养学生自主环保意识；

2）举办绿色校园相关的展览、研讨会、讲座等活动，对全校师生开展全方位、多角度、有广度的绿色教育宣传活动。

（2）校外实践活动

1）积极组织学生针对现实社会突出的环境问题进行社会调研，找出问题所在，并提出对应的解决办法；

2）在寒暑假或课余时间安排学生进行社会实践，深入社区、企业等开展环保志愿者服务活动；

3）组织学生去企业进行实习和实地考察，在工厂、企业参与绿色发展科学研究、技术开发和技术改造项目。

6. 鼓励具有特色的绿色科研

高校进行绿色科研十分必要，将会给社会可持续发展提供强有力的技术和知识支撑，同时也会带动相关绿色产业发展。高校要鼓励广大师生努力探索绿色、低碳、环保科研新领域，要在科研工作中大力弘扬绿色文化、提倡绿色科研、推动绿色创新，促进绿色科研成果产出。

对于不同性质的大学，在绿色科研方向上可以有不同侧重。以理工科见长的院校，在科研中可以多一些"硬科学"类科研，如清洁生产和循环经济的关键技术研究，全球、全国或区域重点的环境问题治理研究（如雾霾治理、水土污染治理等）；对于以文科见长的院校，应充分发挥自身优势，多进行环境与社会发展的软科学问题研究，如环境法规研究，生态哲学、生态伦理、生态文明制度构建等方面研究。

10.4 绿色科技

绿色科技是指能够促进人类长远生存和可持续发展，有利于人与自然共存共生的科学技术。它不仅包括硬件，如污染控制设备、生态监测仪器及清洁生产技术、各种节能设备和技术等；还包括软件，如具体操作方法和运营方式，以及那些旨在节约能耗、保护环境的工作与活动。高校绿色科技主要体现在两方面：一方面是绿色科研活动，高校利用自身综合学科资源，发挥科研优势，开展绿色科学研究，鼓励自主创新；另一方面是推动绿色科技成果转化与应用，重视绿色技术、产品推广，加大与科研机构及生产企业融合的力度。

绿色科技是绿色校园建设中以节能环保低碳为目标，利用先进的科学技术促进绿色发展的源动力。在国家绿色科技战略的引导下，很多高校针对清洁能源等领域关键技术进行重点研发，取得了一系列创新性成果；在节能产品推广、节能工程施工等方面取得一定成绩。如高校绿色校园建设示范节能项目中，采用了智能抄表系统、中水回用系统、节能感应灯等节能技术。

10.4.1 国内外高校绿色科技发展经验

高校节能、节水是建设绿色校园的重点难点，以下仅从节能、节水和智慧管理系统三方面概括部分高校利用学科优势在绿色科技方面做出的努力。

1. 可再生能源与新能源利用

随着高校规模的扩大，学生人数的增多和对学习生活设施要求的提高，以及科研规模的扩大，高校能耗上升很快。部分高校以绿色科技为动力，在提高建筑节能水平的同时，合理利用可再生能源，推广应用新能源汽车。

（1）可再生能源应用

用可再生能源替代传统的能耗，可为校园节约巨大能耗。有些学校利用自身学科优势进行建筑可再生能源的使用设计。清华大学利用其建筑设计优势，在2005年建成我国首座超低能耗示范楼，示范楼从节能减排思路出发，引入太阳能集热器、采光板等节能设施，在大楼内部构造中，科学地设计风流路线，在建筑材料、能源供应和温湿调节设备系统中采用多项节能措施和可再生能源技术，冬季可基本实现零采暖能耗，建筑物全年电耗仅为北京同类建筑物的30%。示范楼集中了世界上80%的节能技术，包括：透射式采光机、单晶硅光电玻璃（可把太阳光转化为可被人们利用的电能，是一种能发电的玻璃，$30m^2$ 发电玻璃的峰值发电能力为 $5kW \cdot h$）等。同济大学利用其在建筑工程设计方面的优势对教学楼、办公楼及学生公寓进行改造，充分使用太阳能智能集中供热，利用楼顶有效空间，实现一次性投资收益十年，不仅环保而且节能。

（2）空调与照明设备变频节电改造

复旦大学通过采购 VRV 变频空调，对空调系统进行改造，节能率达 30％。采用智能光控室外照明技术，按照季节日升日落时间自动调节，并采取间隔灯照。清华大学开展高效节能灯改造，节电效果明显。在路灯控制方面，学校采用新型智能路灯控制器替代原有时钟机构控制器，进行了长短灯的尝试，即前半夜正常照明，保障师生出行，后半夜采用间隔亮灯、单侧亮灯等方式，在满足夜间道路照明的前提下，尽可能节约电能。清华大学还推广成熟的末端节电技术，在信息机房广泛采取自主研发的 SIS 热管技术，采用电耗较低的 SIS 换热系统代替空调压缩机制冷来维持机房的环境温度，减少机房空调压缩机的工作时间，以达到降低能耗的目的。通过自然温差换热方式带走室内热量，在冬季可以完全替代空调对机房的环境温度进行控制，春、秋季部分时间及炎热的夏季启动空调进行制冷，与原来的空调设备互为备用。

（3）新能源汽车应用

部分高校在新能源技术研究方面具有硬实力，如清华大学的核能与新能源技术研究院，华北电力大学成立国内首家"可再生能源学院"，西安交通大学成立可持续发展学院并设有可再生能源系，上海交通大学成立能源研究院并建立多个研究中心。这些高校大多利用自身学科优势，在校园内进行新能源汽车实践。

1）清华大学启动绿色校园微循环电动车示范项目，将电动车运用于大学校园并建成微循环交通系统，有助于解决乘客出行"最后一公里"难题。该项目以纯电动客车为载体，采用国家 863 科技创新成果——智能车路协同关键技术。项目由宇通电动车、配套充电设施、安全预警平台和信息服务平台等组成，可支持指挥调度和线路实时调整、个性化定制出行与信息服务。

2）上海交通大学成立绿色校园网项目，该项目是 985 "新能源汽车的研发与应用"衍生品，主要包括新能源汽车、校园电动巴士推广、基础设施建设等内容。该大学在校园内建成上百个充电桩，构成了基础设施网络。并先后多次在校区进行电动汽车推广活动，鼓励教职工使用新能源汽车。除此以外，学校积极提供新能源汽车示范分时租赁平台，为新能源汽车租赁公司、汽车生产商提供服务，进行分时租赁新模式的积极探索，以车内网络、基础设施网络、导航系统、云存储为基础，搭建了多学科、多网络大型科研平台。

2. 节水与水资源利用

高校大多占地面积大、人员众多，学生生活用水量巨大。部分高校利用自身科研优势，积极开展节水活动，做好中水回用工程，雨水拦截工程，使用节水器具或采取其他的节水与水资源利用手段，做好校园节水工作。

（1）中水回用

高校将学生浴室、学生宿舍排出的废水及科研废水，进行集中处理，达到一定标准后回用于学校的绿化浇灌、车辆冲洗、道路冲洗、厕所冲洗等，从而达到节约用水的目的。

1）北京交通大学 1993 年自行设计"浴室中水处理系统工程"，虽然在当时投入大、收益小。经过几年运行，社会效益、经济效益和环保效益逐渐显现出来，年平均节水近 3 万 m^3。2006 年该大学学苑学生公寓落成，厕所全部使用中水站提供的中水清洗，年平均节水量达 7 万 m^3。

2）清华大学的部分生活污水由校园自行处理并循环使用。清华大学自 2005 年开始自行修建污水处理系统，先后建成生活废水处理系统和生活污水处理系统，分别利用传统的 SBR 处理技术和膜生物反应器技术对中水水源进行净化处理。经检测，处理后的中水完全符合生活杂用水和观赏性水景用水的再生水质标准。另外，对于毒性较大的科研废水，学校购进管道闸阀截流处理微电子所实验废水，处理后的水质经检测完全符合回用水标准，可作为附近绿化植被的喷灌用水。该工程每年节约的自来水可满足学校绿地浇灌用水。

3）天津大学为了适应再生水处理系统对管道的要求，重新规划校园内给水排水系统布局，调整建筑物内给水排水管道，新建再生水处理站。再生水主要靠回收学生宿舍楼的水源，整个校区再生水占到用水总量的 30%。

（2）雨水拦截

雨水的拦截利用是解决水资源紧缺的有效措施，在校园内修建透水性强的地面，在地下修建地下蓄水管网，雨水被存蓄到集水池中，用于绿地浇灌等，节约自来水使用量。

北京交通大学 2005 年开始实施"雨水拦截工程"，收集教学西区、家属区西区的雨水和每日约 $150m^3$ 的中水，全面解决了教学区、家属区的绿化用水，与自来水浇灌相比，每年节约经费支出 25 万余元。该雨水利用的做法 2006 年在全市得以推广。

（3）节水器具

高校可利用在校师生的节水发明，积极转化科研成果，打造并使用节水器具。天津大学为达到节水效果，组织科研人员研究先进节水技术，并与企业联合共同研制新型节能器具。北京交通大学开发并推广应用了"隔膜式脚踏淋浴器""智能化浴室管理系统""不漏水嘴""延时自闭阀""大小便红外自动冲洗器"等，取得可观效益。清华大学将校内的水龙头更换为节水龙头，学校食堂用脚踏式、感应式、延时式水龙头代替各食堂普通水龙头，这些设备的更新有效降低了用水消耗。

（4）其他

1）无负压供水系统。北京交通大学研究生在读期间研制无负压供水系统，每年可节省 25 万度电，而且与传统的蓄水池加压方式相比，避免了水质污染问题。

2）绿地喷灌系统。有的高校绿地采用地理式喷灌系统或微喷，节省绿化用水。清华大学广泛应用节水型植物、使用节水灌溉技术。

3．智慧管理系统

近年来高校通过校园管线可视化信息管理系统、节能监管系统等智慧管理系统的建设和实施，以及后续节能改造的投入，对校园各种能源及能耗设备进行了分布式监控与集中管理，提高了学校自身的能源管理自动化水平，同时降低了能源消耗成本。

（1）校园管线三维可视化信息管理系统

许多大学等均建立了校园管线三维可视化信息管理系统。管线三维信息管理系统能够实现三维管线的自动化生成、查询统计、工程管理、隐患管理、事故管理和历史管理等功能，为管线资源整合、管线规划、次生灾害防范、应急抢险等提供决策支持。现代后勤数字建筑系统与物联网技术紧密结合，在三维场景内对校区智能化设施设备，包括水表、电表、阀门、传感器、视频、路灯和中央空调等，进行实时信息获取和控制。可利用该系统缩短新管线的设计时间和避免碰撞，节省重复修改浪费的人力物力；有助于校园能耗分析，进行节能优化。

（2）节能监管系统

节能监管系统能够为建设绿色校园提供数据支撑和保障。建立节能监管系统可以对校园的各种能耗进行分类、分项、分户计量，便于校园能耗、水资源消耗数据的采集，传输设备的部署、运行、维护和管理，终端计量器具的检测与维护，能耗数据的统计、分析与上传，以及监控中心相关设备的维护。节能监管系统可以对学校集中供热系统、电开水炉、路灯、公共教室照明、分体空调、办公室用能等进行高效能源管理，并与 3D 地图、预付费一卡通、光伏系统等结合，真正做到"监、控、管"一体，取得较好节能效果。

1）北京交通大学采用具有自主知识产权的"分布式高速实时控制网络"，系统由监管中心、主干通信网络、现场监控网络、各种智能计量装置、智能网关（连接第三方智能计量装置）等组成。该系统包括能源分类分项分户计量、配电网自动化监控、给水排水自动化监控、教室及路灯照明节能控制、分体空调节能控制、集中供热节能控制、光伏发电系统监控等子系统。这些子系统不仅能够精确计量校园能耗，还能够结合各种数据自动调整管道供热流量，实现按需分时分区分温控制；按工作日程表自动开/关电开水炉供电回路；实时计量每幢建筑进水管，进行定期增量分析，及时发现水管网的跑、冒、滴、漏等异常情况；达到节能、节水、节电等目的。该系统可以进行用能统计分析，帮助寻找减少能耗的方法。

2）浙江大学节能监管系统分为能耗监测体系、关键设备能耗监控体系和能耗定额与核算体系三大体系，为完成三大体系的信息化，分别开发了六大功能平台，分别为校园能耗监测系统、校园远程节水管理系统、校园灯光智能监控系统、学生公寓生活热水热泵集中监控系统、教学大学空调集中监控系统、高校用能核算管理系统。该系统开发工业级能耗数据采集器，下行协议支持各类通用和自定义协议，实现单台采集器对水、电等参数的多通道统一采集，支持断点续传、并发数据，保持数据完整；在建筑能耗采集通道构建中，大规模应用了有线、ZigBee、短距离无线整合通信技术并稳定运行，解决了建筑能耗采集过程中组网方式单一，实施难度大，稳定安全性差，投入成本大等问题。

10. 4. 2　高校绿色科技建设要点

高校绿色科技建设主要体现在绿色科研、产学研结合及绿色科技应用等方面。

1. 发挥高校科研优势，开展绿色科技研究

高校是科学技术知识生产的主要载体，具有能激发创新思维的独特人文环境。大跨度学科间交叉、渗透，拥有较大规模、先进程度较高的科学实验条件、前沿领域的科研项目、全面丰富的数据平台及数量较大的高水平研究人才，使得高校在开展绿色科技研究方面具有独特优势。为达到节能、节水，合理利用各类能源和环境保护的目的，高校应重视对涉及绿色技术的基础学科建设，并充分发挥相关学科作用，促进新能源应用和环境保护等特色学科和专业发展，建立多学科交叉项目平台，开展具有针对性、系统的科学研究，积极开展绿色科技研究。

2. 鼓励自主创新，推动产学研结合

高校应鼓励师生自主创新，为节约能源、新能源应用和环境保护提供新技术、新产品，建立高效管理系统。高校构建产学研合作平台，与企业采用合作方式，联合进行技术攻关，联合培养研究生，共建创新基地。对师生的技术创新、发明创造，通过多种形式积极推进成果转化：①合作研究或技术转让，高校主要负责研究和前期技术开发；②校企结合转化，高校提供科研成果并与企业合办科技型企业；③校办科技产业，高校直接进行绿色科技的产业化开发并组织生产经营。高校与企业建立产学研联盟，能够较好地实现绿色科技的成果转化和推广。

3. 推广绿色科技应用，构建绿色智慧校园

高校应在校园内外推广绿色科技应用，积极使用新技术、新产品进行既有校园改造及绿色校园建设。高校可以通过建筑节能改造，充分利用社会先进的绿色科技，例如节能设备和节水器具、中水回用、雨水拦截系统、智慧管理系统及新能源汽车，构建绿色智慧校园。特别是建立节能监管系统，对校园各种能耗进行分类、分项、分户计量，便于校园能耗、水资源消耗数据的采集，传输设备的部署、运行、维护和管理，终端计量器具的检测与维护，能耗数据的统计、分析与上传，以及监控中心相关设备的维护，为建设绿色校园提供数据支撑和保障。建立绿色科技应用试点，发挥高校教育和示范的双重作用。

10. 5　绿色文化

绿色文化是高校营造的一个"人人具有绿色意识，人文与自然充分结合"的健康向上的精神文化氛围，即以学生为主体，以绿色校园为主要空间，以育人为主要导向，以绿色观念、绿色人文环境、绿色行为规范建设等为主要内容的校园

文化。绿色文化是将文化从人文科学范畴延伸至自然生态领域,从生态系统的整体性和全局性出发,使整个校园充满绿色气息。学生通过学校环境感染,规章制度导向,教师引领,逐渐建立绿色意识,成为一个体魄健康、情感丰富、心灵美好、综合素质优良、受社会欢迎的人才。高等院校是先进文化精神传承的殿堂和绿色文化推广的先锋。

高校绿色文化的特征主要表现在三方面。一是树立引导学生树立绿色发展理念,即充分发挥学校绿色教育在教育中的地位,通过在绿色教育理念引领下的教育教学活动,使学生正确认识个人、社会和自然之间相互依存关系,增强绿色发展意识,提高绿色发展技能。二是培育良好的绿色人文环境,即通过丰富多彩的校园文化活动、创新的绿色教育实践模式,为学生创造健康成长的沃土,建立人与自然和谐发展的校园环境,引导学生建立人与自然和谐相处的可持续发展观念;三是规范绿色行为,即以绿化、美化校园为基础,师生共同参与建设绿色校园,使保护环境、建设环境成为师生共同的价值观和行为方式。

10.5.1 国内外高校绿色文化发展经验

美国是目前世界范围内绿色校园运动开展范围最广、程度最深、时间经验最丰富的国家。自 2010 年绿色学校中心成立以来即在美国范围内形成了绿色校园建设高潮,以哈佛大学、斯坦福大学等为首的常青藤学校为代表,美国绿色校园文化建设具有较强的借鉴意义,其绿色校园文化建设经验可概括为以下四方面。

1. 设立绿色校园管理机构

众多绿色大学都设立了推动绿色校园建设的专门机构,在管理层面上为绿色校园建设提供保障。例如哈佛大学的绿色校园委员会,配备了专职行政人员负责拟订校园减排计划、审核环境保护技术方案及校园能耗标准体系,促成绿色校园基金会等项目。迈阿密大学成立了环境工作中心,下设具体工作小组分管校园碳排数据统计、环境学术研讨、低碳建筑等多项任务。

2. 制定绿色校园减排目标

随着低碳时代的到来,美国绿色大学促成了"美国高校校长气候承诺"(The American College and University Presidents' Climate Commitment)项目。在该项目倡导下,众多绿色大学依据自身情况,制定了校园温室气体的减排目标和行动计划。如美国康奈尔大学制定了"气候行动计划",计划在 2050 年将校园温室气体排放量降到零的标准;斯坦福大学提出到 2020 年,校园温室气体排放量要比 1990 降低 20% 的目标。耶鲁大学则提出到 2025 年,致力于将校园温室气体减少到 2011 年的 40% 水平。

3. 积极降低校园能源消耗

(1) 校园出行方面

为了减少师生乘坐私家车出行,许多高校提出了建设性方案,比如奖励师生拼车、补贴师生公交费用等。美国大学为师生设立了专门的拼车网站，为拼车的师生提供优惠的拼车价格及免费停车场所。卡尔顿学院则开展了"绿色自行车计划"，校园内自行车免费向师生开放。值得一提的是其校内公车的燃料配备是以废弃食用油为原料，经过过滤加工而成的生物燃料，极其环保。

（2）校园餐饮方面

美国大学在餐饮方面非常注重节能减耗，提倡使用当地本季的食物以减少采购外地食品产生的运输费用。部分学校开辟了校内蔬果花园，将校园内产生的食物垃圾进行堆肥，以肥养地，自己动手种植无公害的蔬菜瓜果。校园餐厅无托盘化也成了美国绿色大学的趋势。在"无托盘日"（Tray-less Dining Day），有一项针对美国 25 所高校的 186000 次用餐情况的调查研究显示：在无托盘情况下就餐，每人每天可以减少 25％～30％的食物浪费。以布朗大学为例，其校内餐厅从 2008 年 9 月份去托盘化以来，每星期能节省 35000 加仑水，并且缓解了学生浪费食物的情况。另外，布朗大学为了降低校园内塑料瓶装水的流通，还发起了限制使用塑料瓶装水的运动。在 2007—2012 年五年之间，其校内餐厅年售出的瓶装水量从 3215000 瓶降到 25200 瓶，减少了 92％，节能效果显著。

4. 支持校园团体开展各项活动

很多学校都大力支持绿色团体，这些绿色团体通过举办讲座、表演节目、网络倡议等相关活动，宣传绿色生活的重要性，培养学生的绿色环保理念。2012年，美国绿色校园中心发起了"绿色苹果"倡议，该倡议旨在为全体学生营造具有清新空气、资源节约以及拥有光明未来的学校环境。该倡议活动是由社区志愿者发起，由媒体、具有共同目标的非政府组织以及环保形象大使推动，由社会团体提供资金支持。哈佛大学的"绿色小组"，会定期向在校师生发送环境保护相关文件，内容涉及最新的节能产品介绍及校内捐赠的时间地点等。他们鼓励学生实施节能创新项目，比如邀请师生用回收的材料制作器具，反馈冰淇淋作为奖励。路德学院的环保组织者每年都会发动志愿者去"路德学院花园"体验种植或者收获天然无公害食品的快乐，从而达到"知行合一"。

10.5.2　高校绿色文化建设要点

大学校园绿色文化是学校重要的办学和教育资源，是催生师生绿色发展的深厚沃土，是学校人文传统和优良校风的根本之源，要着力加强建设。具体可从以下四方面开展绿色文化建设。

1. 确立绿色理念

建设校园绿色文化的根基是确立绿色理念，培育高校教师和行政管理人员的绿色理念，使以人为本的绿色教育理念融入教师教学和行政管理过程中。绿色理念指导下的绿色教育正是回到教育本真，直指人的发展。绿色教育理念要始终坚持"三个面向"，即教育面向现代化、面向世界、面向未来，遵循教育教学规律，培养学生的优良品德、创新能力和实践技能。绿色教育理念还必须优化生态文明观指导下的教育生态，即关爱、尊重学生的生命和价值，尊重学生个性，构建生动活泼、民主的教育环境。绿色教育理念是和谐、可持续的绿色发展理念。这里讲的和谐主要是指和谐共生，包括人与自然的和谐共生、人与人的和谐、人自身的和谐、个人身心发展内在的和谐。可持续的绿色发展主要指学生的综合素质、身心（心理）健康全面发展和教师的专业发展，且具备发展潜力和创新能力，坚持持续发展。绿色教育理念还是低碳观念指导下的绿色生活理念。即普及低碳意识，构建低碳生活这种全新的生活模式，做一个低碳族。

2. 培养绿色精神

绿色精神是生态文明观的重要组成部分。培育绿色精神是对大学生进行生态文明观教育的核心内容之一。绿色精神是校园绿色文化建设的重要内容。这里包括三方面：一是自觉按自然生态系统的规律办事，强化主人翁精神和责任感，树立竞争意识及和谐宽容精神。二是构建绿色人文，指积极进取、奋发向上、开拓创新、文明守纪的精神风貌，良好的校风、教风、学风、班风、绿色语言、绿色行为的养成等。三是培养绿色情，主要指爱的情感，要"心中有爱，目中有人"。教师爱自己的事业、爱自己的学生、爱自己身边可爱的人和事；学生爱祖国、爱师长、爱同辈、爱自己、爱生活，对世界充满爱。其次指道德情感，涉及公民道德、荣辱感、职业道德、事业感、生态道德、环境友好感。第三指美的情感，追求环境美，讲求行为美，注意仪表美，养成心灵美。

3. 构建绿色环境

构建绿色环境，发挥其熏陶作用和育人功能，是校园绿色文化建设的一个重要方面。绿色校园是绿色文化的载体之一。校园环境建设应以建设"资源节约型、环境友好型"校园为目标，以"丰富植物品种、保护校园生态、提高绿地质量、建设精品景观"为校园绿化原则，加强净化、绿化、美化、生态化的自然环境建设，创建集森林化、花园式、充满现代绿色气息、具有绿色文化特色为一体的生态型校园，精心修造人文景观，做到"校在绿中，人在景中"，让学生徜徉其间，受到绿色文化熏陶。同时，营造厚实的绿色人文环境，讲究绿色文明；注重改善以和谐尊重、包容为核心的人际交往环境，以促进人才和谐成长。

对于高校，要突出强调优化的创新环境，形成有利于创新人才成长的环境和氛围。要创新人才培养模式，铺设创新人才成长之路，让学生拥有自由发挥的学习空间，为每个有潜质的学生提供脱颖而出的机会；还要注重学术生态重建，重视学术环境的再造，使学术生态得以和谐发展。

4. 倡导绿色生活

在"节能减排、环境友好"观念指导下，养成以低能耗、低污染、低排放为特征的低碳生活方式和行为习惯，是绿色文明的重要标志之一。要摒弃那些讲排场、比阔绰、浪费不在乎、污染不在意、损坏环境、危害生态的陋习，从"衣、食、住、弃、学、行"六个方面培养良好的低碳行为习惯。讲生态文明，减少资源消耗，过低碳生活，培养生态习惯；倡导绿色消费，树立一种适度的物质消费、丰富的精神追求的绿色生活新风。

参考文献

[1]　卞素萍. 绿色大学建设的发展趋势与创新模式 [J]. 南通大学学报（社会科学版），2016，32（2）：114-119.

[2]　陈峰，殷帅. 北京交通大学节约型校园建设 [J]. 建设科技，2010（2）：37-42.

[3]　陈天宇，张艳宇，田国华，刘程，王刚，吴奥. 中国高等院校绿色校园建设现状研究 [J]. 中国标准化，2019（16）：88-89.

[4]　郝志如. 北京交通大学节约型学校建设的实践 [J]. 高校后勤研究，2008（2）：21-22.

[5]　李莉. 绿色管理对于社会可持续发展的现实意义——以高校校园绿色建设为例 [J]. 企业经济，2010（10）：42-44.

[6]　李亚军，朱常委. 南洋理工大学绿色校园建设对中国高校的启示 [J]. 高校后勤研究，2020（5）：8-10.

[7]　梁立军，王志华. 建设绿色校园 推进环境意识教育 [J]. 清华大学教育研究，2004（6）：99-101.

[8]　刘昊天. 高校智慧化校园建设的策略探究 [J]. 中国管理信息化，2015，18（7）：206-207.

[9]　刘骁，郭卫宏，包莹. 新加坡高等教育机构绿色校园建设研究 [J]. 建筑节能，2019，47（7）：52-59，88.

[10]　栾彩霞，祝真旭，陈淑琴，等. 中国高等院校绿色校园建设现状及问题探讨 [J]. 环境与可持续发展，2014，39（6）：71-74.

[11]　盛双庆，周景. 绿色北京视野下的绿色校园建设探讨 [J]. 北京林业大学学报（社会科学版），2011，10（3）：98-101.

[12]　石铁矛，李硕. 走向绿色校园——以沈阳建筑大学校园建设为例 [J]. 工程力学，2012，29（S2）：9-14.

[13]　宋凌，林波荣，李宏军. 适合我国国情的绿色建筑评价体系研究与应用分析 [J]. 暖通空调，2012，42（10）：15-19，40.

[14]　孙刚，房岩，刘倩，等. 创建绿色大学的实践探索 [J]. 安徽农业科学，2011，39（35）：22135-22137.

[15]　王志华，郑燕康. 清华大学创建"绿色大学"的探索与实践 [J]. 清华大学教育研究，2001（1）：83-86.

[16]　吴志强，汪滋淞.《绿色校园评价标准》编制情况及主要内容 [J]. 建设科技，2013（12）：20-21，24.

[17]　熊校良. 构建绿色校园文化的思考 [J]. 高校理论战线，2012（12）：55-57.

[18] 徐永新. 转型发展背景下绿色大学创建的探索与实践 [J]. 绿色科技，2019（9）：277-279.

[19] 薛志峰，曾剑龙，耿克成，姜子炎. 建筑节能技术综合运用研究——清华大学超低能耗示范楼实践 [J]. 中国住宅设施，2005（6）：14-16.

[20] 赵天旸，刘卉，金鑫. 试析北京大学开展绿色校园建设的有效途径 [J]. 环境保护，2009（6）：40-42.

第 11 章　高校绿色校园建设实施路径及措施

　　坚持"创新、协调、绿色、开放、共享"发展理念，充分认识绿色校园建设的重要意义，坚持示范引领、稳步发展的工作基调，坚持政府引导、市场推动的工作路径工作方法，坚持统筹推进、重点突破的工作方向，在高校日常教育与管理工作全过程中，以创建绿色校区规划、生态教育体系、宜人美丽环境、节能低碳校园为目标，全面推进资源全面节约和循环利用，着力提高师生的生态文明素养，培养师生形成简约适度、绿色低碳的生活习惯和生活方式，加快高校绿色校园建设和发展。

11.1　实施路径

11.1.1　推进新建建筑科学规划，加强既有建筑节能改造

　　为保证校园可持续发展，要加大对校园新建建筑科学规划与设计力度，同时做好既有建筑节能节水改造的工作实施与安排。

　　1. 对校园新建建筑进行科学规划与设计

　　加强绿色校园新建建筑科学规划与设计是满足高校可持续发展要求，推进绿色校园建设的重要路径之一。根据绿色校园中绿色建筑的建设要求，对校园新建建筑的规划设计主要包括以下几方面。

　　（1）新建建筑规划应充分利用自然气候条件

　　地理环境因素对建筑规划有着重要影响，在绿色校园建筑规划过程中，应合理利用地形资源，通过对建筑布局、建筑形体、建筑朝向及管网设施布局等进行整体规划，使校园建筑能充分利用自然通风条件和采光条件，实现对资源的合理利用，降低能源消耗。例如：日照对于建筑节能有着极为重要的意义。在规划时，可从以下两点考虑：①教学楼基址应选择在向阳、避风的地段上；②选择满足日照间距要求、不受周围其他建筑严重遮挡的基址。楼群中不同形状或布局走向都将产生不同的阴影区，地理纬度越高，建筑物背向阴影区的范围也越大。因此，在教学楼组合布置时，可选择利用非主要使用的东西向房间、走廊围合成封闭或半封闭的教学楼群方案。这样的布局既可扩大南北向教学楼之间距离，为学生创造出一个室外活动场所，又有利于节地。

　　（2）新建建筑设计应注重能源开发与循环利用

　　目前，我国大多数校园建筑仍采用传统能源，如煤、气、油、电等，这些能

源具有高污染性、高耗能性、不可再生性，不仅浪费了社会资源，而且增加了运行成本。在未来新建建筑中，运用可再生绿色能源（太阳能、浅层土壤热能、风能、生物能等）为建筑供能，如采用光伏发电、风力发电、地源热泵、相变蓄能等技术，不仅可以大量节约资源和成本，还可以大幅度增加生态正效应，减轻热岛负效应。此外，还要增强对能源的循环利用，例如可根据校园建筑的条件和特点，积极采用热回收型热系统，提高校园空调、采暖及热水供应系统的综合能效比。

（3）新建建筑设计应使用新型绿色建材与节约型设备

除改善能源结构外，采用绿色建材和节约型设备也是建筑绿色化的重要途径。一方面，校园建筑应结合地方气候特点，尽可能多地使用绿色建材。例如采用热阻大、能耗低的节能材料制造的新型保温节能门窗，屋面保温材料，新型墙体材料，低挥发性有机化合物的水性建筑涂料等。另一方面，要积极选用节约型设备，例如选用效率高、利用系数高、配光合理、保持率高的灯具，采用高效节水型用水器具等。

2. 对校园既有建筑进行节能节水改造

高校中既有建筑的节能改造工作是绿色校园建设中的一个重要组成部分，是实现校园资源节约的重要途径。对校园既有建筑进行节能改造工作主要从以下几方面展开。

（1）做好既有建筑节能改造整体规划

对校区既有建筑进行改造，应结合校园整体建设进行合理定位，并注重对学校历史文化的保护。在进行历史建筑的改造时，应首先梳理学校发展的历史脉络，提前构思校园景观的保护和维护、建筑的改建和新建、纪念物的设置等，在尽量保持原有风格和特色的基础上，充分征集优秀设计，并与周边环境相协调，以利于更好地传承与展示学校历史。一般既有建筑的改造应基于学校发展的合理需求和提高建筑物的资源、能源利用效率的原则，充分考虑建筑物全寿命期、可行性和投入收益比，根据经济性和节能效果综合设计节能改造方案。此外，在既有建筑节能改造方案设计中，外围护及装修风格应尽量与周围的人文环境和自然环境相协调，不破坏原有的校园氛围。

（2）优先开展低成本节能改造工作

节能节水工作是绿色校园建设的关键，加强节能节水工作，可以有效地促进高校绿色校园建设的全面开展。其中，节能节水工作的一个重要方面是进行既有建筑的节能节水改造。在今后的改造中，各高校应根据本校实际情况，积极开展既有建筑的节能节水技术改造工作，特别应优先开展低成本或无成本节能节水技术改造，充分利用现有的节能节水技术。节电方面，在教学楼中改用绿色照明技术、产品和节能型电器，应用节能空调系统技术等；供暖方面，对既有建筑维护结构进行节能改造，进行保温处理等；节水方面，在教学楼安装卫生间延时冲洗阀、智能卡表供水控制系统，大力发展中水回用、污水处理系统等。

（3）积极建设既有建筑节能改造示范工程

在既有建筑节能节水工作的实施过程中，应积极建设高校既有建筑节能节水改造示范工程。在综合考虑我国不同气候区域特点、不同建筑功能特点，以及高校历史背景、资源优势等特点的基础上，加大建筑节能节水改造示范工程的设置和建设，通过示范，以点带面，推动改造技术的进步，提高改造质量，使既有建筑的适用性能、安全性能、耐久性及环境性能、经济性能得到全面提高改善，吸引更多高校进行既有建筑节能节水改造。同时，也使作为未来主人翁的在校大学生可以亲身感受校园的节能减排氛围。

11.1.2　开展高校生态工程建设，改造既有园林景观

通过建设校园生态环境，改造既有园林景观，倡导师生树立环境意识和可持续发展观念。

1. 建设生态工程，注重校园绿色工程建设

在绿色校园建设中，需要把可持续发展思想进一步巩固在学生脑海中。校园园林景观建设以循环经济理念为指导，且与本校历史文化氛围及建筑风格相协调；要保持校园路面干净，教室整洁，师生宿舍、食堂符合卫生标准；校园内无对师生和周边居民产生危害的污染；校园绿化美化程度高，绿化率达到规定的要求；校园建筑式样的选择与整体布局合理。

生态工程建设可以从植被覆盖、动植物种类、人均绿化面积等指标来考察。首先，在制订校园总体规划时，要坚持以人为本和可持续发展思想为指导。其次，注重实施校园绿色工程建设，既要重点建设好绿化带、花园及周边防护带，又要结合学校的历史、文化及建筑风格，因地制宜。另外，在学校基础设施建设过程中，主动采用绿色环保材料，积极利用新能源。做好绿色建筑的推广工作，建设一批具有示范效应的绿色建筑，使其成为城市生态景观体系的重要组成部分。

2. 建设园林景观，营造树立环境意识的良好氛围

治理环境，重在绿化。要想建设绿色校园，校园的园林景观建设首先要做到绿化美化，争取实现"三季有花、四季常绿"，植物品种优良多样，科学合理配植，创造品味优雅、襟怀博大、舒适宜人的园林环境。其次，寓无形于有形，充分发挥景观的教育作用，使大家在欣赏享受的同时，自觉不自觉地养成讲究卫生、热爱环境的好习惯。同时，加大物种多样性的建设，使校园成为多种生物保护地和向学生普及动植物常识的重要课堂。

建立绿色校园环境协会，协助引导师生形成环境意识。每年春季绿化的时候，协会需要将绿化的区域和树种、数量通知广大师生，鼓励大家参与，借以培养和绿地的感情，增强爱护一草一木的环境意识。强化学生保护环境的自律意识，协会可以联合校团委组织"绿地认养"和征集爱护草坪标识语的学生活动。为校园里的代表性树种和名贵珍稀植物挂上标志牌，详细介绍该植物的种类、产

地和用途等情况，并在校园里专门划出一部分区域开辟为植物园，种植多种乔灌木，供师生们参观、鉴赏和休息。通过学生亲身参与景观园林建设，使得同学们热爱环境的意识能够得到普遍加强。

11.1.3 完善高校绿色制度建设，创新绿色教学模式

落实高校绿色教育，需要从高校物质文化建设、改变课堂教育模式、提高校园绿色活动质量、完善校园制度建设四方面进行。

1. 以物质建设为载体，突出学校特色

进行高校校园绿色物质文化建设，按照尊重生命、呵护健康、美化环境、净化心灵的原则完善校园物质设施，在物质文化建设中彰显绿色可持续发展育人理念，加强物质文化建设对于师生精神的引领作用。在硬件建设方面，要摆脱盲目扩建和跟风，要从以"盖大楼"之类的"外延式"扩张向注重提升文化品位、彰显特色的"内涵式"养成发展。除此之外，学校还必须从发展战略高度，充分认识加强校园绿色教育建设的重要性，树立为学校未来科学投资的理念，对所有项目进行总体规划，设立绿色专项经费并纳入预算管理，以保证必要的投入，助力高校不断进步发展。

2. 改变传统课堂教学模式，发挥学生主体地位

随着信息时代的到来，传统课堂教学模式已不再适应高校绿色校园建设的发展。绿色教育理念要求高校教育必须适应学生的身心发展和认知规律，作为高校教学主要形式的课堂教育则更应符合绿色教育对课堂教育的要求，真正落实"以人为本、因材施教"的课堂教育理念，激发学生在课堂教学环节的积极性和创造性。其一，创新教师和学生的关系，转换师生角色，确定学生主体地位，营造学生主动参与学习的环境，提高学生学习效率；其二，突破原有教学模式，让学生充分发表意见，激发学生的学习热情，使教学活动向纵深发展；其三，将多媒体技术融入教学，培养学生的科研能力、创造能力及可持续发展理念，打造丰富多彩的绿色教育氛围。

3. 深化校园绿色活动内涵，引领学生全面发展

绿色活动对于高校绿色校园的建设有极其重要的作用。绿色教育视域下的校园活动，要一改当前"泛娱乐化"的现状，让学生在平时的活动中接受健康绿色的熏陶，激发学生潜在的学习热情和高昂的精神状态，热爱生活，珍惜生命，开拓进取。为此，学校应加强校园绿色活动队伍建设，成立统一的领导与协调机构，重视学生的自我教育；学校管理者应引导学生举办弘扬主旋律、体现时代性和彰显学校特色的绿色活动，进一步增强校园活动的思想先进性；学校管理者应提高绿色校园活动质量，引导学生统一思想，提高认识，勇于创新，树立精品意识，注重活动的群众性，组织全员参与，加强文化延伸，进一步完善校园绿色活动建设，并探索社会化运作模式；学校应在思路、主题、模式、资源获取方式等

方面创新校园绿色活动，建立有效的校园绿色活动评价机制。

4. 完善校园制度建设，营造良好的教育环境

绿色教育制度建设，要从高校自身的教育背景中寻找制度创新的生长点，改变原有的制度建设表层化问题，应突出决策、管理主体的服务意识。制定制度时体现以人为本、重在激励的理念，立足于师生群体这一主体，寻求学校发展和师生发展的最佳契合点，把师生的个人目标和学校目标统一起来。另外，为提高学校的管理水平，解决新出现的问题，必须拟订一些目的性强、可行性大和认可度高的规章制度，为其能够得以顺利执行奠定良好的群众基础。进一步规范管理人员的职责及管理流程，精简管理人员数量，简化管理流程，实现节能高效的管理方式，达到从管理型体制到服务型体制的转变，切实服务教师及学生。同时，学校制度建设还要与绿色理念相结合，在制度完善的过程中加强思想道德教育，培养学生树立可持续发展理念，打造艰苦奋斗、乐于进取、与时俱进的意志品格，避免制度的强制性和约束力仅仅停留在表面，努力引领学校发展走上规范化道路，为大学生营造良好的绿色教育环境。

11.1.4　发挥绿色精神引领作用，深化高校绿色文化内涵

发挥绿色精神的引领作用，从校园规划方面，建立适应绿色文化建设要求的工作系统和绿色运行机制，同时在校园保留下来的绿色文化进行传承和创新，完善校园文化的日常管理制度，建立长效机制，通过开展各种绿色活动、绿色教育专题讲座等，提高绿色文化的影响程度，最后创建绿色校园品牌，带动社会的绿色可持续发展。

1. 谋划绿色——精心规划，苦心培育

绿色理念和绿色发展观是绿色文化建设的精神引领，绿色文化建设者要注重发挥这种精神的引领作用。绿色文化建设强调领导人的作用，绿化领路人的观念。学校负责文化建设的领导要当好绿色文化建设的领头雁，组织对生态文明观、绿色价值观、可持续发展观和绿色发展、绿色教育、绿色文化理念等内容的学习讨论，使师生提高认识，更新观念，求得认同，引起共鸣，提炼出适合本校绿色发展需要的绿色文化核心理念（如"让校园的每个人都得到发展"），形成党政齐抓、院系共建、师生同频共振、全员持续参与的创建工作格局。要理清整体思路，拨正决策导向，确立绿色发展战略，创造性地制定创绿规划，形成"立绿色理念，育绿色文化，办绿色教育，谋绿色发展，创绿色学校"这样一条重点培育、长期建设的规划链，把创绿规划纳入学校发展规划之中；建立适应绿色文化建设要求的工作系统和绿色运行机制，配备工作人员进行有效运作，把创绿的各项工作落到实处。

2. 创造绿色——继承传统，挖掘特色

从总体上讲，文化建设有两大任务：一是保存，即要继承和珍惜曾经在这里

生活过的"大学人"所创造积淀下的绿色文化精华，更要着力在已有的基础上生产和造就新的绿色文化；二是创造，即要着重从挖掘特色上下功夫，要注重共性与个性的结合。在共性层面要分步推进，逐步完善，重点突破，适时创新；在个性层面要寻求差异性，突出自身特色，铸造特色形象。注重文化厚积，引导师生将绿色文化形成一种自觉的习惯，构成学校真正的文化特色。

3. 管理绿色——完善制度，科学管理

加强对绿色文化建设的常规管理。在校园硬件建设、绿色环境保护、实施绿色教育和学校绿色发展保障四个工作层面，构成管理和服务框架，实行绿色管理；常规管理（含管理制度）、后勤服务应融入绿色理念，开展绿色服务，建立绿色服务保障体系。把绿色文化建设任务纳入分级目标管理体系，作为校园文化建设的核心指标与教学科研工作一起部署落实。

4. 渗透绿色—扩充载体，广泛渗透

绿色校园是绿色文化的主要载体。开展绿色活动，创设绿色文化教育专题系列，加强生态、环境道德教育；举办与绿色文化教育相关的讲座，让学生系统接受绿色知识，懂得热爱绿色，奉献绿色；建立绿色教育实践基地，使学生在亲身体验中理解绿色理念，提高综合素质；组织学生进行绿色监察，对社会、企业、江河、道路等的环境污染和生态破坏情况进行跟踪调查和义务咨询；成立环保或绿色志愿者协会，组建环保或绿色行动社团，开展多种形式的护绿、清污志愿活动；推进绿色行动计划，把绿色还给大自然，如绿色办公，减少资源消耗，实行办公自动化，推行综合信息网、视频会议等绿色办公手段；利用植树节、地球日、世界环境日、爱鸟日等节日组织师生开展形式多样的活动。还应把各类传播媒体和各种文化活动、文化设施、文化礼仪、法令（或主办）节庆等的绿色文化元素充分开发出来，成为绿色文化的载体，使之承载更多的绿色文化内涵，以构成绿盖教育领域和教学环节、绿透师生生活、绿满整个校园的厚实文化氛围。加强校园网络建设，用优秀绿色文化产品丰富网络内容，使之成为先进文化辐射源。

5. 传播绿色——铸造品牌，辐射社会

铸造绿色品牌，创建绿色学校，是大学绿色文化建设的终极目标。坚持重点培育，长期建设，注重绿色文化培植，充分利用自身资源，加强绿色文化的理论研究，促进绿色文化再生，循环推进，打造品牌。利用绿色品牌，"绿化"学校对社区的影响，在社会上树起"用绿色文化创绿色大学，实现绿色发展"的旗帜，提升社会声誉。通过改善社会生态，营造绿色文化大环境，带动全社会牵手绿色，与文明同行。

11.1.5 利用智慧能源管理平台，全面监测高校运行能耗

随着近年来住房城乡建设、教育主管部门组织的建筑节能监管体系建设示范

和建筑节能综合改造示范工作推进和发展，已经逐步形成了高校节能监管平台建设、节能综合改造、绿色校园建设的三阶段发展目标。然而目前的建筑环境与能耗监测管理系统平台主要还是以监测和展示技术为主，而对于建筑运行全数据的监测还处于空缺状态。为了适应时代发展，实现绿色校园建设目标，要充分发挥智慧环境与能源管理平台作用，将所有与耗能和环境相关的系统进行综合、协调和控制，应用大数据和云平台技术对数据进行深度挖掘，形成统一实时的网络分布管理，提高校园建筑内各能耗系统的运行效率，降低能源消耗，保障室内环境。

11.2　相关政策及措施

11.2.1　加大金融财税政策支持力度，探索新型市场化模式

高校既有建筑的节能节水改造是一项艰巨任务，且具有很强的环境外部性。目前，制约高校节能改造的一个重要因素是资金来源渠道较少，资金支持力度较小，市场化程度低。进一步推进绿色校园建设，需要国家加大财政补贴、税收优惠、金融政策的倾斜，通过试点示范探索绿色校园建设经验，带动全国绿色校园建设。在未来发展过程中，政府、金融机构应在以下几方面给予一定的优惠政策。①扩大财政补贴范围和力度。政府对高校既有建筑的节能节水改造提供一定额度的财政补贴，将有利于增大节能节水改造范围和改造力度，使改造工作顺利、高质进行。②提供低息贷款。对既有建筑进行节能节水改造的高校，政策性银行应提供低息贷款，给予财政贴息。③实施差异化贷款利率。政策性银行应降低实施节能节水改造的高校贷款利率，同时将贷款利息与改造后的节能节水率相挂钩，增加学校和企业节能改造的积极性。

探索符合省情市情校情的市场化模式，支持学校采用合同能源管理、政府和社会资本合作（PPP）等市场化方式，开展绿色校园建设，支持节能服务公司依法提供绿色校园文化建设的设计、建造、融资、运行管理等服务。各级住房城乡建设主管部门、教育主管部门应积极会同有关部门开展财政、土地、产业、金融、税收等经济政策创新。

11.2.2　健全政策保障机制，全面建立校园节能管理制度

为促进绿色校园建设的稳步持续发展，要从全局角度出发，充分认识建设可持续发展校园的重要性和迫切性，合理制定中长期发展规划、完善管理制度、实现资源的优化配置、建立长效机制等措施保障绿色校园建设。

1. 全面提升绿色校园行为意识，多途径加强建筑节能节水宣传力度

绿色校园行为意识的提升应从传授绿色知识与政策制定两方面入手，一是通

过学校，借助绿色教育和社团活动等途径推广绿色知识，开展绿色实践，挖掘师生身边的绿色潜力，培育与普及绿色行为；另一方面，通过政府制定相关能源政策，提高师生节能意识，建立长效管理机制支撑，巩固和加强绿色行为意识，从而形成众多绿色行为个体，让绿色理念贯穿校园生活，营造真正的绿色校园文化。

绿色校园的建设需要全体在校人员的参与，因此，必须加强节能节水宣传，提高全体在校人员的节能节水意识。①增设节能节水技术教育课程，使在校大学生掌握一定的节能节水基本知识和技术，使他们建立起人与自然协调发展的价值观，引导和鼓励他们在自身的学习、生活、工作、实践中身体力行，并影响社会其他人群。②开展一些有关节能节水方面的论坛、讲座、知识竞赛、课外实践等活动，拓宽大学生的视野，使他们对相关政策、制度、发展动态、前沿技术有进一步的了解。③通过宣传媒介，在全校师生中宣传节能节水知识，倡导崇尚节俭、朴素文明的生活方式，增强师生对节约的认同感、责任感、光荣感，开展"节水节电周"等活动。

2. 完善绿色校园政策标准，建立绿色校园建设长效机制

（1）政府方面

目前，绿色校园建设只是个别学校的自觉行为，未纳入管理者的考核机制中。地方政府应充分利用《绿色校园评价标准》等标准依据，对绿色校园实施情况进行强制性考核，强化高校绿色建设意识，以改善绿色校园实施效果。在推进绿色校园建设过程中，政府需要出台相关绿色校园环境规划标准，对于绿色校园的绿化率、交通规划、景观工程提供相关标准，供高校开展绿色校园作参考。建立和完善绿色校园建设管理机制，政府可为持续性开展绿色校园建设工作提供全面协调和贯彻落实的组织保障。

相关部委应建立统筹协调的推进机制，进一步加强顶层设计，从政策设计、制度设计等多个方面着手，健全管理体系和制度建设，形成"人、建筑、环境"互为协调的统一体，构建基础设施、人文、信息化的完美融合，充分发挥学科、社团组织的优势，积极开展各种绿色校园宣传活动，把绿色、低碳、节约、可持续的理念融入学生的课程及日常生活学习中。政府应在宣传教育、工作培训、示范项目、经费支持等方面积极探索和实践，充实绿色校园的理论体系框架，以成本核算为原则、以经济为杠杆来研究下一阶段绿色校园的发展，推动相关部门建立项目监管平台、能源监管平台、项目审查平台。

（2）学校方面

建设绿色校园，高校必须深化改革，建立强有力的体制机制和政策体系，形成长效机制。高校各单位主要负责人是本单位绿色校园建设工作的第一责任人，通过切实履行职责，结合本单位实际，制订具体实施方案和绿色校园建设的目标责任制，将节约资源的目标及措施具体分解落实到人，做到人人有责、人人负责，注意每个节约环节，堵塞每个浪费漏洞，并对本单位的节约措施进行定期自